Praktische Stanzerei

Ein Buch für Betrieb und Büro mit Aufgaben und Lösungen

Von

Eugen Kaczmarek

Oberingenieur in Berlin

Zweiter Band

Ziehen, Hohlstanzen, Pressen
Automatische Zuführ-Vorrichtungen

Vierte, verbesserte Auflage

Mit 175 Abbildungen

Springer-Verlag Berlin Heidelberg GmbH

1954

ISBN 978-3-642-52912-2 ISBN 978-3-642-52911-5 (eBook)
DOI 10.1007/978-3-642-52911-5

Ursprünglich erschienen bei Springer-Verlag OHG., Berlin/Göttingen/Heidelberg 1954
Softcover reprint of the hardcover 1st edition 1954

Vorwort zur vierten Auflage.

In der Stanzereitechnik herrscht die Tendenz vor, durch zeitverkürzende Arbeitsverfahren zu billigen Verbrauchsgütern zu gelangen. Diese Kurzverfahren erfordern ein erhöhtes Tempo der Produktionsmaschinen, dessen Beurteilung von Ingenieur und Konstrukteur ein großes praktisches Können und technisches Wissen voraussetzt. Um hier ideenschöpferisch zu wirken, wird in diesem Buche der Schritt unternommen, dem in der Praxis Stehenden eine möglichst umfassende Darstellung der neuzeitlichen Stanzereitechnik in knapper Form zu bieten. Dafür sind mit vielen Abbildungen die Werkstücke, Vorrichtungen, Arbeitsverfahren und die hierbei nötigen Berechnungen besprochen worden. Konnten früher die mit neuen Aufgaben in der Stanzereitechnik auftretenden Schwierigkeiten nur durch immer wiederholte Versuche überwunden werden, so hat die neuere Entwicklung eine wissenschaftliche Auswertung und Vertiefung gebracht. Nur durch die Verbindung von Werkstatterfahrung und Festigkeitslehre können mustergültige Entwürfe entstehen, zu deren Gelingen dieses Buch helfen will. So ist seine vierte Auflage durch fachliche Ergänzungen und Normenhinweise gekennzeichnet. Im neuzeitlichen Betrieb wird jetzt sachgemäß berechnet, die Arbeitsverfahren werden planmäßig festgelegt und genormte Werkzeuge verwendet. Auch die Kenntnis der Werkstoffe ist sehr wichtig geworden.

Der *erste* Band bringt das Schneiden und Stanzen von Flachteilen, die dazu erforderlichen Werkzeuge und Maschinen, zahlreiche Fertigungsbeispiele nach weniger bekannten Verfahren und einen technischen Nachschlageteil, der gerade dem Praktiker den Gebrauch des Buches und die rasche Beantwortung der auftretenden Fragen erleichtern soll.

Der *zweite* Band behandelt entsprechend das Ziehen, Hohlstanzen und Pressen. Auch dieser Teil endet mit einem eigenen technischen Nachschlageteil.

Um den heutigen Forderungen nach Mechanisierung der Stanzereiverfahren bis zu Spitzenleistungen und nach vorteilhaft arbeitenden Werkzeugen zu entsprechen, sind in dem neuen *dritten* Band Verbundwerkzeuge, Zuführmittel mit Gleichrichtverfahren und Fließweganlagen mit vielen Anwendungsbeispielen besprochen.

Berlin, im Mai 1954

E. Kaczmarek.

Inhaltsverzeichnis.

A. Einleitung.

Allgemeines über die Vorbedingungen zum Ziehen von Hohlteilen.

Das Ziehen von Hohlteilen setzt eine gute Kenntnis der Werkstoffeigenschaften voraus. Nicht immer liegen günstige Eigenschaften vor, die beim Werkstoff erwünscht sind, z. B. hohe Zerreißfestigkeit, Verformbarkeit. Man wird deshalb gezwungen, sich mit den Werkzeugen den Werkstoffen anzupassen. Man darf den Werkstoff nur nach seinen technologischen Eigenschaften beanspruchen, weil sich bei jeder Überbeanspruchung der Arbeitsausschuß vergrößert. Besonders sollte man sich davor hüten, große Blechbeanspruchungen von einem Werkstoff auf einen anderen blindlings zu übertragen.

Werkstoffprüfung und -lagerung.

Im folgenden werden Prüfmethoden behandelt, wie sie in wirtschaftlich arbeitenden feinmechanischen Betrieben vorkommen und ihren Zweck erfüllen. Vorausgeschickt wird dabei, daß die Werkstoffprüfungen nur in dem Umfange vorzunehmen sind, wie das zur Herstellung der Erzeugnisse erforderlich ist.

In wenigen Fällen werden auch chemische Prüfverfahren bei Werkstoffen durchgeführt, um z. B. bei Stahlbestellungen die Prozentsätze an Kohlenstoff, Mangan, Phosphor und Schwefel festzustellen, und damit Seigerungen durch Phosphid- und Sulphidbildung im Eisen zu verhindern, soweit das nicht besser metallographisch durch Baumannabdruck geprüft wird. Größerer Phosphorgehalt macht die Bleche spröde und ist unerwünscht, wenn Schweißteile in Frage kommen. Der Kupfergehalt kann bis zu 0,25% betragen und gilt als Schutzmittel gegen Korrosion. Auch die Prüfung von Blechüberzügen fällt in das Gebiet der chemischen Untersuchung, wenn nämlich festzustellen ist, wie die Überzüge anhaften und welchen Einfluß Wasser, Gase u. a. auf die Korrosion haben.

Physikalische Untersuchungen von Feinblechen beschränken sich in der Regel darauf, Festigkeitseigenschaften zu ermitteln, wobei die Bleche besonderen Prüfungen für die Stanzerei unterliegen. Zunächst dem Falt- und Doppelfaltversuch nach DIN 1623 bzw. 1605 und anschließend dem Tiefungsversuch nach Erichsen DIN 50101 (s. Abb. 1). Außer der Tiefung ist festzustellen, ob bei dieser Beanspruchung des Bleches eine Oberflächenrauheit durch Grobkorngefüge auftritt, die für Ziehteile unerwünscht ist. Je feineres Gefügekorn bei größter Tiefung festgestellt wird, desto geeigneter erscheint das Blech für die Verarbeitung im Ziehverfahren. Vorteilhaft ist eine Gefügebeurteilung nach der Normalskala von Erichsen, wobei Irrtümer in der Prüfung weitgehendst vermieden werden können. Vergleichsweise' sind die Gefügekornbilder in die Gruppen: 1 = feinst, 2 = fein, 3 = grob, 4 = sehr grob unterteilt und aneinandergereiht, damit das Prüfstück bei Lupenbetrachtung korngrößenmäßig der Skala gegenübergestellt und daraus Rückschlüsse gezogen werden können. Liegt z. B. die zu prüfende Korngröße etwa in der Mitte zwischen 2 (fein) und 3 (grob), dann hat sie eine Bezeichnung ½ fein zu erhalten. Damit keine Bedenken entstehen, ist die Kornskala des Musters nach einem besonderen Prägeverfahren hergestellt, so daß ihr einheitlicher Ausfall in jeder Beziehung gewährleistet ist (s. Abb. 2). Die Tiefung wird auf 0,1 mm genau an-

Abb. 1. Prüfungsmaschine (Erichsen).

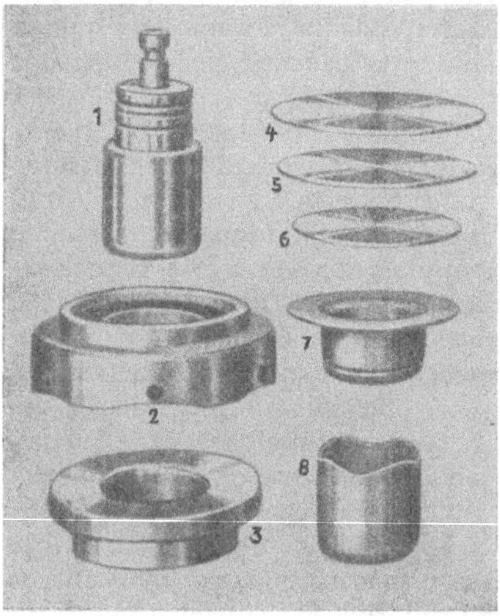

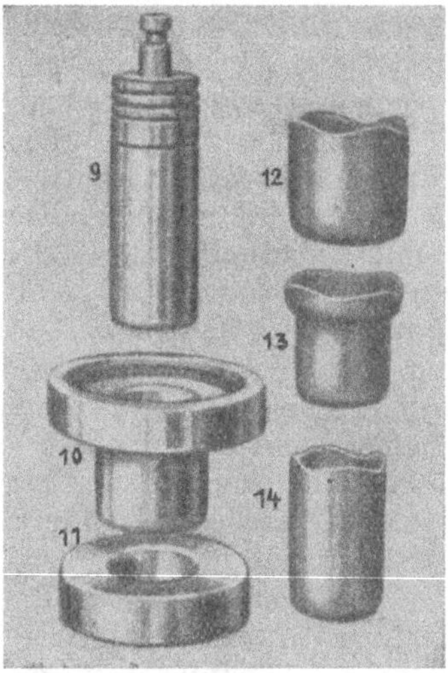

Abb. 1a. Abb. 1b.

Zieh-Werkzeugsätze

für 1. Zug mit Niederhalter. für Stufenzüge mit Topfhalter.

gegeben, die Blechdicke auf 0,01 mm genau gemessen, da die Tiefung bei gleicher Qualität mit der Dicke zunimmt.

Bei dem Tiefziehweitungsversuch nach SIEBEL und POMP wird eine runde gelochte Scheibe zwischen Halter und Ziehring zentral fest eingespannt und topfförmig durchgezogen, bis sich an der sauber bearbeiteten Bohrung Einrisse zeigen. Die Lochaufweitung in Prozent ergibt sich zu:

$$\lambda = \frac{d_B - d_0}{d_0} \cdot 100;$$

hierin bedeuten

d_B = aufgeweiteter Lochdurchmesser in mm,
d_0 = ursprünglicher Lochdurchmesser in mm.

An der Aufweitung eines rund ausgeschnittenen Loches ist die Verformbarkeit des Werkstoffes zu erkennen; je weicher der Werkstoff ist, desto größer ist die Aufweitung.

Abb. 3 veranschaulicht ein Ziehprüfwerkzeug, mit dem Lochaufweitungen nach Abb. 4 bis 5b vorgenommen werden können. Hieraus ist ersichtlich, welche Dehnungen bei Blechen vorkommen. Außer der Tiefungs- und Lochaufweitprüfung kann man auch mit dem ERICHSEN-Apparat Abb. 1 Hülsenziehversuche mit anschließendem Kleinerziehen der Hülsendurchmesser vornehmen, wobei die Niederhalterdrucke während des Ziehvorganges abgelesen werden können. Dies ist ein Verfahren, das der Herstellung von Teilen am weitgehendsten entspricht. Durch Vergrößern der Scheibendurchmesser (Abb. 1a) steigt die Werk-

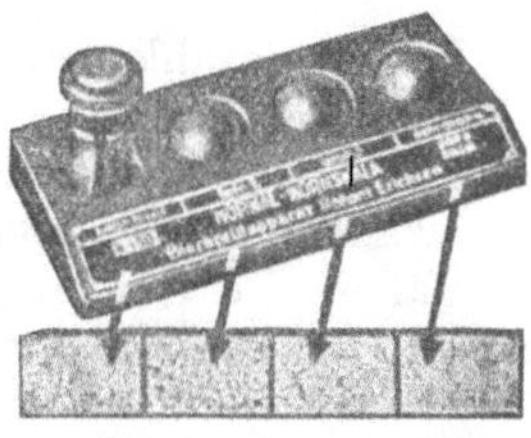

Abb. 2. Normalskala DRP. mit Spezialmikroskop zur Korngrößenbeurteilung.

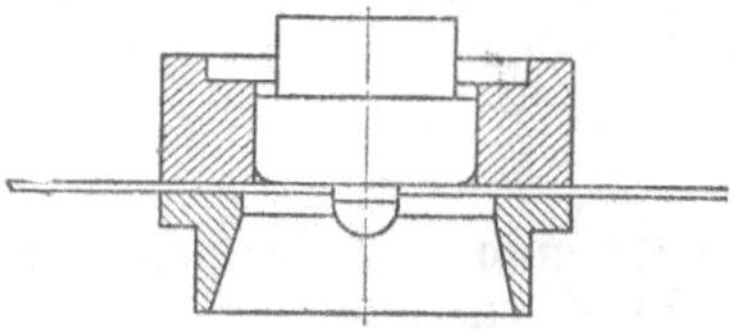

Abb. 3. Ziehwerkzeug.

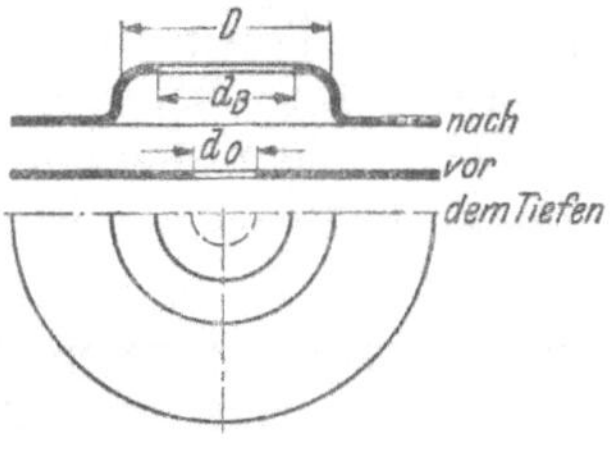

Abb. 4. Anfang und Ende der Tiefung.

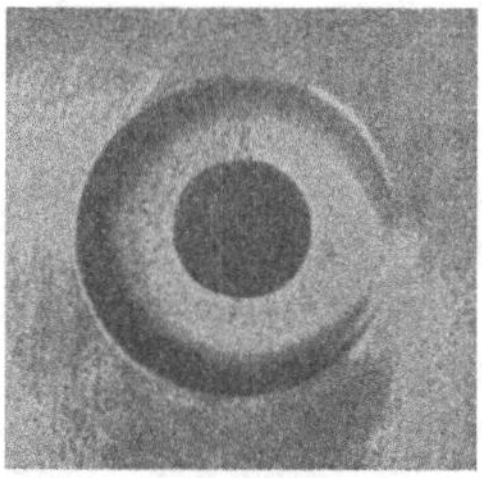

Abb. 5. 55%.

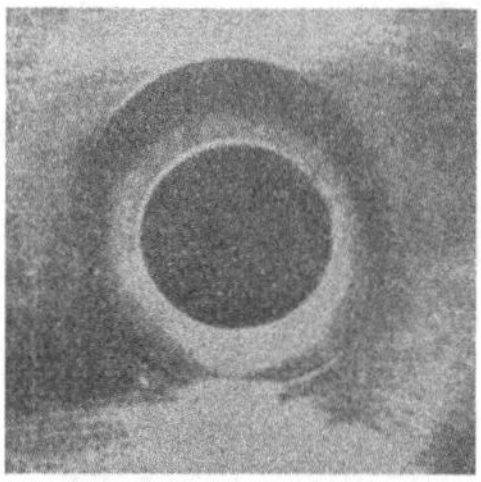

Abb. 5a. 108%.

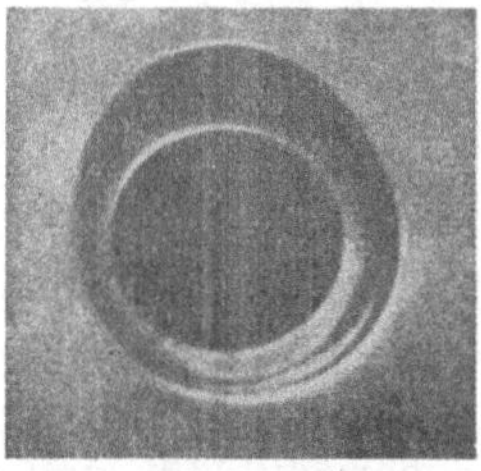

Abb. 5b. 151%.

Tiefungsergebnisse. Werkstoff: Stanzblech.

stoffbeanspruchung so weit, bis die größte Hülsenhöhe erreicht ist, bei der sich noch keine Einrisse zeigen. Hält der Werkstoff mit dem extremen Ziehverhältnis $m = \frac{d}{D}$ das Bilden der Hülse aus (d=Topf-∅, D=Scheiben-∅), dann wird anschließend mit dem Werkzeugsatz Abb. 1b das Teil ohne Wärmebehandlung kleiner gezogen. Reißt die Hülse bei dieser Verformung nicht, so ist dies ein Kennzeichen eines gut ziehbaren Werkstoffes; zeigen sich jedoch Einrisse, so ist er schlechter.

Im allgemeinen wird die Biegefähigkeit für Feinstbleche bis zu 0,5 mm Dicke geprüft, und zwar die Zahl der Biegungen in Faserrichtung und quer dazu sowie das Verhältnis der Biegezahlen zueinander:

$$B_v = \frac{\text{Biegezahl in Faserrichtung}}{\text{Biegezahl quer zur Faserrichtung}} \cdot 100\,.$$

Die Biegezahlen sind sehr verschieden je nach den Blechdicken, deshalb können nur gleiche Blechdicken verglichen werden. Jedenfalls läßt das Biegeverhältnis einen Rückschluß auf die Glühung des Bleches zu, weil die Biegezahlen von der Korngefügeanordnung abhängig sind. Je näher also das Biegeverhältnis der Zahl 100 kommt, desto besser geglüht ist das Blech anzusehen.

Bei der Anlieferung von Blechen wird meistens der Fehler begangen, daß sie flach auf Bohlen abgeladen werden und in dieser Lage längere Zeit verbleiben. Man findet sie verstaubt in Lagerregalen untergebracht, und sie werden beim Herausziehen durch viele Kratzer beschädigt; das tritt gerade bei weichem Metall und besonders bei Aluminiumblechen auf. Diese Oberflächenbeschädigungen der Bleche verursachen in der Regel einen größeren Arbeitsausschuß beim Ziehen durch ihre Kerbwirkungen. Aus diesem Grunde ist es zweckmäßig, die Bleche stehend, im Winkel von 60···70°, in Regalen lagern zu lassen und sie beim Herausziehen senkrecht zu halten. Diese Maßnahme hat sich zur Erhaltung ihrer Oberflächen sehr gut bewährt.

Vorgang beim Umformen der Scheibe zum Topf für metallische und nichtmetallische Werkstoffe.

a) Für metallischen Werkstoff. Denkt man sich eine Hülse in den ebenen Zustand der Scheibe zurückgeführt, so stellt der innere Teil den Boden der Hülse und der äußere (Kreisring) den Hülsenmantel dar. Bezeichnet man nun die Werkstoffdicke der Hülse, die als Teilmaß auf dem Umfang des Hülsenmantels abgetragen ist, mit δ und zieht durch diese Teilpunkte Halbmesser, die bis zum Rand der Scheibe verlaufen, so kann zwischen je zwei Halbmessern ein Rechteck von δ-Breite und h-Länge gebildet werden. Diesem Rechteck sind Dreiecke beigeordnet (charakteristische Dreiecke genannt). Durch Verdrängung dieser Dreiecke und durch rechtwinkliges Umbiegen der im Kreisring befindlichen Rechtecke läßt sich ein geschlossener Topf formen, wie dies der Deutlichkeit wegen in Abb. 6 gezeigt ist. Zieht man ferner, um es sich besser klarzumachen, durch a und b Mittellinien und Parallele, so erkennt man, daß zur Topfbildung die Flächen *a*, *c*, *d* und *b*, *e*, *f* verdrängt werden müssen. Man denke sich $a \cdots b$ gleich der Werkstoffdicke δ und kann dann die auszuschneidenden Flächen *a*, *c*, *d* und *b*, *e*, *f* als Dreiecke betrachten, die in der Abbildung als charakteristische Dreiecke bezeichnet sind. Aus der Abb. 6 ist weiter zu ersehen, daß die charakteristischen

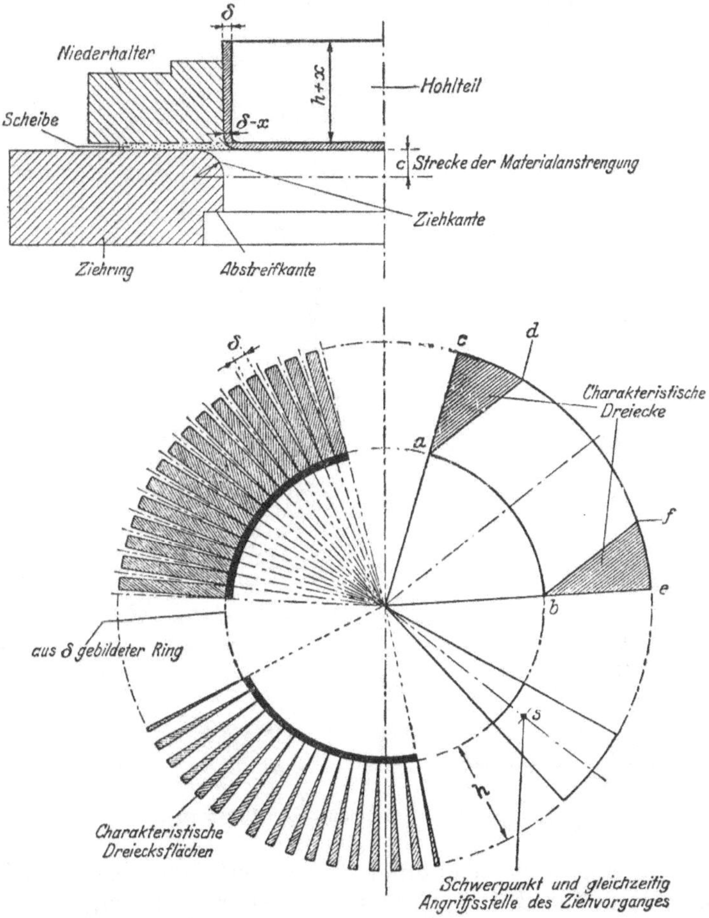

Abb. 6. Schema der Topfbildung.

Dreiecke übrigbleiben, nachdem der Topf durch das Umbiegen sämtlicher Rechtecke gebildet ist. Diese Dreiecksflächen werden durch den Ziehvorgang verlagert und verlängern den Hülsenmantel um ihre Fläche. Man könnte die Angriffsstelle der Ziehkräfte im Schwerpunkt eines jeden Zentriwinkeldreiecks annehmen, wo sich dann eigentlich die Ziehkante für den Ziehring befinden sollte. Bei maximaler Beanspruchung der Blechscheibe geht man aber darüber hinaus, nimmt geringfügige Werkstoffschwächungen in Kauf und verlegt deshalb die Ziehkante um etwa 20 vH näher an die Teilmitte. Aus der bildlichen Darstellung geht deutlich hervor (s. Abb. 6, Andeutung der Strecke *c*), auf welchem Wege der Werkstoff am Übergang vom Boden zum Zylinder geschwächt wird. Die Schwächung ist besonders groß bei scharfkantigem Ziehstempel, großem Ziehverhältnis und Anpressung der Scheibe durch den Niederhalter. Außerdem muß bei starker Scheibeneinziehung eine Randver-

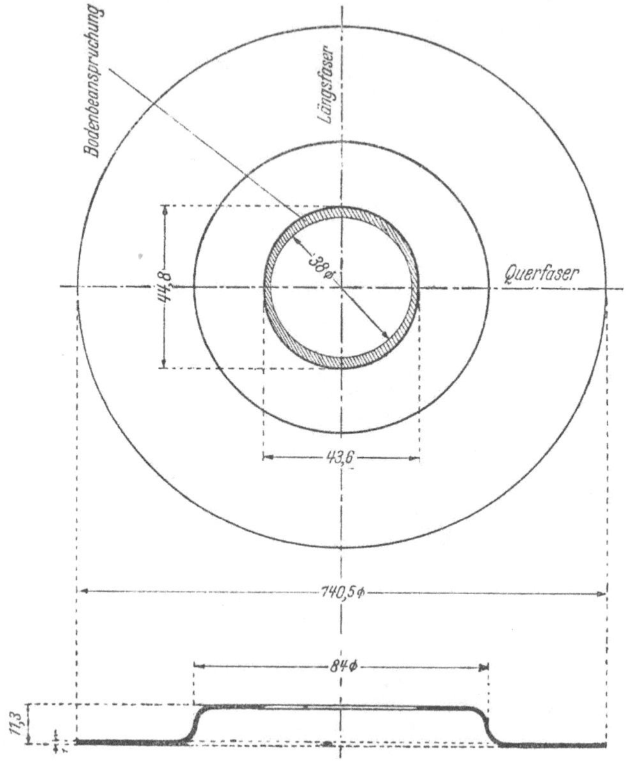

Abb. 7. Lochausweitung beim Ziehvorgang.

dickung eintreten, die man durch den Niederhalterdruck zu vermindern sucht. Naturgemäß wird dadurch die Stempelkraft vergrößert und die Schwächung am Übergang vom Boden zum Zylinder erheblicher. Eine Verbesserung tritt ein, wenn der Niederhalter des ersten Zuges zur Mitte hin eine Vertiefung erhält, die der Verdickung der Scheibe $\delta_1 = \frac{D \cdot \delta}{d}$ entspricht. Damit verhindert man auch die Unterschiede in den Manteldicken, die bei Ziehteilen vorgefunden wurden.

Ebenso wichtig wie die Mantelschwächung ist die durch das Ziehen des Topfes hervorgerufene Bodenschwächung, die gleichfalls vom hohen Niederhalterdruck begünstigt wird. Ein Beweis ist die in Abb. 7 vorgezogene Scheibe mit einem Lochdurchmesser von 38 mm. Durch das verschiedene Ausziehen der Längs- und Querfaser des Bleches hat die Bodenanstrengung ein unrundes Loch bewirkt. Bei der Anfertigung runder oder eckiger Ziehteile ist die Größe der Ziehkantenabrundung für den ersten Zug nach dem Ziehkantendiagramm Abb. 158 festzulegen, die Größe des Ziehstempels für Stufenzüge nach Abb. 8. Die Stufendurchmesser werden entweder nach dem Ziehstufendiagramm Abb. 155 oder nach dem AWF-Ziehringsatz Abb. 147 (s. T. N.) verkleinert. Die

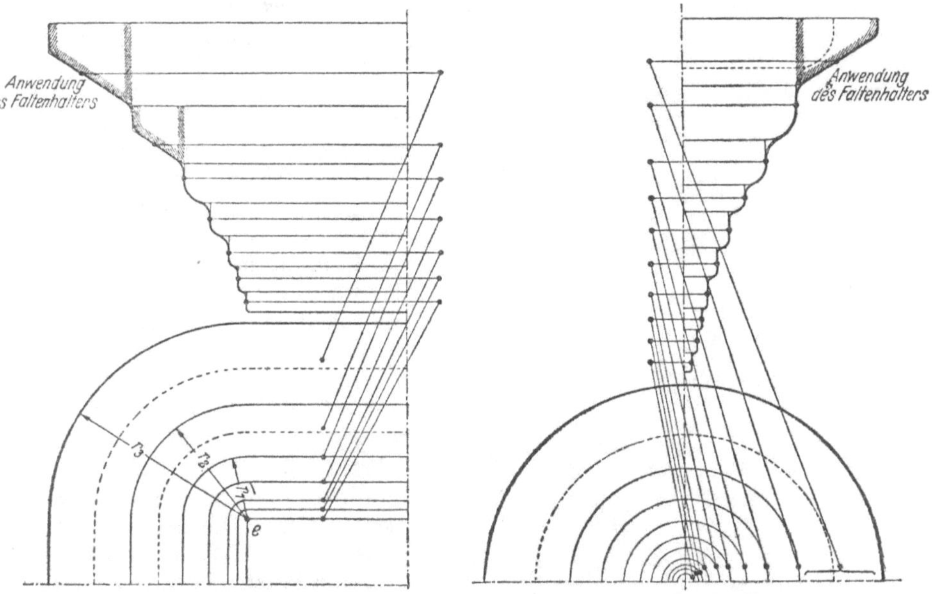

Abb. 8. Ziehstufenbild für Kantenabrundungen bei runden und eckigen Hohlteilen.

Abrundung der Bodenkante hört dort auf, wo beim Kleinerziehen der Teildurchmesser beginnt. Das Grundsätzliche über die Fortpflanzung der Abrundungen für die Durchmesserverkleinerungen wird in Abb. 145 veranschaulicht. Dabei kommt der zentrischen Lage der Teilecke eine besondere Beachtung zu, ohne deren Berücksichtigung mit Mißerfolgen beim Ziehen gerechnet werden muß[1].

[1] Eine Untersuchung der Beanspruchungsverhältnisse und Grenzformänderungen beim Tiefziehen (SIEBEL, E.: Grenzen der Verformbarkeit. Mitteilungen Forschungsgesellschaft Blechverarbeitung 1952, S. 177/184) ergibt den Höchstwert der Ziehspannung beim ersten Zug $\sigma_{\max} = 1{,}43\,\frac{\sigma_B}{\eta_F}\cdot\left(\ln\frac{D}{d_1} - 0{,}25\right)$; wobei σ_B die Zugfestigkeit des Werkstoffes, $\eta_F \approx 0{,}7$ der Formänderungswirkungsgrad D der Außen-Ø, d_1 der Stempel-Ø. Die größte Zugspannung, die der Werkstoff an der Stempelrundung r_s bei einer Blechdicke δ zu ertragen vermag, ist für dünne Bleche $\sigma = 1{,}1\,\sigma_B\cdot\left(1 - \frac{\delta}{2\,r_s}\right)$. Damit ergeben sich die äußersten Ziehverhältnisse für den ersten Zug und für die Weiterschläge sowie die Wege zur Verkleinerung der Ziehverhältnisse.

b) Für nichtmetallischen Werkstoff. Der Vorgang beim Umformen von Scheiben aus nichtmetallischem Werkstoff ist ganz anders. Das Wesentliche besteht darin, daß bei der Verformung kein Werkstofffluß eintritt, sondern eine Verflechtung der geleimten Werkstoffasern, die zuerst von der zugeführten Werkzeugwärme bindungslos gemacht werden und darauf sich der Form des Werkzeuges anpassen. Beim Ziehen verquetschen sie sich faltenähnlich und werden dann vom Leim wieder gebunden. Besonders beim Ziehen von Pappteilen ist die hohe Ziehkraft kennzeichnend, die vor allem dann auftritt, wenn kein geeignetes Schmiermittel (vgl. S. 154) verwendet wird. Daß zum Ziehen von Papphülsen eine große Ziehkraft erforderlich ist, liegt an dem Verhalten der Werkstoffteilchen, die sich durch gegenseitige Federung beeinflussen und schwer der zwangsläufigen Umformung folgen. Durch die Trägheit des Werkstoffes ist die Ziehkraft sehr groß. Der Werkstoff will bei der Verformung nicht fließen und gestattet keine Topfverkleinerung. Abb. 9 zeigt ein Verfahren, mit dessen Hilfe man 2 mm dicke Pappteile günstig ziehen kann. Hierbei wird die Scheibe von 132 mm ∅ sternartig gestanzt, dann mit dem im „Technischen Nachschlageteil" angegebenen Schmiermittel zu einem Topf 60 mm ∅ mit 39 mm Höhe gezogen. Das sonst zulässige Ziehverhältnis, Scheiben- zu Topfdurchmesser mit 100:60 ist hierbei ohne nennenswerten Arbeitsausschuß wesentlich überschritten. Ein Beweis, daß keine Werkstoffwanderung bei Pappe eintritt, kann bei der Bestimmung des Scheibendurchmessers an Hand der Gleichung

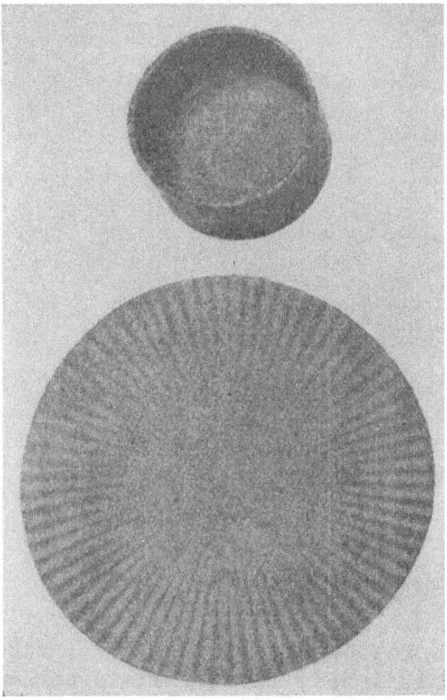

Abb. 9. Pappscheibe und Hülse.

$$2\,R = \sqrt{(D^2 + 4\,D \cdot h) \cdot 1{,}3}$$

nachgewiesen werden. Bei dünnen Pappteilen ist eine Sternstanzung zum Ziehen der Teile nicht erforderlich; nur ist darauf zu achten, daß das Werkzeugunterteil eine konstante Temperatur von etwa 120° hat.

B. Hilfsmittel und Richtlinien in der Ziehtechnik.

Scheibenermittlung für runde gleichwandige und ungleichwandige Hohlteile.

Ein Weg zur Bestimmung der Scheibengröße besteht darin, daß man für gleichwandige Hohlteile ihre Flächen, für ungleichwandige Teile die Rauminhalte feststellt, aus denen dann die Scheibendurchmesser ermittelt werden können. Gleichwandige Formhohlteile sind in Einzelabschnitte zu zerlegen, z. B. in Zylinder-, Kegel-, ebene oder gewölbte Flächen, bei denen die Summe der Flächen der Scheibenfläche gleich sein muß. Bei ungleichwandigen Hohlteilen ist ebenso vorzugehen, nur mit dem Unterschied, daß die einzelnen Rauminhalte ermittelt werden müssen, deren Gesamtvolumen man der Scheibe gleichsetzt. Bei vorhandenem Muster kann das aber auch durch Wiegen geschehen. Aus dem Gewicht ist die Scheibengröße $D = \sqrt{\frac{4G}{\delta \cdot \pi \cdot \gamma}}$ zu ermitteln. Man bedient sich der GULDINschen Regel für Umdrehungsflächen: Länge der Mantelkurve, die sich um eine in ihrer Ebene liegende Achse dreht (bei geschlossenem Boden wird die Länge der Kurve bis Bodenmitte gemessen), mal dem Abstand des Kurvenschwerpunktes von der Umdrehungsachse mal 2π ergibt als Produkt den Flächeninhalt der erzeugten Umdrehungsfläche. Für Umdrehungskörper: Inhalt der Fläche die sich um eine in ihrer Ebene liegende Achse dreht (Flächeninhalt von der Achse aus nach einer Seite gemessen), mal dem Abstand des Flächenschwerpunktes von der Umdrehungsachse mal 2π ergibt als Produkt den Rauminhalt des erzeugten Umdrehungskörpers.

Ermittlung der Scheibenform für eckige Hohlteile.

Für die Gestaltung der Scheibenform und Größe ist eine Berechnung des Flächeninhaltes des Hohlteils unerläßlich, dabei ist folgendes zu berücksichtigen:

1. zu verformende und nicht zu verformende Einzelflächen,
2. scharfe und abgerundete Hohlteilkanten,

a) bei untereinander gleichen Kantenabrundungen,

b) bei untereinander ungleichen Kantenabrundungen,

c) bei bedingter Schräge der Bodenkante für Niederhalter (Stufenzug).

3. ob mit oder ohne Flansch bei Hohlteilen.

Bei eckigen Hohlteilen hat man Unterschiede zwischen Ziehen mit gewölbten oder mit ebenen Seitenwänden zu machen. Das Ziehen mit gewölbten Wänden kommt infolge geringerer Beanspruchung der Teilseitenwände mit weniger Arbeitsgängen aus, während beim Ziehen mit geraden Seitenwänden zuweilen ein Arbeitsgang mehr vorgesehen werden muß. Für *gewölbtes Ziehen* sind die *Werkzeugkosten groß*, die *Zuschnitte klein*, während bei *geraden Seitenwänden die Werkzeugkosten niedriger* und die *Zuschnitte größer* sind; das erste Verfahren ist vorteilhafter.

Richtlinien und Zuschnittsermittlung der Formscheibe für eckige Hohlteile.

Allgemeines. Bei der Ermittlung der Zuschnittsform für eckige Hohlteile ist zunächst festzustellen, welche Abrundungen oder Abflachungen die Kanten haben. Die zum Boden senkrecht stehenden Teilecken kann man sich zu einem runden Topf zusammengesetzt denken, aus dessen Abmessungen bei gegebener Gleichung (s. T. N. Abb. 161 ··· 162b) der Scheibendurchmesser $2R$ für den Zuschnitt errechnet werden kann. Dieser Wert läßt sich auch aus dem Nomogramm Abb. 161 ablesen. Dann ermittelt man die gestreckten Seitenwandhöhen H_s. In allen Fällen ist zu berücksichtigen, ob die Bodenkanten scharf, abgerundet oder abgeflacht sind. Je nach der Kantenform werden verschiedene Gleichungen angewendet. Ferner muß bei der Scheibenkonstruktion das „Klappprinzip" (Umklappen der flachen Seiten des Hohlteils) und das „Ausgleichprinzip" (Vergrößern des Halbmessers R und entsprechende Verkleinerung der Seitenwandhöhe H_s) unterschieden werden, wobei der Gesamtflächeninhalt des Hohlteils erhalten bleibt. Das *Klappprinzip* kann angewendet werden, wenn die Breite des Hohlteils abzüglich der Eckenabrundung größer als die Teilhöhe ist. Bei Hohlteilen, deren Höhe größer als die Breite ist, kommt das *Ausgleichprinzip* in Frage. Die endgültige Form erhält die Scheibe durch ausgleichende Kreisbögen, wie sie in den Konstruktionsbeispielen 1 ··· 5 veranschaulicht sind. Sollten die konstruierten Scheiben von den ausprobierten Versuchsscheiben abweichen, so ist dies auf eine unnötig hohe Niederhalterkraft zurückzuführen. Dies ist ebenfalls bei viereckigen Hohlteilen, die aus runden Scheiben gezogen werden, der Fall, da bei ihnen sehr große Werkstoffbeanspruchungen auftreten.

Vier Beispiele für die Ermittlung der Halbmesser R.

Fall 1: Hohlteil mit scharfer Bodenkante (s. Abb. 162b). Den aus 4 Ecken des Hohlteils gebildeten runden Topf zeigt Abb. 162b. Für die Ermittlung des Scheibendurchmessers $2R$ gilt die Gleichung in der mittleren Spalte auf Abb. 162b.

Der errechnete Halbmesser R gilt endgültig bei Anwendung des Klappprinzips. Beim Ausgleichprinzip hingegen wird der Halbmesser R auf R_1 vergrößert um den Betrag $x_1 = R_1 - R$:

$$R_1 = f \cdot 1{,}417 \sqrt{r \cdot h + r^2};$$

darin bedeuten „r" Eckenhalbmesser, „h" Höhe des Hohlteils von der Oberkante bis zum Beginn des Überganges zum Boden, „f" ist Berichtigungsfaktor.

Die gestreckte Seitenhöhe H_s ist beim Klappprinzip gleich der Höhe des fertigen Hohlteiles. Beim Ausgleichprinzip muß H_s um folgende Beträge verkleinert werden:

$$H_{sa} = \frac{0{,}196 \cdot [(2 \cdot R_1)^2 - (2 \cdot R)^2]}{a} \text{ (große Seite)}$$

$$H_{sb} = \frac{0{,}196 \cdot [(2 \cdot R_1)^2 - (2 \cdot R)^2]}{b} \text{ (kleine Seite),}$$

darin bedeuten

a und b die geraden Seitenlängen des Teiles.

Fall 2: Hohlteil mit abgerundeter Bodenkante, Eckenhalbmesser gleich Bodenkantenhalbmesser. Hierfür gelten sinngemäß die gleichen Überlegungen wie für Fall 1. Die Formeln für R und H_s sind aus den Nomogrammen Abb. 161 ··· 162a zu entnehmen. H_s ist in diesem Fall kleiner als die Höhe H des fertigen Teiles. Beim Ausgleichprinzip kann beim Ziehen eine außergewöhnlich hohe Werkstoffbeanspruchung auftreten, die sich für H_{sa} und H_{sb} durch Ausziehen der Blechdicke bis um etwa 25 vH auswirkt.

Fall 3: Hohlteil mit abgerundeter Bodenkante, Ecken- und Bodenkantenhalbmesser verschieden voneinander. Für die Ermittlung von R gelten die Gleichungen nach Nr. 3 (s. Abb. 162b). Beim Ausgleichprinzip ist R um den Betrag $x_1 = f \cdot R$ bei gegebenem Verhältnis $i = \frac{r_e}{R}$ zu vergrößern. Hierin bedeuten

r_e = Eckenhalbmesser,
R = Halbmesser der Scheibenecke.

Fall 4: Hohlteil mit abgeschrägter Bodenkante. Wenn Hohlteile nicht in einem Arbeitsgang, sondern durch Stufenzüge herzustellen sind, werden Ziehschrägen für die Bodenkante erforderlich; hierfür gelten die Gleichungen Nr. 4, Seite 156.

Konstruktion der Scheibenform mit Gegenüberstellung ausprobierter Scheiben.

Zuerst werden die Teilecken zu einem runden Topf zusammengesetzt und bemaßt. Hat die Bodenkante des Teils (s. Abb. 14b) eine Abrundung gleich dem Eckenhalbmesser r_e, dann kommt Fall 2, Topfform mit Halbkreisboden, in Frage; sind beide Rundungen voneinander verschieden (s. S. 156), so muß Fall 3 beachtet werden.

Für den betreffenden Fall sind die zugeordnete Gleichung (s. T. N. S. 156) oder die Nomogramme Abb. 161 ··· 162a zu benützen. Nach Aufzeichnung des eckigen Teils im Grundriß ist der Eckenhalbmesser einzuzeichnen und die gestreckte Länge der Teilhöhe H_s aufzutragen. Beim Ziehen der Tangente des Eckenhalbmessers ergibt sich für die Scheibenform das Entscheidende. Verlaufen die eingezeichneten Tangenten an den Teilseiten wesentlich niedriger, als die Seiten hoch sind,

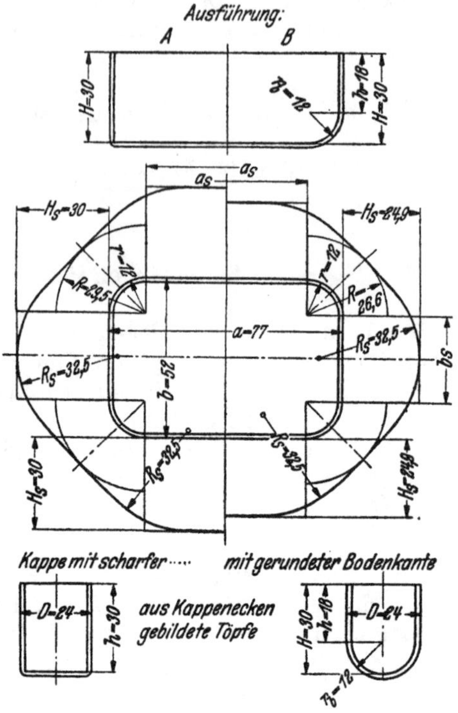

Abb. 10.

Gleichung für Ausführung A

$$2R = \sqrt{D^2 + 4 \cdot D \cdot h}$$

$$= \sqrt{24^2 + 4 \cdot 24 \cdot 30} = 58{,}8$$

$$R \approx 29{,}5 \text{ mm.}$$

Gleichung für Ausführung B

$$2R = \sqrt{8 \cdot r^2 + 4 \cdot D \cdot h}$$

$$= \sqrt{8 \cdot 12^2 + 4 \cdot 24 \cdot 18} = 53{,}6$$

$$R \approx 26{,}6 \text{ mm.}$$

$$H_s = H - 0{,}43 \cdot r_b = 30 - 0{,}43 \cdot 12$$

$$\approx 24{,}9 \text{ mm.}$$

Scheibenlänge:

$L = a + 2 \cdot H_s = 77 + 2 \cdot 30 = 137$ mm. $L = 77 + 2 \cdot 24{,}9 = 126{,}8$ mm.

Scheibenbreite:

$L_1 = b + 2 \cdot H_s = 52 + 2 \cdot 30 = 112$ mm. $L_1 = 52 + 2 \cdot 24{,}9 = 101{,}8$ mm.

dann ist eine Zusatzringfläche von $x = 0{,}0785 \cdot R + 0{,}1 \cdot h$ zu bilden, die umgerechnet von jeder Wandseite mit Hilfe der Gleichung

$$H_{sb} = \frac{0{,}196 \cdot [(2R_1)^2 - (2R)^2]}{b_s} \quad \text{bzw.} \quad H_{sa} = \frac{0{,}196 \cdot [(2R_1)^2 - (2R)^2]}{a_s}$$

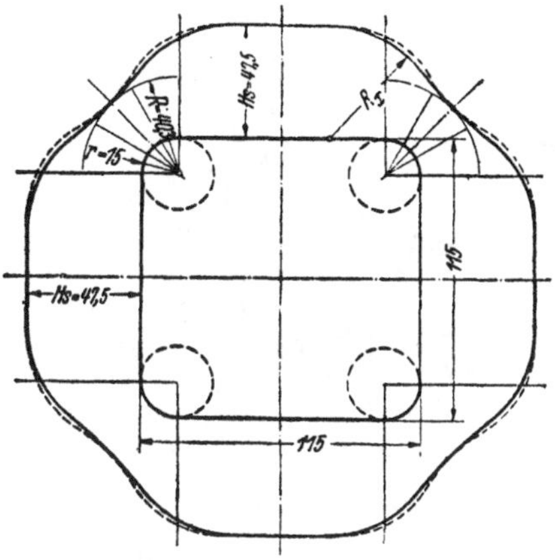

Abb. 11a.

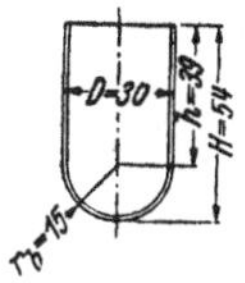

Abb. 11b.

Hohlkörper 115 × 115 × 54 mm.

Rechnerisch *Lösung* *Graphisch*

Scheiben-∅ für gedachten Topf

$2R = \sqrt{8 \cdot r^2 + 4 \cdot D \cdot h}$

$= \sqrt{8 \cdot 15^2 + 4 \cdot 30 \cdot 39} = 80{,}5$

$R \approx 40{,}3$ mm.

Seitenhöhe ohne Halbmesser der Bodenkante

$H_s = h + r_b - 0{,}43 \cdot r_b$

$= 39 + 0{,}57 \cdot 15 = 47{,}5$ mm.

Gegeben:

r_s	r_b	h	D mm
15	15	39	30 mm

Aus Nomogramm I (Abb. 161):

$R = 40{,}3$ mm.

Aus Nomogramm II (Abb. 162a):

$H_s = 47{,}5$ mm (für $d = 0$).

abgezogen werden muß. Je kleiner die Seitenbreite des Teiles ist, desto größer wird der Abschnitt, je größer die Breite ist, desto kleiner der Abschnitt. Von der Tangente des Eckenhalbmessers bis zur Seitenwand sind Kreisbögen zu schlagen, die in Abschnitthöhe verlaufen (s. Abb. 10). Im anderen Falle (s. Abb. 11 und Abb. 15) ist der Eckenhalbmesser zu unterteilen, er erhält vom ersten Drittel an einen Kreisbogenschlag, der wie in der Abbildung gezeigt, verläuft. Hierbei entsteht in der Mitte des Kreisbogens eine Einbeulung, die dann auftritt, wenn das Verhältnis von Teilhöhe zu Eckenhalbmesser groß ist und kein Abschnitt (wie in Abb. 12 ⋯ 14) vorgenommen wird. Bei einem Teil mit Flansch ist dessen Breite in die gestreckte Teilhöhe und als Flächenzuwachs für die Eckenfläche mit einzubeziehen. Nachstehend folgen Gegenüberstellungen von konstruierten und ausprobierten Formscheiben, bei denen man eine gute Übereinstimmung der Zuschnitte feststellen kann. Die gestrichelten Linien geben die konstruierten Formen an, die ausgezogenen Linien die Form der ausprobierten Scheiben.

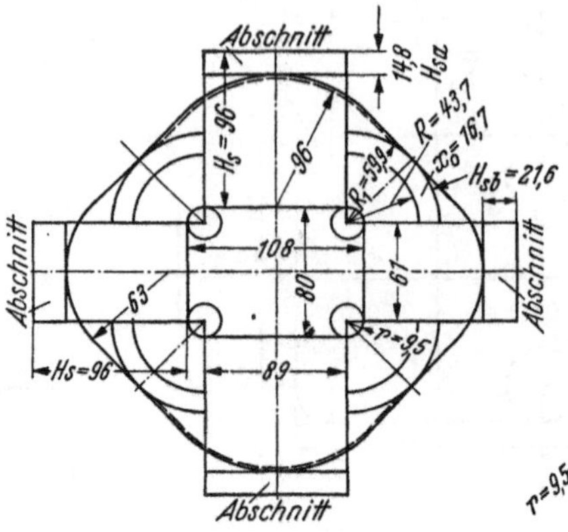

Abb. 12a.

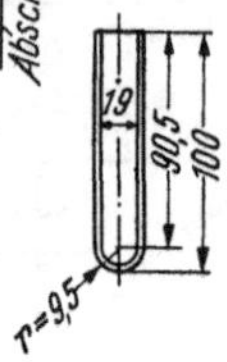

Abb. 12b.

Hohlkörper 108 × 80 × 100 mm.

Rechnerisch *Lösung* *Graphisch*

Scheiben-∅ für gedachten Topf

$$2R = \sqrt{8 \cdot r^2 + 4\,D \cdot h}$$

$$= \sqrt{8 \cdot 9{,}5^2 + 4 \cdot 19 \cdot 90{,}5} = 87{,}2$$

$$R \approx 43{,}7 \text{ mm.}$$

Seitenhöhe ohne Halbmesser der Bodenkante

$$H_s = h + 0{,}57 \cdot r_b$$

$$= 90{,}5 + 0{,}57 \cdot 9{,}5 = 95{,}92$$

$$\approx 96 \text{ mm.}$$

$$x = \frac{R_1}{R} = 0{,}074 \cdot \left(\frac{R}{D}\right)^2 + 0{,}982$$

$$= 1{,}374 \cdot$$

$$R_1 = x \cdot R = 59{,}9 \text{ mm.}$$

Höhenabschnitt für „a":

$$H_{sa} = \frac{0{,}196 \cdot [(2R_1)^2 - (2R)^2]}{a}$$

$$= 14{,}8 \text{ mm.}$$

$$H_{sb} = \frac{0{,}196 \cdot [(2R_1)^2 - (2R)^2]}{b}$$

$$= 21{,}6 \text{ mm.}$$

Gegeben:

Eckenhalbmesser $r_e = r_b = 9{,}5$ mm.

Hohlteilhöhe $h = 90{,}5$ mm

und $H = 100$ mm.

Gedachter Topf-∅ aus 4 Hohlteilecken

$D = 19$ mm.

Aus Nomogramm I: $R = 43{,}7$ mm.

Aus Nomogramm II: $H_s = 96$ mm.

Aus Nomogramm Abb. 162 für $D = 19$ und $R = 43{,}7$: $x = R_1/R = 1{,}36$.

$$R_1 = x \cdot R = 1{,}36 \cdot 43{,}7 = 59{,}4 \text{ mm.}$$

$$y = 0{,}67. \quad x_0 = R_1 - R = 15{,}7 \text{ mm.}$$

$$H_{sa} = y \cdot \frac{R^2}{a} = 0{,}67 \cdot \frac{43{,}7^2}{89} = 14{,}4 \text{ mm.}$$

$$H_{sb} = 0{,}67 \cdot \frac{43{,}7^2}{61} = 21 \text{ mm.}$$

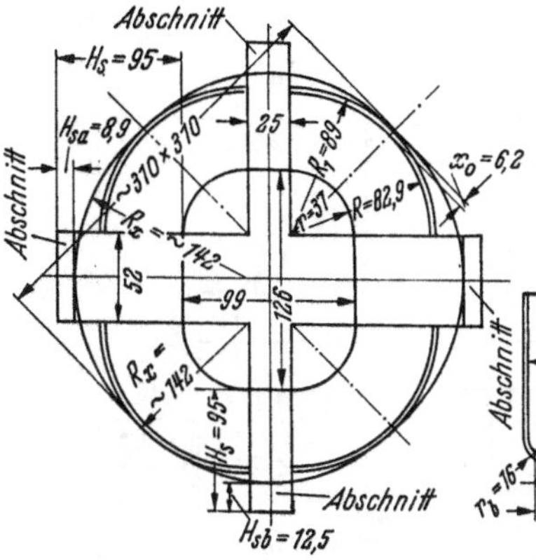

Abb. 13a.

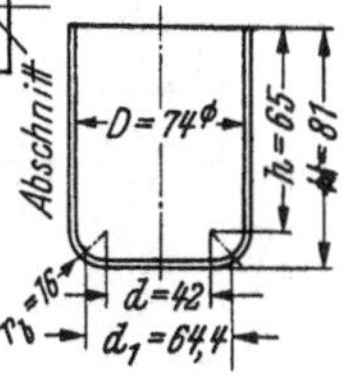

Abb. 13b.

Hohlkörper 126 × 99 × 81 mm.

Rechnerisch — *Lösung* — *Graphisch*

Rechnerisch

Scheiben-∅ für gedachten Topf

$$2R = \sqrt{4D\cdot h + 2r_b\cdot\pi\cdot d_1 + d^2}$$

$$= \sqrt{4\cdot 74\cdot 65 + 2\cdot 16\cdot\pi\cdot 64{,}4 + 42^2}$$

$$= 165{,}8$$

$$R = 82{,}9 \text{ mm.}$$

Seitenhöhe mit Halbmesser der Bodenkante $h + r_b\cdot 1{,}57 + \frac{d}{2}$

$$= 65 + 16\cdot 1{,}57 + 21 = 111{,}2 \text{ mm.}$$

$$H_s = H - 0{,}43\cdot r_b + 0{,}5\cdot d$$

$$= 81 - 0{,}43\cdot 16 + 21 = 95{,}1 \text{ mm.}$$

$$x = \frac{R_1}{R} = 0{,}074\cdot\left(\frac{R}{D}\right)^2 + 0{,}982 = 1{,}075.$$

$$R_1 = x\cdot R = 89{,}1 \text{ mm.}$$

$$x_0 = R_1 - R = 6{,}2 \text{ mm.}$$

Höhenabschnitte:

$$H_{sa} = \frac{0{,}196\cdot[(2R_1)^2 - (2R)^2]}{a+d} = 8{,}9 \text{ mm.}$$

$$H_{sb} = \frac{0{,}196\cdot[(2R_1)^2 - (2R)^2]}{b+d} = 12{,}5 \text{ mm.}$$

Graphisch

Gegeben:

r_e	r_b	h	D mm
37	16	65	74 mm.

Aus Nomogramm I: $R = 82{,}9$ mm.

Aus Nomogramm II: $H_s = 95{,}1$ mm.

Aus Nomogramm Abb. 162 für $D = 74$ und $R = 82{,}9$: $x = \frac{R_1}{R} = 1{,}075.$

$$R_1 = x\cdot R = 1{,}075\cdot 82{,}9 = 89{,}1 \text{ mm.}$$

$$y = 0{,}122. \quad x_0 = R_1 - R = 6{,}2 \text{ mm.}$$

$$H_{sa} = y\cdot\frac{R^2}{a'} = 0{,}122\cdot\frac{82{,}9^2}{52+42} = 8{,}9 \text{ mm.}$$

$$a' = a + d = 52 + 42 = 94 \text{ mm.}$$

$$H_{sb} = y\cdot\frac{R^2}{b+d} = 0{,}122\cdot\frac{82{,}9^2}{25+42}$$

$$= 12{,}5 \text{ mm.}$$

D = Durchmesser des Eckentopfes
r_b = Halbmesser der Bodenkante
d_1 = Schwerpunktdurchmesser $D - 0{,}6\cdot r_b$
d = Durchmesser der Bodenfläche des zusammengesetzten Topfes.

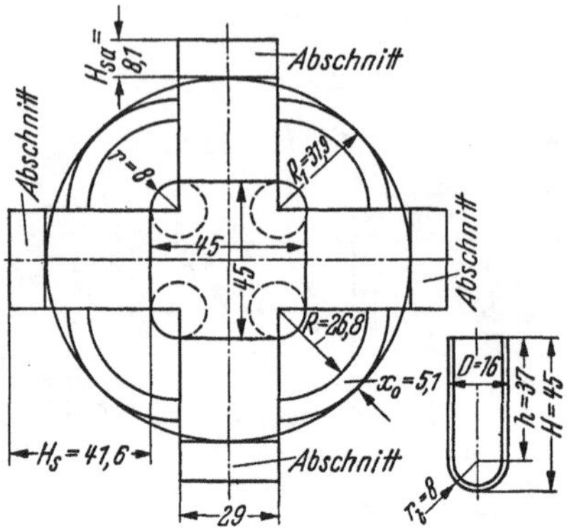

Abb. 14a. Abb. 14b.

Hohlkörper 45 × 45 × 45 mm.

Rechnerisch *Lösung* *Graphisch*

Scheiben-∅ für gedachten Topf

$$2R = \sqrt{8r_b^2 + 4D \cdot h}$$

$$= \sqrt{8 \cdot 8^2 + 4 \cdot 16 \cdot 37} = 53{,}7.$$

$$R = 26{,}8 \text{ mm}.$$

Seitenhöhe ohne Halbmesser der Bodenkante

$$H_s = h + 0{,}57 \cdot r_b$$

$$= 37 + 0{,}57 \cdot 8 = 41{,}6 \text{ mm}.$$

$$x = \frac{R_1}{R} = 0{,}074 \cdot \left(\frac{R}{D}\right)^2 + 0{,}982$$

$$= 1{,}189. \quad x_0 = R_1 - R = 5{,}1 \text{ mm}.$$

$$R_1 = x \cdot R = 31{,}9 \text{ mm}.$$

Höhenabschnitte für a und b gleich

$$H_{sa} = H_{sb} = \frac{0{,}196 \cdot [(2R_1)^2 - (2R)^2]}{a}$$

$$= 8{,}1 \text{ mm}.$$

Gegeben:

r_e	r_b	h	D
8	8	37	16 mm

Aus Nomogramm I: $R = 26{,}8$ mm.

Aus Nomogramm II: $H_s = 41{,}6$ mm.

Aus Nomogramm Abb. 162 für $D = 16$ und $R = 26{,}8$: $x = \frac{R_1}{R} = 1{,}189$

$$R_1 = x \cdot R = 1{,}189 \cdot 26{,}8 = 31{,}9 \text{ mm}.$$

$$y = 0{,}326. \quad x_0 = R_1 - R = 5{,}1 \text{ mm}.$$

$$H_{sa} = H_{sb} = y \cdot R^2/a = 0{,}326 \cdot 26{,}8^2/29$$

$$= 8{,}1 \text{ mm}.$$

Anmerkung:

Bei quadratischer Grundfläche des Hohlteils ist die Zuschnittscheibe kreisrund; man kommt in der Regel mit 80 vH des ermittelten Scheibendurchmessers aus.

Scheibendurchmesser für die zu ziehende Scheibe: $2 \cdot (41{,}6 - 8{,}1 + 22{,}5) = 56$ mm

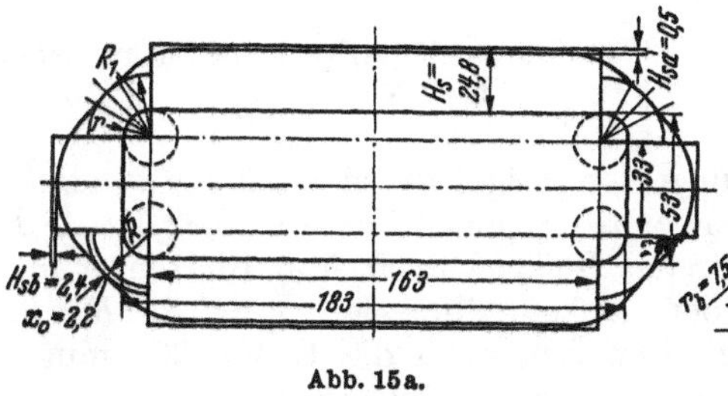

Abb. 15a.

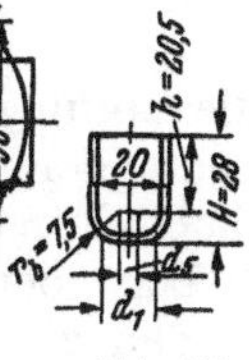

Abb. 15b.

Hohlteil 183 × 53 × 28 mm.

Rechnerisch *Lösung* *Graphisch*

Rechnerisch

Scheiben-Ø für gedachten Topf

$$2R = \sqrt{4D \cdot h + 2\,r_b \cdot \pi \cdot d_1 + d^2}$$

$$= \sqrt{4 \cdot 20 \cdot 20{,}5 + 2 \cdot 7{,}5 \cdot \pi \cdot 15{,}5 + 5^2}$$

$$= 48{,}9.$$

$$R = 24{,}4 \text{ mm}.$$

Seitenhöhe mit Halbmesser der Bodenkante $h + r_b \cdot 1{,}57 + \frac{d}{2}$

$$= 20{,}5 + 7{,}5 \cdot 1{,}57 + 2{,}5 = 34{,}8 \text{ mm}.$$

$$H_s = H - 0{,}43 \cdot r_b$$

$$= 28 - 0{,}43 \cdot 7{,}5 = 24{,}8 \text{ mm}.$$

$$x = \frac{R_1}{R} = 0{,}074 \cdot \left(\frac{R}{D}\right)^2 + 0{,}982$$

$$= 1{,}092.$$

$$R_1 = x \cdot R = 26{,}6 \text{ mm}.$$

$$x_0 = R_1 - R = 2{,}2 \text{ mm}.$$

Höhenabschnitte:

$$H_{sa} = \frac{0{,}196 \cdot [(2\,R_1)^2 - (2\,R)^2]}{a + d} = 0{,}5 \text{ mm}.$$

$$H_{sb} = \frac{0{,}196 \cdot [(2\,R_1)^2 - (2\,R)^2]}{b + d} = 2{,}4 \text{ mm}.$$

Graphisch

Gegeben:

r_e	r_b	h	D
10	7,5	20,5	20 mm

Aus Nomogramm I: $R = 24{,}4$ mm.

Aus Nomogramm II: $H_s = 24{,}8$ mm.

Aus Nomogramm Abb. 162 für $D = 20$ und $R = 24{,}4$: $x = \frac{R_1}{R} = 1{,}092$.

$$R_1 = x \cdot R = 1{,}092 \cdot 24{,}4 = 26{,}6 \text{ mm}.$$

$$y = 0{,}151. \quad x_0 = R_1 - R = 2{,}2 \text{ mm}.$$

$$H_{sa} = \frac{y \cdot R^2}{a + d} = 0{,}151 \cdot \frac{24{,}4^2}{163 + 5} = 0{,}5 \text{ mm}.$$

$$H_{sb} = \frac{y \cdot R^2}{b + d} = 0{,}151 \cdot \frac{24{,}4^2}{33 + 5} = 2{,}4 \text{ mm}.$$

Ermittlung von Eckenhalbmessern viereckiger Hohlteile für Profilscheiben.

Der erste Halbmesser zum Ziehen von Scheibenecken ist:

für Tiefziehblech	für Durchschnittsblech	für mindergutes Blech
$0{,}32 \cdot R$	$0{,}4 \cdot R$	$0{,}48 \cdot R$

und die Stufensprünge der Folgezüge sind rd. $0{,}6 \cdot r$. Bei allen Ziehvorstufen bleibt der erste Eckenhalbmesser $0{,}32 \cdots 0{,}48\,R$ in seiner Größe bestehen. Für das Beispiel nach Abb. 16 kommt in Frage: Für den ersten Zug der Eckenhalbmesser $r_2 = 0{,}32 \cdot R = 0{,}32 \cdot 114{,}5 = 36{,}6$ mm, für den zweiten Zug auch die Größe 36,6 mm im Abstand $r_1 = 0{,}6 \cdot 36{,}6 = 22$ mm, für den Fertigzug der vorgeschriebene Halbmesser $r_0 = 20$ mm.

Ermittlung der Halbmesser für die gewölbten Seiten viereckiger Hohlteile.

Die Seitenwölbung R_s für die kleine Hohlteilseite b_s, von Mitte bis Mitte Eckenhalbmesser gemessen, ist für den ersten Zug $R_s = 1{,}25 \cdot b = 1{,}25 \cdot 200 = 250$ und für den zweiten Zug und die darauffolgenden Züge

$$R_s = \frac{s^2 + 4\,h^2}{8\,h};$$

s = Sehnenlänge, h = Bogenhöhe, wobei sich ergibt:

$$\vartheta = \frac{h'}{m-1};$$

m = Anzahl der Züge, ϑ = Stufensprungmaß.

Nach Abb. 16 ergibt sich $h' = 33$ mm. Die Sehnenlänge für die kleine gewölbte Seite ist 183 mm, damit ergibt sich

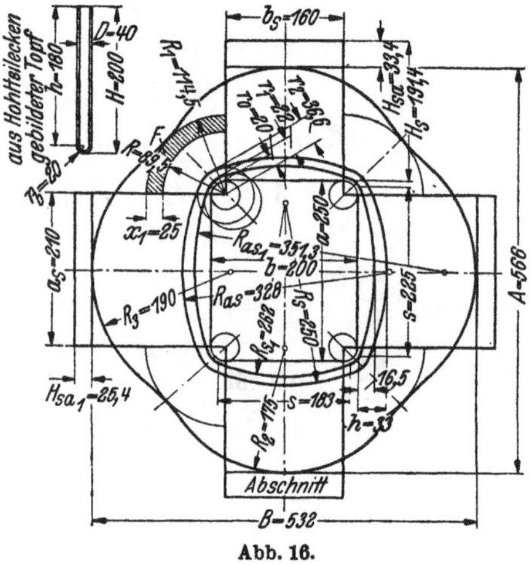

Abb. 16.

$$R_{s1} = \frac{s^2 + 4\,h^2}{8\,h} = \frac{183^2 + 4 \cdot 16{,}5^2}{8 \cdot 16{,}5} = 262 \text{ mm} \quad \text{und}$$

$$\vartheta = \frac{h'}{m-1} = \frac{33}{3-1} = 16{,}5 \text{ mm}.$$

Die Seitenwölbung R_{as} für die große Hohlteilseite a_s, von Mitte bis Mitte Eckenhalbmesser gemessen, ist

$$R_{as} = \frac{a_s \cdot R_s}{b_s} = \frac{210 \cdot 250}{160} = 328 \text{ mm}.$$

Die weiteren Halbmesser ergeben sich ebenfalls aus obiger Gleichung. Der Stufensprung

$$\vartheta = \frac{h'}{m-1} = \frac{37}{3-1} = 18{,}5 \text{ mm}$$

und die zweite Seitenwölbung

$$R_{as1} = \frac{s^2 + 4\,h^2}{8\,h} = \frac{225^2 + 4 \cdot 18{,}5^2}{8 \cdot 18{,}5} = 351{,}3 \text{ mm}\,.$$

Die Kreisbogenradien R_2 und R_3 für den Umfang der Formscheibe werden zeichnerisch so groß gewählt, daß sie an den Abschnittseiten a_s und b_s tangieren und in der Nähe der Winkelhalbierungslinie der Teilecke enden. Die Formscheiben nach Abb. 11 ··· 15 und eine Anzahl anderer, die in der gleichen Weise ermittelt wurden, haben eine überraschend gute Deckung mit den ausprobierten Scheiben ergeben.

Ziehbeanspruchung für metallische und nichtmetallische Werkstoffe.

Für die Ziehbeanspruchung ist das Verhältnis des Topfdurchmessers zum Scheibendurchmesser, bei eckigen Hohlteilen das Verhältnis des Halbmessers der Hohlteilecke zu dem der Scheibenecke maßgebend, also $m = \frac{d}{D_a}$ bzw. $\frac{r}{R}$; für die folgenden Kleinerzüge gilt $m = \frac{d_1}{d}$ bzw. $m = \frac{r_1}{r}$, wobei d_1 der kleine und d der größere Durchmesser bzw. r_1 der kleinere und r der größere Halbmesser für die Teilecke ist. Hiernach wird beurteilt, ob die Teilform mit oder ohne Ziehstufenniederhalter zu ziehen ist. Bei normaler Ziehbeanspruchung des Werkstoffes verlängert sich die Ringbreite h' zur Topfhöhe (s. Abb. 17) um λ mm. Beim Einziehen der Ringfläche wird der Rand der Scheibe in Umfangsrichtung gestaucht also dicker, auf dem Weg über die Ziehkante $r \cdot \pi$ wird die Dicke wieder verringert.

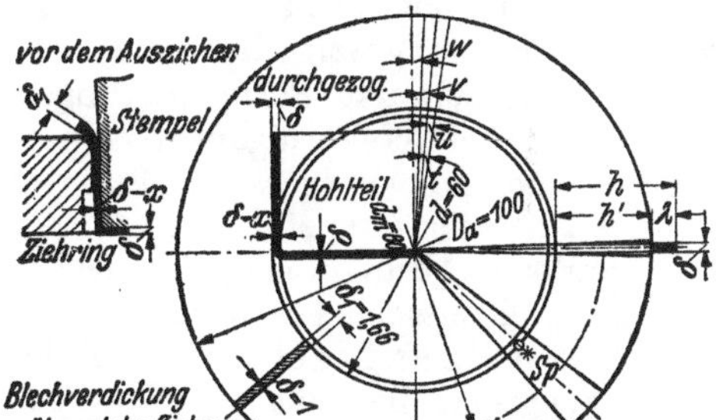

Abb. 17.

Ziehverhältnis: $m = \frac{d}{D_a} = \frac{60}{100} = 0{,}6$; $\delta = 1$ mm.

Schnittkraft: $P = U \cdot \delta \cdot \tau_a$; Schnittarbeit: $A = \frac{P \cdot 0{,}63 \cdot \delta}{1000}$.

Topfhöhe: $h = \frac{D_a^2 - d^2}{d \cdot 4}$.

Verlängerung λ der Kreisringhöhe von h' auf h.

Verdickung der Scheibe während des Einziehens von δ auf δ_1.

Größe des Ziehkantenhalbmessers:

$$r = 0{,}8 \cdot \sqrt{(D-d) \cdot \delta} \quad \text{oder aus} \quad (D-d) \cdot 2 = f(r).$$

Ziehkraft: $P_z = d \cdot \pi \cdot \delta \cdot n \cdot \sigma_B$;
Zieharbeit ohne Niederhalter: $A = P_z \cdot x \cdot h$.
Ziehweg: $h = \frac{d_m \cdot \pi \cdot h'}{d \cdot \pi \cdot 1000}$ in m.
Zieharbeit mit Niederhalter: $A = (P_z \cdot x + P_n) \cdot h$.
Niederhalterdruck: $p_s = \frac{o \cdot p}{F}$ in kg/cm².

Um die Niederhalterkraft nicht unnötig zu vergrößern, kann die Niederhalterfläche, der Randverdickung der Scheibe Rechnung tragend, zur Mitte hin vertieft werden. Da bei gegebenem Stempeldurchmesser mit größer werdender Scheibe die Zusammendrückung der in Abb. 17 dargestellten Keilflächen t bis w zunimmt, muß auch die Ziehkraft entsprechend größer werden. Hiernach ist also die Ziehkraft nicht allein von dem Stempeldurchmesser abhängig, sondern wird durch das Ziehverhältnis $m = \frac{d}{D}$ wesentlich beeinflußt. Sie ist je nach der Scheibenverkleinerung mit einem Beiwert zu berichtigen.

Die Ziehkraft ergibt sich aus: $P_z = d \cdot \pi \cdot \delta \cdot n \cdot \sigma_B$, darin bedeuten P_z = Ziehkraft in kg, d = Stempeldurchmesser in mm, n = Berichtigungsbeiwert, δ = Blechdicke und σ_B = Zerreißfestigkeit des Werkstoffes in kg/mm².

In Abhängigkeit vom Ziehverhältnis m sind im TN auf S. 136 Berichtigungsbeiwerte gegeben, damit man die Ziehkraft und Arbeitsleistung ermitteln kann. Die Beanspruchung beim Stufenziehen hängt von den technologischen Eigenschaften des Werkstoffes ab, wenn auch die Teilverformung weitgehendst durch Schmiermittel verbessert werden kann. Festigkeit und Formänderungsvermögen geben eine Ziehgrenze. Diese wird bei feinkörnigem Werkstoff höher und bei grobkörnigem Werkstoffgefüge niedriger sein. Für stufenweises Kleinerziehen der Teile ist eine Niederhalterausführung zu wählen. Sie ist entweder mit Ziehschrägen oder Abrundungen zu versehen; über die Anwendung muß von Fall zu Fall entschieden werden.

Ohne Wärmebehandlung der Teile kommt man nicht immer aus, besonders nicht bei solchen, die mehrere Ziehgänge durchzumachen haben. Aus diesem Grunde wird versucht, die Werkstoffdehnung so wenig wie möglich auszunutzen, um auf diese Weise Wärmebehandlungen weitgehendst zu vermeiden.

Beim Ziehen eckiger Teile tritt die größte Werkstoffbeanspruchung in den Eckflächen der Formscheibe auf. Die Beanspruchung ist nach dem Ziehverhältnis $m = \frac{r_e}{R}$ zu beurteilen und führt zur Bedingung $0{,}32 \cdot R = r$; im übrigen geben hier die Ziehstufendiagramme (Abb. 159 und Abb. 160) Aufschluß. Diagramm Abb. 160 rechnet mit Höchstwerten in der Blechbeanspruchung, über die man nicht hinausgehen darf, wenn großer Arbeitsausschuß vermieden werden soll. Das Ziehverhältnis ist merklich größer als bei runden Hohlteilen. Die Spannungen treten in den Teilecken auf und nehmen in Richtung der geraden Seitenwände allmählich ab.

Der Stufensprung ermittelt sich aus $\varphi = \sqrt[z-1]{\frac{R}{r}}$, wobei „$z$" Anzahl der Ziehstufen, „R" Größt- und „r" Kleinsthalbmesser der zu ziehenden Eckenfläche bedeuten.

Nichtmetallische Werkstoffe sind insofern anders als metallische zu behandeln, daß sie im erwärmten Zustand verformt werden. Je nach Art des Werkstoffes kommt noch eine Anfeuchtung, Tränkung oder Bepuderung in Frage. Das Ziehverhältnis ist abhängig von dem angewandten weich machenden Mittel und einem anderen Mittel, das die Zurückbildung in die Ursprungsform verhindert. Unter anderen ist Hartgummi als ein Werkstoff, der erwärmt zu verformen und nach der Gestaltung abzukühlen ist, besonders erwähnenswert.

Aufbau des Ziehringsatzes.

Durch den Aufbau des Ziehringsatzes tritt eine merkliche Zusammenfassung der am häufigsten verwendeten Ziehdurchmesser ein, die die Anzahl der Ringe von 2 mm ∅ bis 400 mm ∅ auf das äußerste beschränkt. Durch die geometrische Normungszahlenreihe R 10

$$\varphi = \sqrt[z-1]{\frac{D}{d}} = \sqrt[23]{\frac{400}{2}} = 1{,}25$$

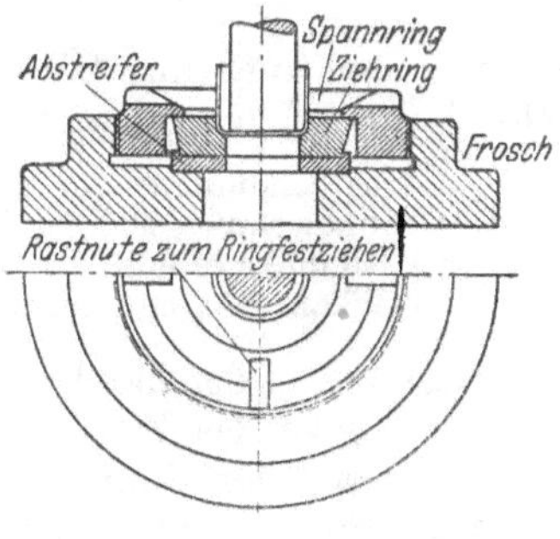

Abb. 18. Ziehring zweiseitig verwendbar.

wurde bei üblicher Blechbeanspruchung ein Normalsatz von 24 Ringen für ausreichend gehalten. Hierdurch ergab sich bei Ziehteilen, die mehrere Arbeitsgänge durchmachen mußten, der Vorteil einer besseren Ausnutzung der Werkstoffdehnung, wobei Wärmebehandlungen eingeschränkt werden konnten. Der leitende Gedanke dabei war, eine Vereinheitlichung der Werkzeuge und Verringerung des Werkzeugbestandes zu erreichen; was einen guten Erfolg hatte.

Der Wert des Ziehringsatzes besteht darin, daß

1. bei Bestellungen sofort Ziehteile hergestellt werden können,
2. investiertes Werkzeugkapital und Reparaturkosten beschränkt werden,
3. teurer Werkzeugstahl erheblich weniger gebraucht wird,
4. die Fußbodenbelastung im Werkzeuglager und der Lagerraum verkleinert wird.

Grundsatz für die Wahl der Ziehdurchmesser soll stets sein, von der gegebenen Ziehringreihe nicht abzugehen. Würde sich z. B. in einem Fall die Notwendigkeit ergeben, von der Zahlenreihe abzuweichen, so wäre nur ein Maßzug anzufertigen, während die Stufenzüge für die Vorentwicklung des Teils verwendet werden können. Durch die Vereinheitlichung der Ziehringe sind für die im Betrieb häufig vorkommenden Bleche passende Ziehstempel und, soweit es angängig ist, von zwei Seiten benutzbare Ziehringe anzufertigen. Bis zu Nr. 13 des AWF-Ziehringsatzes (Abb. 147) kann die untere Freidrehung des Ziehringes auf den nächstgrößeren Ziehdurchmesser gebracht werden. Dadurch wird zum Kleinerziehen des Teils eine Zentrierung geschaffen, die anschließend eine Ziehkante besitzen muß (s. Abb. 18). Je nach der Verwendungsart des Ziehringes werden zum Abstreifen der Teile vom Ziehstempel Abstreifer notwendig sein (s. Abb. 18 oder Abb. 150).

Halbmesser der Ziehkante und Ziehspalt.

Für die Erreichung eines günstigen Ziehverhältnisses oder einer Höchstbeanspruchung des Werkstoffes, die durch anormale Stufensprünge hervorgerufen wird, spielt der Halbmesser und die Form der Ziehkante eine große Rolle. Diesem Halbmesser fällt die Aufgabe zu, die Ringfläche h' (Abb. 17) über den Ziehkantenweg $\frac{r \cdot \pi}{2}$ zu einem Topf umzuformen. Der Halbmesser für die Ziehkante wird ermittelt aus

$$r = 0{,}8 \cdot \sqrt{(D - d) \cdot \delta};$$

er kann aber auch mit Hilfe des Ziehkantendiagramms und der Formel $(D-d) \cdot 2 = f(r)$ festgelegt werden. In beiden Fällen bedeuten:

D = Scheibendurchmesser in mm,
d = Topfdurchmesser des 1. Zuges in mm,
δ = Blechdicke in mm,
r = Ziehkantenhalbmesser in mm.

Der Halbmesser der Ziehkante mündet beim Ziehzylinder des Ziehringes, der, der Dicke des Werkstoffes entsprechend, um 2δ im Durchmesser größer ist als der Stempel. Für besonders große Ziehleistungen wird zwischen Stempel und Ziehring ein noch größerer Zwischenraum von etwa $1{,}2\,\delta$ vorgesehen, wobei man $0{,}2 \cdot \delta$ als Ziehspalt bezeichnet. Er wird für vorzuziehende Teile vorgesehen, bei denen es weniger auf Maßhaltigkeit als auf Erreichung einer großen Höhe ankommt. Der Ziehzylinder beim Ziehring ist möglichst kurz zu halten, damit die beim Ziehen auftretende Wärme schneller zurückgeht.

Ausführung der Ziehkante für Metall. Man unterscheidet drei verschiedene Ziehkanten:

1. Ziehkante mit 90° Umlenkung für normale Werkstoffbeanspruchung,

2. Ziehkante „erhabenrund" für Höchstbeanspruchung des Werkstoffes, die über 0,3 mm Blechdicke Anwendung findet (s. Abb. 144),

3. Ziehkante „hohlrund" für Höchstbeanspruchung des Werkstoffes, die unter 0,3 mm Blechdicke Anwendung findet (s. Abb. 144).

Die unter 1 aufgeführte Ziehkante ist allgemein bekannt, die Ausführungen 2 und 3 dagegen weniger. Sie werden besonders dann bevorzugt, wenn hohe Kalottenteile in einem Ziehgang gezogen werden sollen.

Diese beiden Ziehkanten verhindern das Auftreten von Randfalten und ermöglichen zugleich das Ziehen hoher Teile. Der Ziehweg ist bei diesen Ziehkanten doppelt so groß wie bei den üblichen, deshalb ist es möglich, mit ganz geringer Niederhalterkraft auszukommen. Durch die wulstförmige Ausbildung des Ziehkantenbogens (s. Abb. 144) verhält sich die Scheibe so, als wäre sie mit einer Rippe versteift, die eine Faltenbildung beim Ziehen fast unmöglich macht.

Ausführung der Ziehkante für Aluminium. Der Ziehvorgang bei Aluminiumteilen weicht von dem bei anderen metallischen Werkstoffen etwas ab. Nach Ziehversuchen mit Aluminium und Aluminiumlegierungen sind die Ziehkantenradien etwa 10···12 vH größer zu wählen als sonst. Ziehteile aus Aluminium und anderem Metall in demselben Werkzeug herzustellen, ist nicht ratsam, weil sich bei anderen Metallteilen an der vergrößerten Ziehkante Falten bilden, die große Neigung zum Aufreißen zeigen. Der Grund für eine größere Ziehkante bei Aluminium gegenüber anderen Metallen liegt in der niedrigeren Festigkeit und Bruchdehnung des Aluminiums.

Ausführung der Ziehkante für Zink.

Seitdem es gelungen ist, Zinkbleche mit einem Feinkorngefüge herzustellen, wird Zinkblech industriell im größeren Umfange zum Ziehen von Hohlteilen verwendet. Als Wertmesser zur Beurteilung der Tiefziehfähigkeit für die Blechqualitäten des Zinks kann die ERICHSEN-Prüfung nicht bezeichnet werden. Auch die Angaben über Zugfestigkeit, Dehnung und Biegezahl sowie die Keilzugprüfung nach Prof. Dr. SACHS geben infolge der Ungleichmäßigkeit der Festigkeitseigenschaften des Zinks keine Vergleichswerte. Ausschlaggebend für die Tiefziehfähigkeit ist lediglich das praktische Näpfchenziehprüfverfahren, d. h. das Ziehen eines brauchbaren Original-Hohlteiles. Die Ziehwerkzeuge mit Ausnahme des angeschuhten Stahl-Ziehstempels sind aus Grauguß und arbeiten mit einer durchschnittlichen Ziehgeschwindigkeit von $v \approx 6$ m/min, die aber nicht überschritten werden soll, wenn man größeren Arbeitsausschuß vermeiden will.

Von Wichtigkeit ist: Temperierte Ziehteile von $\sim 20°$ C verwenden.
Ziehkantenhalbmesser $r = 0{,}6 \cdot \sqrt{(D-d)\cdot\delta}$ in mm,
$D =$ Scheiben-∅, $d =$ l. Topf-∅, $\delta =$ Blechdicke in mm.
Ziehgeschwindigkeit etwa $v = 6$ m/min.
Ziehspalt $\delta + x = 1{,}1 \cdot \delta$ in mm.
Ziehstempelabrundung $r_s = (\delta + 1) \cdot 2{,}5$ in mm.
Niederhalterdruck (bei Luftdruck-Kissen) 15 kg/cm².

Niederhalter für den ersten Zug bei starrer und elastischer Scheibenfesthaltung.

Die Aufgabe der Niederhalter besteht darin, Falten bei Scheiben und Topfverkleinerungen zu verhüten. Mit Niederhaltern ist man in der Lage, große Zieharbeiten zu bewältigen, die bis an die Grenze der Ausnutzbarkeit des Werkstoffes heranreichen. Zum Ziehen des ersten Ziehdurchmessers ist der Niederhalter als Flanschring ausgebildet und sorgt bei angemessenem Druck auf die Scheibe, die er auch auszuschneiden vermag, daß der Topf faltenlos geformt wird. Bei stufenweisem Kleinerziehen der Teile hat der Niederhalter eine rohrähnliche, der Teilhöhe angepaßte Form und vermeidet auch hier Falten und glättet die Flächen. Runde Niederhalter rüste man mit Einsatzstücken aus (siehe Abb. 61a), wodurch Durchmesserunterschiede von etwa ± 5 mm überbrückt werden können. Der Niederhalterdruck soll möglichst klein sein, damit die Blechdicke an allen Stellen des Teiles erhalten bleibt, aber doch so hoch, daß faltenlos gezogen wird. Die Druckeinstellung hat den Vorteil, daß man die Werkstoffdehnung sparsam verausgabt und so Wärmebehandlungen der Teile einspart. Bei zwangsläufig gesteuerten Niederhaltern mit starrer Festhaltung wird nicht immer gleicher Druck zu erreichen sein, wenn Dickenunterschiede bei Tafeln auftreten. Elastisch wirkende Niederhalter sind vorzuziehen, da sie durch ihre Luftdruckkissen einen Ausgleich schaffen. Eine weitere Annehmlichkeit ist, daß sich der günstigste Niederhalterdruck am Manometer einstellen läßt und daß dieser Anzeigewert in das ausprobierte Werkzeug zur Verkürzung der Einrichtezeit eingeschlagen wird.

Für die elastisch gesteuerte Niederhalterkraft gilt folgende Gleichung: $P_n = \frac{\pi}{4} \cdot (D^2 - d^2) \cdot p$, darin ist $\frac{\pi}{4} \cdot (D^2 - d^2)$ der Flächenquerschnitt des Preßkolbens in cm^2 und p die Flächenpressung in kg/cm^2, die sich bei jedem Ziehwerkstoff ändert. Der Einfluß, den der Niederhalterdruck auf die Oberflächendehnung hat, wird im Diagramm der Abb. 154a gezeigt, das einer Dissertation von FISCHER (Stuttgart 1927) entnommen ist. Hier ist die Oberflächendehnung in Abhängigkeit vom Niederhalterdruck dargestellt, wobei auf der Ordinate die Dehnungen in Prozent und auf der Abszisse die Belastungsdrücke aufgetragen sind. Der Kurvenabschnitt vom Beginn der Kurve bis zum Punkt ist das Gebiet der Faltenbildung, von dort an ist das Ziehteil faltenlos. Aus dem Diagramm geht hervor, daß mit etwa 12 kg/cm^2 ein faltenloses Teil gezogen werden kann, daß der Werkstoff darüber hinaus aber auch eine höhere Beanspruchung bis 46,3 kg/cm^2 aushält, ohne zu reißen.

Geeignete Schmiermittel und ihre Wirkung.

Versuche mit Schmiermitteln für gute Ziehleistungen hatten ein erfreuliches Ergebnis. Hierbei wurden Seifenwasser und mehrere Ölsorten für verschiedene Bleche bei fallendem Ziehverhältnis $m = \frac{d}{D}$ verwendet. Bei allen Versuchen wurde festgestellt, daß Seifenwasser die einzuziehende Scheibe fester hält als Öl. Daraus geht hervor, daß für eine große Scheibenfesthaltung Seifenwasser und für eine geringere Öl zu verwenden ist (Schmiermittel s. S. 155).

Arbeitsleistungen beim Ziehen.

Die erforderliche Kraft zum Ziehen setzt sich zusammen aus Zieh- und Niederhalterkraft, die Arbeitsleistung aus beiden Kräften multipliziert mit dem Arbeitsweg (Höhe des Ziehteils) und einem Berichtigungsbeiwert. Die Arbeitsleistung ohne Niederhalterdruck wird ermittelt aus

$$A = x \cdot P_z \cdot h^*,$$

die Niederhalterkraft

$$P_n = \frac{\pi}{4} \cdot (D^2 - d^2) \cdot p$$

und die Arbeitsleistung mit Niederhalter

$$A = (x \cdot P_z + P_n) \cdot h^*;$$

hierin bedeuten

A = zu leistende Arbeit in mkg,

P_z = Ziehkraft in kg,

h = Höhe des Ziehteils in m,

P_n = Niederhalterkraft in kg,

$\frac{\pi}{4} \cdot (D^2 - d^2)$ = Fläche des Niederhalters in cm^2,

p = Flächenpressung in kg/cm^2,

x = Berichtigungsbeiwert, abhängig vom Ziehverhältnis $m = \frac{d}{D}$.

Richtlinien für die Herstellung von Hohlteilen.

Für die Herstellung der Hohlteile kommen verschiedene Arbeitsverfahren des Ziehens in Frage. Man gibt ihnen folgende Auslegungen:

Ziehen mittels Zug ist Umformen von flachen Teilen in Hohlteile durch Ziehring und Stempel und nötigenfalls unter Verwendung von Niederhaltern, wobei eine mehr oder weniger erhebliche Werkstoffwanderung eintritt.

Durchziehen mittels Durchzug ist ein derartiges Umformen eines Ausschnittes, daß sich durch Druck auf den Schnittrand ein Mantel bildet.

Ausziehen von Hohlteilen ist ein Weiterverformen (Strecken der Mantelfläche) durch Ziehring und Stempel unter Verringerung der Wanddicke.

Streckziehen ist Umformen von flachen Teilen in beliebige Formen mit Formwerkzeug auf der Streckziehpresse.

Drücken mittels Drückwerkzeug ist Umformen von Blechteilen beim Umlauf mit Formfutter und Drückwerkzeugen, wobei der Werkstoff teils gestaucht, teils gestreckt wird. Hierbei können umlaufen:

a) das Formfutter,

b) die Drückwerkzeuge,

c) das Formfutter samt Werkstück und gegenläufig die Drückwerkzeuge.

---

* Siehe AWF Taschenbuch Schuler 1937, S. 57.

Das Ziehen der Teile hängt von der Feinkörnigkeit des Bleches, der Ziehkantengröße, dem Ziehverhältnis, der Ziehgeschwindigkeit und dem Schmiermittel ab.

Ziehen nach Ziehstufendiagramm.

Zylindrische Teile (s. Abb. 19···44) können nach dem Ziehstufendiagramm Abb. 155 gezogen werden. Dies setzt aber für jeden Zweck immer neue Werkzeuge voraus, was beim Ziehringsatz nicht erforderlich ist.

Ziehen mit Ziehringsatz.

Sehr vorteilhaft ist das Ziehen zylindrischer Hohlteile mit dem aus 24 Ziehringen bestehenden Ziehringsatz, der einen Ziehbereich von 2···400 mm ∅ beherrscht. Bei Benutzung dieses Ziehringsatzes, der nach einer geometrischen Reihe aufgestellt ist, damit das Ziehverhältnis konstant wird, fallen Neuanfertigungen von Ziehwerkzeugen fort. Wird aus zwingendem Grunde von dieser Reihe abgewichen, so ist unter gewissen Bedingungen nur ein neues Werkzeug (Fertigzug) herzustellen, das für andere Zwecke mit herangezogen werden kann.

Anwendung der Ziehkante für den ersten Zug.

Soweit es sich um das Ziehen von zylindrischen oder kegligen Hohlteilen handelt, ist die Ziehkantengröße für den ersten Zug nach dem Ziehkantendiagramm Abb. 158 festzulegen.

Bei halbkugligen Hohlteilen für Blechdicken über 0,3 mm wende man erhabene Ziehkanten nach Abb. 144, und unter 0,3 mm Blechdicke die hohlrunden Ziehkanten ebenfalls nach Abb. 144 an, weil mit ihnen große Ziehhöhen zu erreichen sind.

Anwendung des Stufenziehens.

Für das gestufte Ziehen nach Diagramm oder mit Ziehringsatz sind geeignete Abrundungen bei Ziehring und Ziehstempel (s. Abb. 8 und Abb. 145) vorzusehen. Hier ist bei runden Teilen darauf zu sehen, daß die Rundung an der Bodenkante des Teils dort aufhört, wo beim nächstfolgenden Zug die Durchmesserverkleinerung fortgesetzt wird.

Bei eckigen Hohlteilen wird an Stelle der Rundung eine schräge Ziehfläche im Winkel von 38° vorgesehen. Diese Schräge des Niederhalters besitzt an der Übergangsstelle zur Seitenwand wie auch nach der Bodenseite hin eine gute Abrundung. Für das stufenweise Verkleinern der Teile ist das für den Werkstoff geeignete Ziehstufendiagramm zu verwenden (s. TN).

Anwendung von Rückstoßzügen.

Unter Rückstoßziehen ist das zylindrische oder konische Einziehen von Mantelflächen zu verstehen, wie es bei Gewehrpatronen gemacht wird. Darunter wird aber auch das umgekehrte Ziehen bzw. Eindrücken eines Teilbodens zur Bildung eines Doppelmantels (s. Abb. 53) verstanden. Der Mantel kann im Abstand bis zu $0{,}5 \cdot D$ vom Außendurchmesser oder anliegend (s. Abb. 52) gezogen werden.

Im ersten Fall kann man Durchmesserverkleinerungen (Stempel setzt auf den Hülsenboden auf) bis 20 vH des Durchmessers rückstoßziehen, ohne auf die Wanddicke Rücksicht zu nehmen. Dabei ist eine vorherige Wärmebehandlung des Teils Voraussetzung.

Im zweiten Fall sind anliegende Hülsenmäntel rückstoßend zu ziehen, wenn dem Stoßstempel etwa 0,2 mm Spiel gegeben wird.

Stufung beim Streckziehen.

Hierzu kommen weiche Werkstoffe mit möglichst großer Dehnung in Frage. Die Regel beim Ziehen besteht darin, daß man im ersten Ziehgang rd. 25 vH und bei den darauffolgenden Zügen rd. 30 vH der Manteldicke ausstreckt. Die Anzahl der Mantelausstreckungen, die mit den Verkleinerungen der Teildurchmesser einhergehen, sind aus der Zahlentafel (TN S. 157) zu entnehmen. Hierfür gilt folgende Regel: Teile die Differenz zwischen erstem und letztem Ziehdurchmesser (innen gemessen) durch die Anzahl der Ziehstufen minus 1, dann ergibt der Quotient den Wert, um den der Stempeldurchmesser von Stufe zu Stufe verkleinert werden muß (s. Beispiel Abb. 117.)

Ziehen von kegligen Teilen.

Das Ziehen von konischen Teilen erfordert stets eine große Anzahl von Ziehstufen, bis man die Fertigform erreicht hat; demzufolge sind konische Ziehteile immer teuer. Besonders erhöht sich die Zahl der Zwischenstufen, wenn das Kegelteil eine kleine Höhe besitzt. Hieraus ist vorstellbar, daß die Ziehstufen zum Vorziehen des Teils niedrig ausfallen müssen, um die Kegelform zu erlangen. Die Fertigform ist in einer Formstanze auszuschlagen.

Ziehen von halbkugligen Teilen.

Für das Ziehen von halbkugeligen Teilen wird je nach Dicke des Werkstoffes die erhabene Ziehkante bevorzugt, weil man große Ziehhöhen erreichen kann und Faltenbildungen bei Formen verhindert, die vom Zylinder abweichen. Besonders der Formverlauf der Halbkugel trägt dazu bei, parabelförmige Falten zu bilden, die aber mit der erwähnten Ziehkante kaum merklich auftreten. Für Halbkugelteile über 100 mm ∅ ist es vorteilhaft, sie beim Vorziehen auf $^2/_3$ Höhe abzuflachen und die Fertigform in einer Fertigstanze auszuschlagen.

Formgestaltung von bauchigen Teilen.

Hohlformen, die beim Ziehen der Vorform nicht der fertigen ähnlich gemacht werden können, sind mit Füllstoffen, entweder Wasser oder Gummi, von innen nach außen hin auszuformen; der Unterstempel ist dann mehrteilig auszuführen (s. Abb. 33···36a). Für das Gummiausformen bedient man sich einer Qualität von vierfacher Dehnung und einer Härte von etwa 50 Shore.

Stabilisieren von Hohlteilwänden.

Die Widerstandsfähigkeit von Hohlteilen wird mit zunehmender Rippenzahl und -höhe vergrößert. Dieses zeigt sich besonders bei dünnwandigen Dosenböden oder sonstigen Tragflächen, die Drücke auszuhalten haben. Auch um die Seitenwände der Hohlteile zu stabilisieren, versieht man sie mit Rippenwulsten, die häufig nach dem Sickverfahren hergestellt werden. Die Sickenrollen führe man nicht scharfkantig aus, weil die Gefahr einer Abscherung des Wulstes besteht.

Ziehen von eckigen Hohlteilen.

Das Ziehen eckiger Hohlteile mit innen scharfer, gerundeter oder abgeschrägter Bodenkante ist, wenn man vom Beschneiden des Mantelrandes absieht, nur auf Grund konstruierter oder ausprobierter Scheiben einwandfrei. Ein anderes Vorgehen führt unweigerlich zu großem Arbeitsausschuß. Für die Formgestaltung der Scheibe beachte man die auf S. 156 gegebenen Formeln und die Beispiele Abb. 11 ··· 15 zum Errechnen der Werte oder die hierfür vorgesehenen Nomogramme im Technischen Nachschlageteil. Den Nomogrammen zur Ermittlung der Werte gebe man den Vorzug, da hierzu umfangreiche Rechenarbeit nicht erforderlich ist. Je genauer hier die Leitlinien gezogen werden, desto genauer ergibt sich die Scheibenform.

Gewinderollen von Hohlteilen.

Für das Rollen von Edison-Gewinden an Lampensockeln, -fassungen oder an sonstigen Gewindehülsen kommt beim Ziehen der Hülse der mittlere Gewindedurchmesser in Frage. Bei der Gewindeherstellung führt der Gewindedorn eine Linksdrehung aus, damit die Hülse sich nach vollzogener Rollung vom Dorn abschrauben läßt. Die Gewindegegenrolle läuft in einer Wippe, die automatisch gesteuert wird. Die Rolle wird vom Hülsendorn durch Zahnräder mit einem Übersetzungsverhältnis 1 : 3 angetrieben. Eine automatisch arbeitende Gewinderollmaschine ist in Abb. 139 veranschaulicht.

Ziehstufenanwendung bei gegebenen Teilen.

Dem Ziehstufenaufbau liegt das Ziehverhältnis $m = \frac{d}{D}$ für den ersten Zug und für die darauffolgenden Stufenzüge $m_1 = \frac{d_1}{d}$ zugrunde; Diagramm hierfür s. TN. Vor Beginn des Ziehens ist die Scheibengröße zu ermitteln, von der aus sich die Stufenzüge bestimmen lassen; sie können auch nach dem Ziehringsatz oder diagrammäßig festgelegt werden. Bei der Ziehstufenbestimmung versucht man, mit möglichst wenigen Wärmebehandlungen auszukommen. Dies geschieht in der Weise, daß man bei den Ziehstufen den Werkstoff gleichmäßig beansprucht. Das geschulte Auge verfolgt beim Ziehen das Aussehen der Teiloberfläche von Ziehstufe zu Ziehstufe und erkennt an ihrer Rauheit die

Gegebenes Hohlteil Werkstoff: Messingblech	Zu ermittelnder Scheibendurchmesser	Zu ermittelnde Hohlteilhöhen
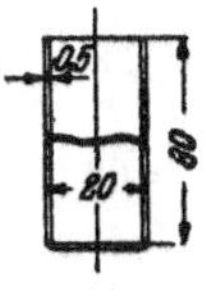 Abb. 19.	$2R = \sqrt{D^2 + 4D \cdot h}$ $= \sqrt{20^2 + 4 \cdot 20 \cdot 80}$ ≈ 83	$h = \frac{D_a^2 - d^2}{4d}$ $h_1 = \frac{83^2 - 49^2}{4 \cdot 49} \approx 22{,}4$ mm $h_2 = \frac{83^2 - 36^2}{4 \cdot 36} \approx 38{,}2$ mm $h_3 = \frac{83^2 - 27^2}{4 \cdot 27} \approx 56{,}2$ mm.

Entwicklung des Hohlteils

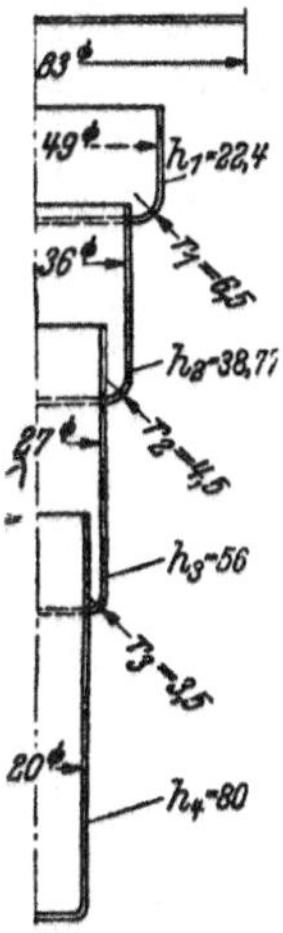

$r = \frac{D_a - d}{2}$

$r = \frac{49 - 36}{2}$

$= 6{,}5.$

Nach dem Ziehstufendiagramm

	Arbeitsgänge			
	1	2	3	4
Scheiben-⌀ 83 mm Korrektur	83/49 —	49/36 —	36/27 —	27/20 —

Zu beachten: $m = d/D_a = 0{,}6$; $m_1 = d_1/d \approx 0{,}75$.

Hiernach sind für alle 4 Arbeitsgänge neue Ziehwerkzeuge anzufertigen.

Nach dem Ziehringsatz*

Nr.	15	14	13	12	11
Schb.-⌀	bis 90	bis 73	—	—	—
Zieh-⌀	50	40	31,5	25	20
r	5,6	5	4,25	3,25	—

Zu beachten:

Ist der Ziehringsatz vorhanden, so sind keine Werkzeuge anzufertigen. Fertigung der Teile kann sofort nach Auftragserteilung beginnen.

Der Scheibendurchmesser 83 mm liegt zwischen Nr. 14 und 15 und ist ungünstig: 5 Arbeitsgänge sind erforderlich und trotzdem wird gespart.

* Siehe TN S. 138.

Grenze im Weiterziehen. Ist diese Grenze erreicht, dann empfiehlt es sich, die Teile in einem AEG-Ofen einer Wärmebehandlung zu unterziehen, wobei keine Zunderbildung auftritt. Das Beizen und Trocknen der Teile wird erspart. Je nach dem Rauminhalt der Teile nimmt die Erwärmungsdauer im Blankglühofen zu. Dieser Ofen ist wirtschaftlicher, als wenn man beizen und trocknen muß.

Im folgenden wird das stufenweise Ziehen für gegebene Teile gezeigt, woraus zu ersehen ist, wie man eine Form mit wenigen Arbeitsgängen erreicht.

Gegebenes Hohlteil Werkstoff: Messingblech	Zu ermittelnder Scheibendurchmesser	Zu ermittelnde Hohlteilhöhen
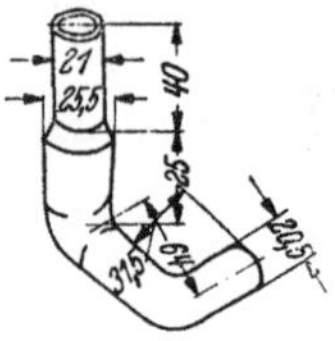 Abb. 20.	$D_m = \frac{20 + 25{,}4}{2} = 22{,}7$ mm. $L = 122$ mm; $L_1 = 44$ mm. $F = D_m \cdot \pi \cdot L + D_m \cdot \pi \cdot L_1$ $= 22{,}7 \cdot \pi \cdot 122 + 21 \cdot \pi \cdot 44$ $= 11600$; $D_a = 121$ mm. $\delta = 1{,}5$ mm.	$h = \frac{D_a^2 - d^2}{4\,d}$ $h_1 = \frac{121^2 - 66{,}5^2}{4 \cdot 66{,}5} = 38{,}4$ mm. $h_2 = \frac{121^2 - 48{,}5^2}{4 \cdot 48{,}5} = 63{,}3$,, $h_3 = \frac{121^2 - 39{,}8^2}{4 \cdot 39{,}8} = 82$,, $h_4 = \frac{121^2 - 31{,}8^2}{4 \cdot 31{,}8} = 107$,, $h_5 = \frac{121^2 - 25{,}4^2}{4 \cdot 25{,}4} = 137{,}7$,, $h_6 = \frac{121^2 - 20^2}{4 \cdot 20} = 178$,,

Entwicklungsgang des Hohlteils.

$$r = \frac{d - d_1}{2} = \frac{66{,}5 - 48{,}5}{2} = 9 \text{ mm.}$$

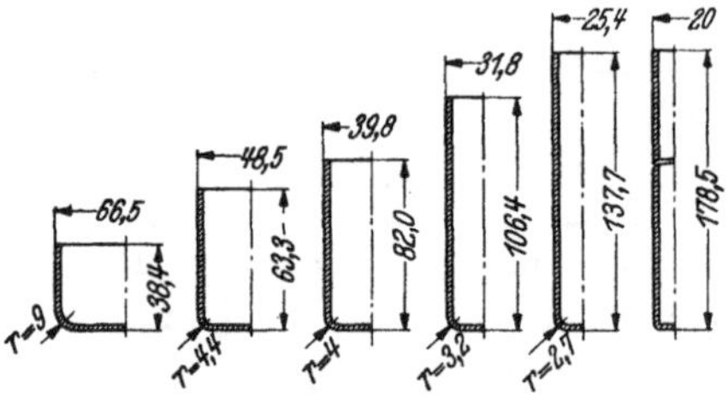

	Arbeitsgänge						
	1	2	3	4	5	6	
Scheibe 121 mm ∅	121 / 66,5	66,5 / 48,5	48,5 / 39,8	39,8 / 31,8	31,8 / 25,4	25,4 / 20	$\frac{d}{D} = 0{,}55$ nach Gefühl gezogen
	121 / 66,5	66,5 / 49,8	49,8 / 37,3	37,3 / 28	28 / 21	21 / 20	Korrektur besser, bei gleichmäßiger Werkstoffbeanspruchung

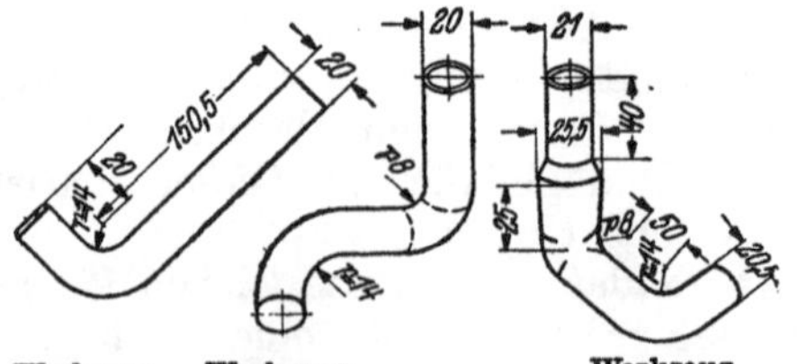

Werkzeug (Abb. 66.) Werkzeug (Abb. 67.) Werkzeug (Abb. 71.)

Gegebenes Hohlteil Werkstoff: Messingblech	Zu ermitteln: ∅ und Topfhöhe	Zu ermittelnde Stufenhöhen

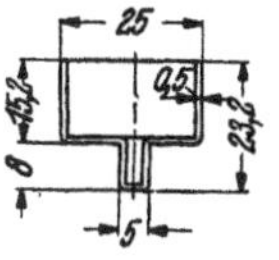

Abb. 21.

$$\frac{25^2 \cdot \pi}{4} + 25 \cdot \pi \cdot 15 + 5 \cdot \pi \cdot 8$$
$$= 1795 \text{ mm}^2; \quad D_a = 48 \text{ mm}.$$

$$h = \frac{D_a - d^2}{\;} - \frac{d_1 \cdot \pi \cdot h_1}{d \cdot \pi}$$
$$= \frac{2304 - 625}{4 \cdot 25} - \frac{5 \cdot \pi \cdot 8}{25 \cdot \pi}$$
$$= 15{,}2 \text{ mm}.$$

$$h_1 = \frac{126}{20 \cdot \pi} = 2 \text{ mm},$$
$$h_2 = \frac{126}{16 \cdot \pi} = 2{,}5 \text{ mm}$$
$$h_3 = \frac{126}{12{,}5 \cdot \pi} = 3{,}2 \text{ mm},$$
$$h_4 = \frac{126}{10 \cdot \pi} = 4 \text{ mm},$$
$$h_5 = \frac{126}{8 \cdot \pi} = 5 \text{ mm},$$
$$h_6 = \frac{126}{6{,}3 \cdot \pi} = 6{,}4 \text{ mm},$$
$$h_7 = \frac{126}{5 \cdot \pi} = 8 \text{ mm}.$$

Entwicklung des Hohlteils

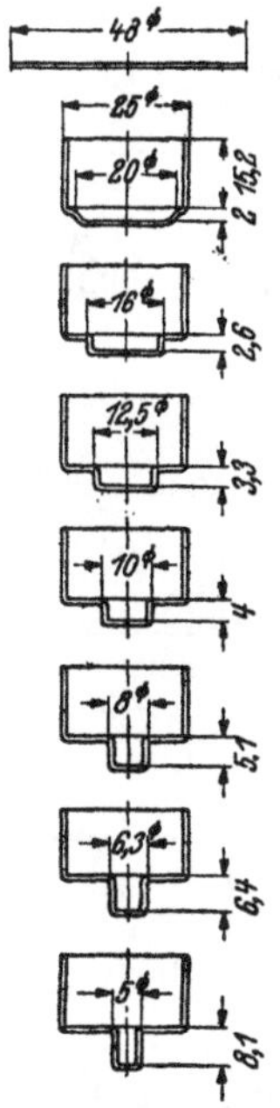

Nach dem Ziehstufendiagramm

	Arbeitsgänge							
	1	2	3	4	5	6	7	8
Scheibe 48 mm ∅	48/25	25/20	20/16	16/12,5	12,5/10	10/8	8/6,3	6,3/5

Zu beachten:
Ist der Ziehringsatz vorhanden, so sind keine Werkzeuge anzufertigen.

Nach dem Ziehringsatz

Nr.	12	11	10	9	8	7	6	5
Schb. ∅	48/45,5	—	—	—	—	—	—	—
Zieh-∅	25	20	16	12,5	10	8	6,3	5

Gegebenes Hohlteil Werkstoff: Aluminium	Zu ermittelnder Scheiben-∅	Zu ermittelnde Hohlteilhöhen
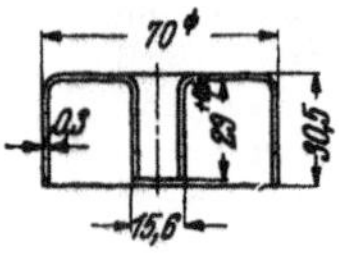 Abb. 22.	$\frac{D^2\cdot\pi}{4}+D\cdot\pi\cdot h+d\cdot\pi\cdot h'=F$ $\frac{70^2\cdot\pi}{4}+70\cdot\pi\cdot 30{,}5+$ $+15{,}6\cdot\pi\cdot 29{,}5=F$ $F=3848+6710+1445$ $=12000$ mm. $D_a=124$ mm ∅.	$h=\frac{1445}{74\cdot\pi}=6{,}2$ mm, $h_1=\frac{1445}{55\cdot\pi}=8{,}3$,, $h_2=\frac{1445}{42\cdot\pi}=10{,}9$,, $h_3=\frac{1445}{33\cdot\pi}=14$,, $h_4=\frac{1445}{24\cdot\pi}=19{,}2$,, $h_5=\frac{1445}{17\cdot\pi}=27$,, $h_6=\frac{1445}{15{,}6\cdot\pi}=29{,}5$ mm.

Entwicklung des Hohlteils

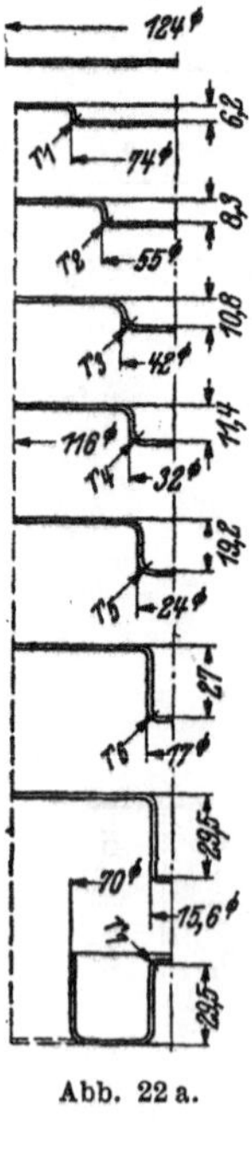

Abb. 22 a.

Nach dem Ziehstufendiagramm

Scheibe 124 mm ∅	Arbeitsgänge 1	2	3	4	5	6	7
	124/74	74/55	55/42	42/32	32/24	24/17	17/15,6
Korrektur	—	—	—	—	—	—	—
r	9,5	6,5	5	4,5	3	2	0,3
h	6,2	8,3	10,9	14	19,2	27	29,5

Scheibenverkleinerung

$F - F_3 = F_4 = 12000 - 1445 = 10555\ \text{mm}^2.\quad D = 116$ mm ∅.

Zu beachten:

Für Mantel 70 mm ∅ ist nur ein Arbeitsgang 116/70 erforderlich.

Nach dem Ziehringsatz:

Nr.	16	15	14	13	12	11	10
Schb.-∅	124/116	—	—	—	—	—	—
Zieh-∅	63	50	40	31,5	25	20	16

Zu beachten:

Zum Ziehringsatz sind nur 2 Werkzeuge 15,6 und 70 mm ∅ besonders herzustellen; nach dem Ziehstufendiagramm sind alle Werkzeuge herzustellen.

Gegebenes Hohlteil Werkstoff: Aluminiumblech	Zu ermitteln: Scheiben-⌀ und Teilhöhen	Durchzugangaben
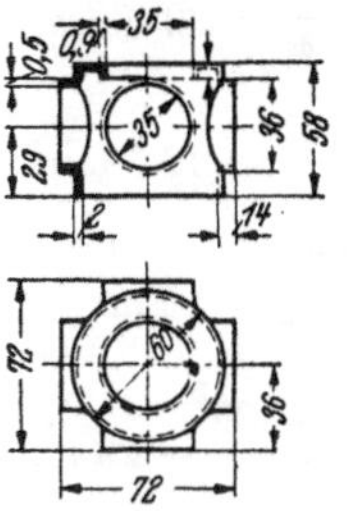 Abb. 23.	$D_a = \sqrt{60^2 + 4 \cdot 60 \cdot (58 + 0{,}5)}$ $= 133$ mm Scheiben-⌀. $h_1 = \frac{D_a^2 - d^2}{4\,d} = \frac{133^2 - 73^2}{4 \cdot 73}$ $= 42{,}3$ mm $h_2 = 58{,}5$ mm	Werkstoffdehnung 20% Stutzen 35 mm Innen-⌀. Einziehfläche bei $\delta = 2$ mm $2 \cdot \frac{\pi}{4} \cdot (35^2 - 28^2) = 692{,}7\,\text{mm}^2$. Loch $35 \cdot 0{,}8 = 28$ mm ⌀. $h = \frac{692{,}7}{35{,}5 \cdot \pi \cdot 0{,}5} \approx 12{,}4$ mm. Stutzenhöhe $12{,}4 + 2$ $= 14{,}4$ mm.

Entwicklung des Hohlteils

Nach dem Ziehstufendiagramm

	Arbeitsgänge 1	Arbeitsgänge 2	
Scheibe 133 mm ⌀	133/73	73/54,8	$m = \frac{d}{D} = 0{,}55$.
	—	73/60	$m_1 = \frac{d_1}{d} = 0{,}75$.

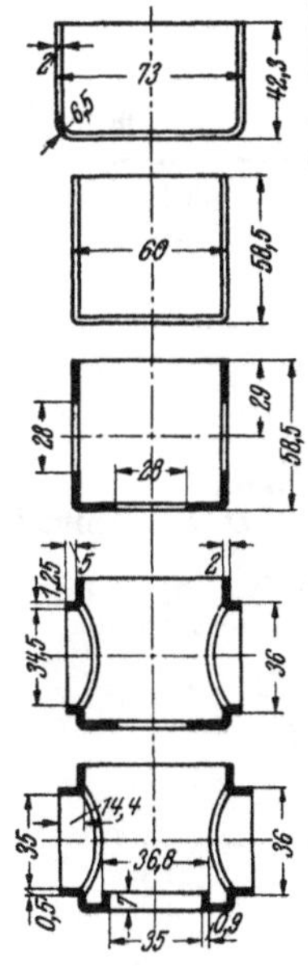

Abb. 23c.

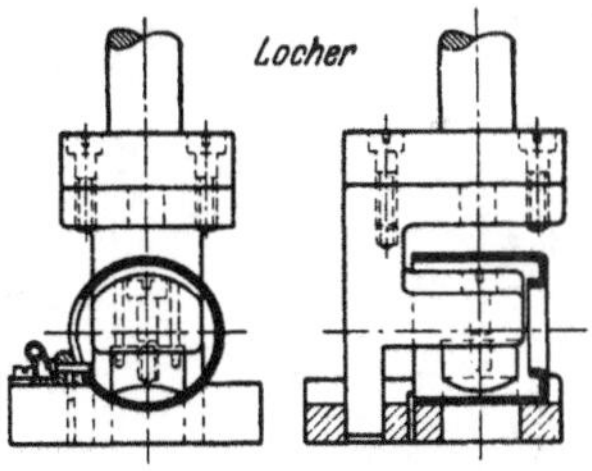

Abb. 23a.

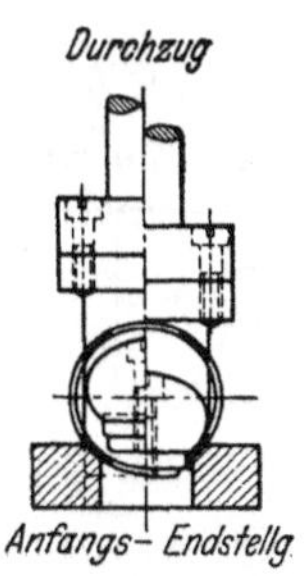

Abb. 23b.

Anzahl der Durchzüge

1. Durchzug

$$\frac{5}{4} \cdot D_2^* - \frac{\delta}{4} = D^{**}$$

$$\frac{5}{4} \cdot 28 - \frac{2}{4} = 34{,}5 \text{ mm.}$$

2. Durchzug auf 35 mm

Bodendurchzug

$$\delta_1 = \frac{v}{D_m \cdot \pi \cdot h} = \frac{692{,}7}{(35 + 1) \cdot \pi \cdot 7} \approx 0{,}9 \text{ mm.}$$

$^*D_2$ = Loch-⌀; $^{**}D$ = Stutzenloch-⌀.

Gegebenes Hohlteil Werkstoff: Tiefziehblech	Zu ermittelnder Scheibendurchmesser	Zu ermittelnde Hohlteilflächen
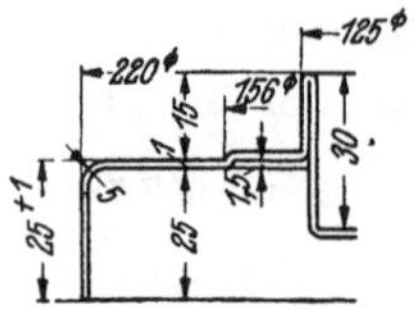 Abb. 24.	$F = \frac{220^2 \cdot \pi}{4} = 38013\ \text{mm}^2$ $F_1 = 220 \cdot \pi \cdot 26 = 17970$ „ $F_2 = 125 \cdot \pi \cdot 45 = 17672$ „ $F_3 = 73655\ \text{mm}^2$ $D_a \approx 307\ \text{mm}\ \varnothing$	$h = \frac{17672}{185 \cdot \pi} = 30{,}5\ \text{mm}$ $h_1 = \frac{17672}{139 \cdot \pi} = 40{,}5\ \text{mm}$ $h_2 = \frac{17672}{125 \cdot \pi} = 45\ \text{mm}$ $r = \frac{185 - 139}{2} = 23\ \text{mm}$ $r_1 = \frac{139 - 125}{2} = 7\ \text{mm.}$

Entwicklung des Hohlteils

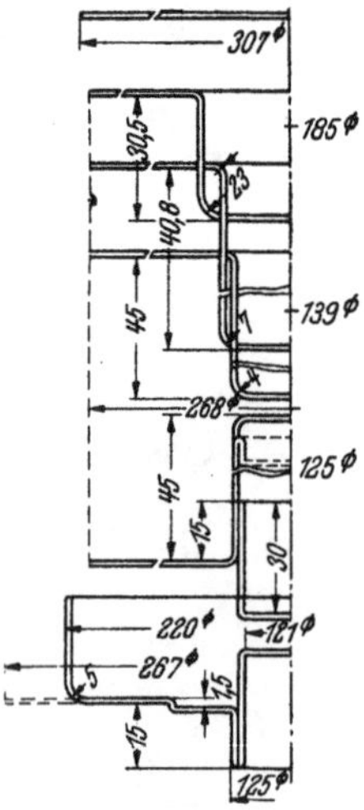

Abb. 24a.

Nach dem Ziehstufendiagramm

	Arbeitsgänge		
Scheibe 307 mm ∅	1	2	3
	307/185	185/139	139/98
Korrektur	—	—	139/125

Scheibenverkleinerung

$$F_3 - F_2 = F_4 = 73655 - 17672 = 55983\ \text{mm}^2 \cdot$$
$$D = 267\ \text{mm}\ \varnothing.$$

Scheibe 267 mm ∅	Arbeitsgang 267/220 in Zugstanze mit Aufschlagschieber fertigstellen

Nach dem Ziehringsatz

Nr.	21	20	19
Schb.-∅	307/267	—	—
Zieh-∅	200	160	125

Zu beachten:

Für das Ziehstufendiagramm sind alle Werkzeuge und mit dem Ziehringsatz ist nur ein Werkzeug (Fertigstanze) herzustellen.

Gegebenes Hohlteil Werkstoff: Ms 67	Entwicklung des Teiles durch Rückstoßzüge.

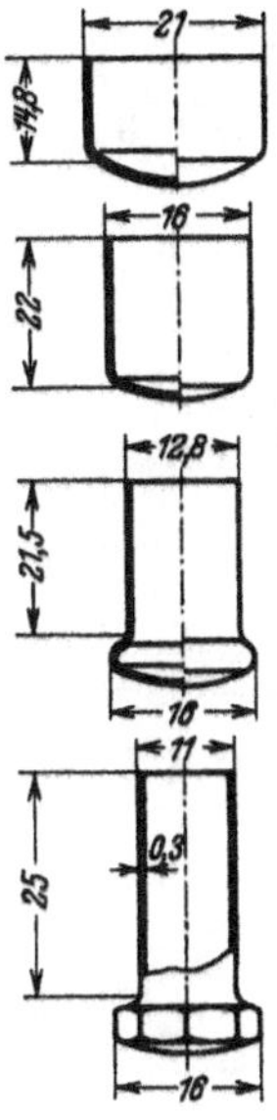

Abb. 25.

Fläche des Teiles:

$$2\cdot\pi\cdot r\cdot h + \frac{d^2\cdot\pi}{4} + \left(\frac{d^2\cdot\pi}{4} - \frac{d_1^2\cdot\pi}{4}\right) + d_1\cdot\pi\cdot h_1 = F$$

$$2\cdot\pi\cdot 8\cdot 2{,}5 + \frac{16^2\cdot\pi}{4} + \frac{16^2\cdot\pi}{4} - \frac{11^2\cdot\pi}{4} + 11\cdot\pi\cdot 25$$

$$= 1296\ \text{mm}^2.\ D_a = 41\ \text{mm}\ \varnothing$$

Scheibe 41 mm ∅	1	2
	41/21	21/15,8
Korrektur	—	21/16

Rückstoßzüge

Hülse 16 mm ∅	1	2
	16/12,8	12,8/11

Hülsenhöhen:

$$h_1 = \frac{41^2 - 21^2}{4\cdot 21} = 14{,}8\ \text{mm};\quad h_2 = \frac{41^2 - 16^2}{4\cdot 16} \approx 22\ \text{mm}.$$

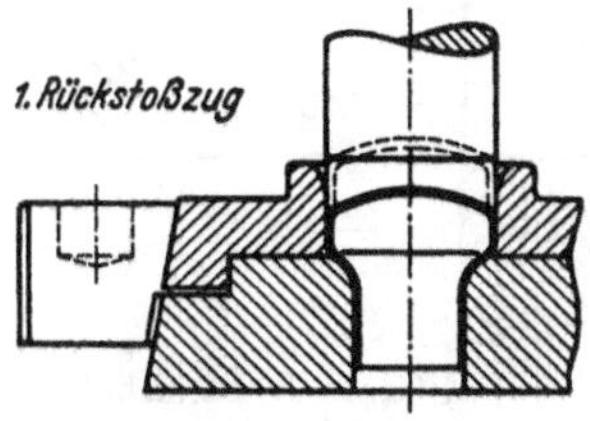

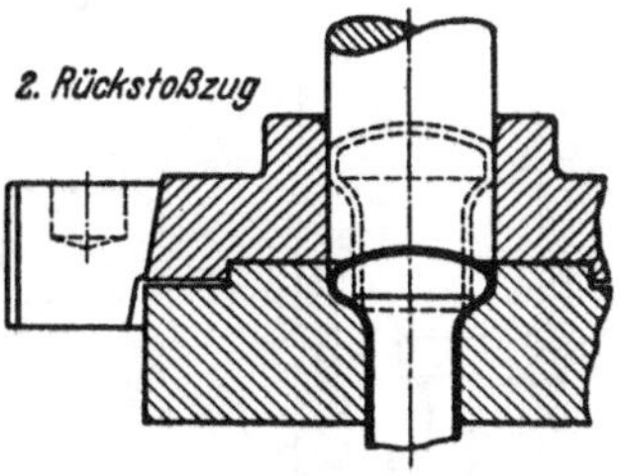

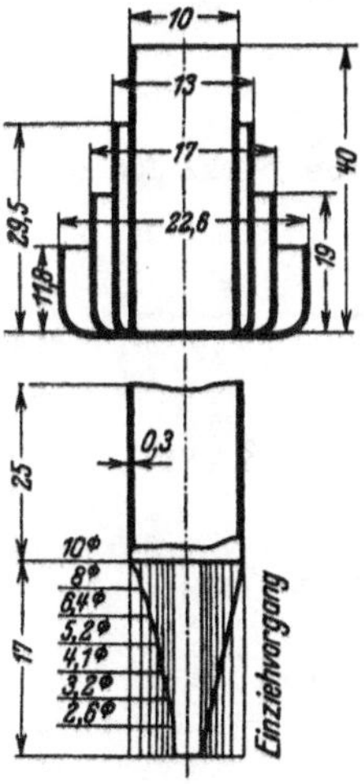

Abb. 26.

Fläche des Teiles:

Zylinder: $10\cdot\pi\cdot 25 = 785\ \text{mm}^2$; $\Sigma F = 1338\ \text{mm}^2$.

Kegel: $\frac{\pi\cdot 17}{3}\cdot(5^2 + 1^2 + 5\cdot 1) = 553\ \text{mm}^2$; $D_a \approx 41\ \text{mm}\ \varnothing$.

Scheibe 41 mm ∅	1	2	3	4
	41/22,6	22,6/17	17/13	13/9,8
Korrektur	—	—	—	13/10

Anspitzen des Teiles:

Hülse 10 mm ∅	1	2	3	4	5	6
	10/8	8/6,4	6,4/5,2	5,2/4,1	4,1/3,2	3,2/2,6

Anmerkung: Vor dem Anspitzen des Teils ist an seinem Innenrand eine schlanke Facette anzudrehen, um der Randverdickung Rechnung zu tragen; hiernach ist eine Wärmebehandlung des Teils vorzunehmen. Das Teilanspitzen mit dem Drückstahl ist teurer als mit Rückstoßzügen.

Gegebenes Hohlteil Werkstoff: Aluminiumblech	Zu ermittelnder Scheibendurchmesser Abwicklung des Hohlteils

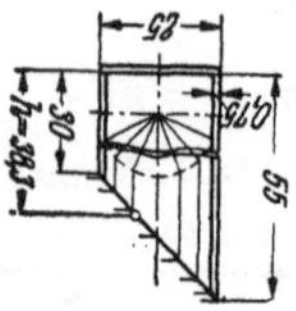

Abb. 27.

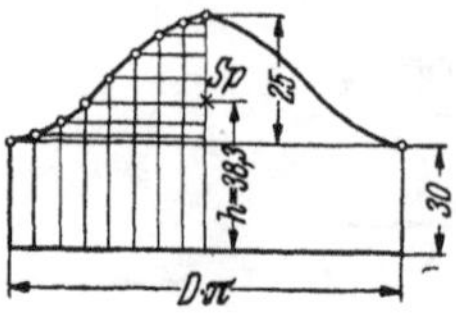

Abb. 27 a.

$$D_a = \sqrt{D^2 + 4\,D \cdot h}$$
$$= \sqrt{25^2 + 4 \cdot 25 \cdot 38{,}3}$$
$$= 67 \text{ mm}$$

Schwerpunktlage

$$Sp = \frac{25}{3} = 8{,}3 \text{ mm.}$$

Abwicklung des Hohlteils

Entwicklung des Hohlteils

Nach dem Ziehstufendiagramm

	Arbeitsgänge 1	2	3
Scheibe 67 mm ∅	67/40	40/30	30/22,4
Korrektur	—	—	30/25

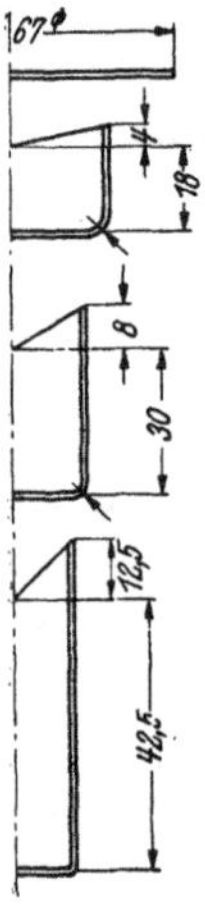

Abb. 27 b.

Mittlere Hohlteilhöhe

$$h_1 = \frac{67^2 - 40^2}{4 \cdot 40} \approx 18 \text{ mm}; \qquad h_2 = \frac{67^2 - 30^2}{4 \cdot 30} \approx 30 \text{ mm.}$$

Zu beachten:

Hiernach sind für alle 3 Arbeitsgänge neue Werkzeuge anzufertigen.

Nach dem Ziehringsatz

Nr.	14	13	12
Schb. ∅	bis 73	—	—
Zieh-∅	40	31,5	25
r	5	4,25	3,25

Zu beachten:

Scheibe liegt auf dem Ziehring exzentrisch um E_x.

Abb. 27 c.

$$D_1 = \sqrt{25^2 + 4 \cdot 25 \cdot 55} = 78{,}3 \text{ mm}$$

$$D_2 = \sqrt{25^2 + 4 \cdot 25 \cdot 30} = 60{,}2 \text{ mm}$$

$$E_x = E_{x_1}\, r_m \,/\, R = 7{,}8 \text{ mm.}$$

Gegebenes Hohlteil Werkstoff: Neusilber	Ermittlung des Scheibendurchmessers Abwicklung des Hohlteils

Abb. 28.

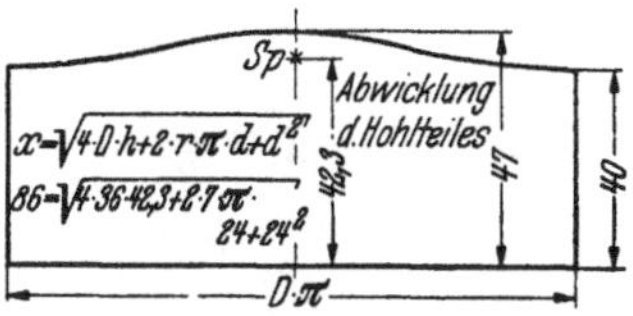

Abb. 28a.

Scheiben-⌀: $D = \sqrt{4 \cdot 38 \cdot 38{,}5 + 2 \cdot 7 \cdot \pi \cdot 28{,}1 + 24^2} \approx 87$ mm

Entwicklung des Hohlteils

Nach dem Ziehstufendiagramm

	Arbeitsgänge	
	1	2
Scheibe 87 mm ⌀	87/47,5	47,5/35,5
Korrektur	—	47,5/38

Mittlere Hohlteilhöhe

$$h = \frac{87^2 - 47{,}5^2}{4 \cdot 47{,}5} \approx 28 \text{ mm}$$

Nach dem Ziehringsatz

Nr.	15	14
Schb. ⌀	bis 90	bis 73
Zieh-⌀	50	40*
r	7	7

* Statt 38 mm ist 40 mm gewählt.

Werkzeug s. Abb. 49 S. 59. Rückstoßzug.

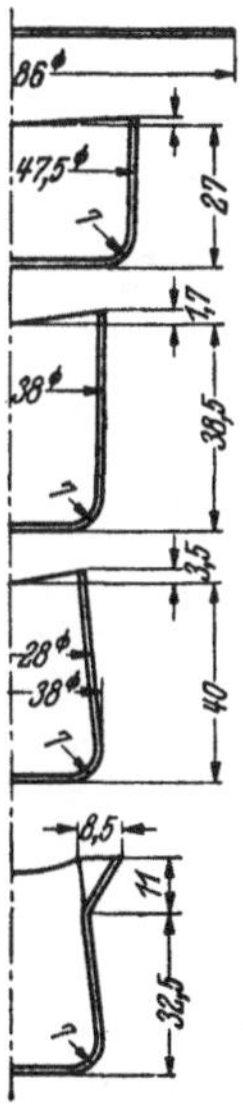

Abb. 28b.

Zu beachten:

Scheibe liegt auf dem Ziehring exzentrisch um E_x.

Abb. 28c.

$$D_1 = \sqrt{4 \cdot 36 \cdot 47 + 2 \cdot 7 \cdot \pi \cdot 24 + 24^2} = 91{,}5 \text{ mm}$$

$$D_2 = \sqrt{4 \cdot 36 \cdot 40 + 2 \cdot 7 \cdot \pi \cdot 24 + 24^2} = 86 \text{ mm}$$

$$E_x = E_{x_1} r_m / R = 2{,}75 \cdot 43{,}5/45{,}75 = 2{,}6 \text{ mm}$$

Gegebenes Hohlteil Werkstoff: X 12 CrNi 18 8	Ermittlung des Scheibendurchmessers	Ermittlung der Hohlteilhöhe

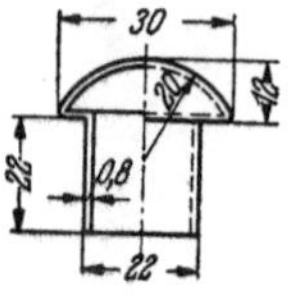

Abb. 29.

$$F = \frac{\pi}{4} \cdot (s^2 + 4 \cdot h^2 + D^2 - d^2) + \pi \cdot d \cdot h$$
$$= 0{,}785 \cdot (900 + 576 + 416) + \pi \cdot 22 \cdot 22$$
$$= 1485 + 1520 = 3005 \text{ mm}^2$$
$$D_a \approx 62 \text{ mm } \varnothing$$

$$h_1 = \frac{D_a^2 - 8 \cdot r \cdot h}{8\,r}$$
$$h_1 = \frac{3844 - 8 \cdot 18{,}5 \cdot 18{,}5}{8 \cdot 18{,}5} = 7{,}5 \text{ mm},$$
$$h_2 = \frac{3844 - 8 \cdot 14 \cdot 14}{8 \cdot 14} = 20{,}3 \text{ mm},$$
$$h_3 = \frac{3844 - 8 \cdot 11 \cdot 11}{8 \cdot 11} = 32{,}7 \text{ mm}.$$

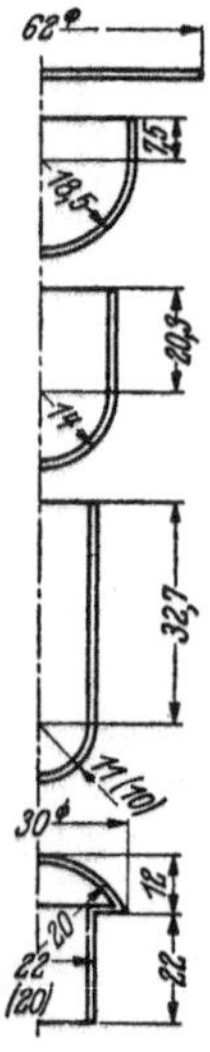

Abb. 29a.

Nach dem Ziehstufendiagramm

Scheibe 62 mm ∅	Arbeitsgänge 1	2	3
	62/37	37/28	28/22
Korrektur	—	—	—

$$m = \frac{d}{D} = 0{,}6\,; \quad m_1 = \frac{d_1}{d} = 0{,}75.$$

Zu beachten:

Hiernach sind für alle 3 Arbeitsgänge neue Werkzeuge anzufertigen.

Nach dem Ziebringsatz

Nr.	13	12	11
Schb.-∅	58/62	—	—
Zieh-∅	31,5	25	20*
r	3,25	3,25	2,5

Werkzeug s. Abb. 75 S. 74

* Statt 22 mm: 20 mm gewählt.

Zu beachten:

Bei Maßänderung sind keine neuen Werkzeuge erforderlich.

Gegebenes Hohlteil Werkstoff: Zinkblech — **Ermittlung des Scheibendurchmessers**

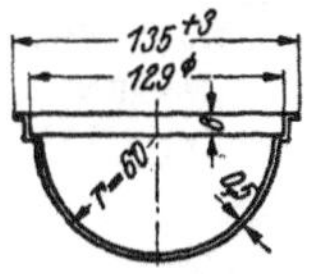

Abb. 30.

$$\text{Kreisring: } \frac{\pi}{4}\cdot(138^2 - 129^2) = 1888 \text{ mm}^2$$

$$\text{Zylinder: } 129\cdot\pi\cdot 8 = 3242 \text{ mm}^2$$

$$\text{Kreisring: } \frac{\pi}{4}\cdot(129^2 - 120^2) = 1760 \text{ mm}^2$$

$$6890 \text{ mm}^2$$

$$\text{Halbkugel: } \frac{\pi\cdot 120^2}{2} \qquad 22619 \text{ mm}^2$$

$$29509 \text{ mm}^2$$

$D_a \approx 194$ mm Scheiben-∅

Entwicklung des Hohlteils — Notwendige Ziehangaben

Geteilte Halbkugel setzt sich zusammen aus:

$$2\cdot r\cdot\pi\cdot h_1 = 2\cdot 60\cdot\pi\cdot 40 = 15080 \text{ mm}^2$$

$$2\cdot r\cdot\pi\cdot h_2 = 2\cdot 60\cdot\pi\cdot 20 = 7540 \text{ mm}^2 \qquad 22620 \text{ mm}^2$$

Zylinderhöhe des Halbkugelteils:

$$2\cdot r\cdot\pi\cdot h_1 + \frac{D^2\cdot\pi}{4} = 2\cdot 60\cdot\pi\cdot 40 + \frac{88^2\cdot\pi}{4} = 21162 \text{ mm}^2$$

und $22620 - 21162 = 1458 \text{ mm}^2 = D\cdot\pi\cdot h_3;$

$$h_3 \approx 3{,}8 \text{ mm.}$$

Scheibenverkleinerung:

$$\frac{\pi}{4}(D^2 - d^2) = 6890 = 0{,}785\cdot(D^2 - 120^2)$$

$$D = \sqrt{\frac{0{,}785\cdot 120^2 + 6890}{0{,}785}} \approx 152 \text{ mm.}$$

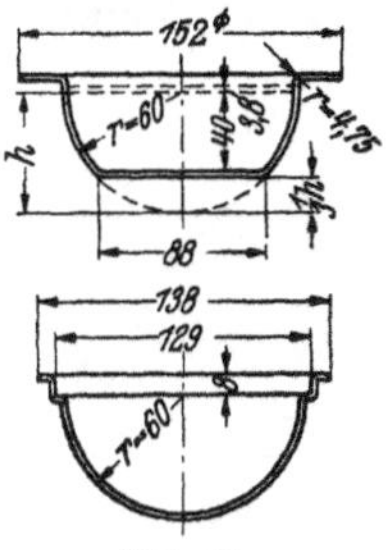

Abb. 30a.

Erforderlich: 1 Ziehgang von Scheibe 194 mm auf Topf 120 mm ∅.

Zu beachten:

Weil sich sonst zu sehr Falten bilden, ist die Halbkugel auf h/3 abzuflachen und die Fertigform in der Fertigstanze herzustellen.

Gegebenes Hohlteil Werkstoff: Stahlblech — *Fertigungsangaben*

Scheibendurchmesser:

$$\text{Zugabering } 0{,}785\cdot(230^2 - 220^2) = 3534 \text{ mm}^2$$

$$\text{Kegelstumpf } \pi\cdot 24\cdot(110 + 90) = 15080 \text{ mm}^2$$

$$\text{Hohlkehle } 0{,}25\cdot 36\cdot\pi\cdot 156\cdot\pi = 13857 \text{ mm}^2$$

$$\text{Zylinder } 140\cdot\pi\cdot 7 = 3079 \text{ mm}^2$$

$$\text{Boden } 0{,}785\cdot 140^2 = 15394 \text{ mm}^2 \quad 50944 \text{ mm}^2$$

$D \approx 255$ mm ∅.

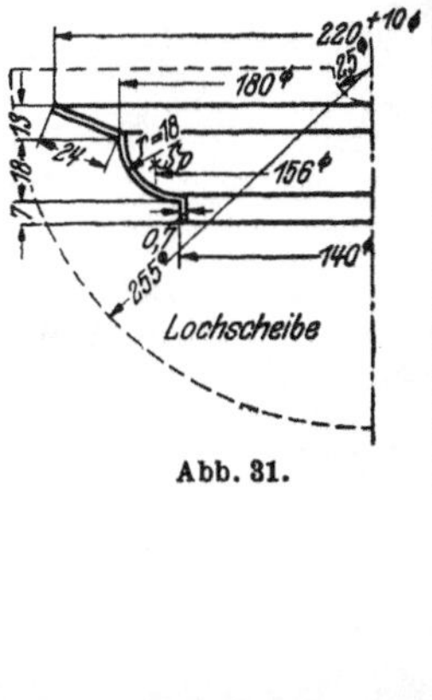

Abb. 31.

Erforderlich: 1 Ziehgang mit Werkzeug Abb. 87.

Zu beachten:

Das Formteil wird aus einer Lochscheibe auf der Reibtriebpresse mit Niederhalter gezogen, fertig gestanzt und beschnitten.

Gegebenes Hohlteil Werkstoff: Aluminium	Ermittlung des Scheibendurchmessers	Ermittlung der Hohlteilhöhe
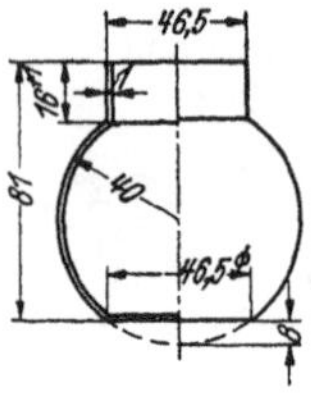 Abb. 32.	Kugel $\pi \cdot (2r)^2 = \pi \cdot 6400$ $= 20106\ \text{mm}^2$ Zwei Kugelabschnitte $2 \cdot (2 \cdot \pi \cdot r \cdot h) = 4 \cdot \pi \cdot 40 \cdot 8$ $= 4021\ \text{mm}^2$ Hals $d \cdot \pi \cdot h_2 = 46{,}5 \cdot \pi \cdot 17$ $= 2483\ \text{mm}^2$ Boden $0{,}785 \cdot d^2 = 0{,}785 \cdot 46{,}5^2$ $= 1698\ \text{mm}^2$ $F = 20266\ \text{mm}^2$ $D_a \approx 161$ mm Scheiben-∅.	$h = \frac{D_a^2 - 8 \cdot r \cdot h^* - d_1^2}{8 \cdot r}$ * $h_1 = \frac{161^2 - 8 \cdot 44{,}5 \cdot 38 - 46{,}5^2}{8 \cdot 44{,}5}$ $= 29$ mm $h_2 = \frac{161^2 - 8 \cdot 40 \cdot 32{,}5 - 46{,}5^2}{8 \cdot 40}$ $= 41{,}8$ mm

Entwicklung des Hohlteils

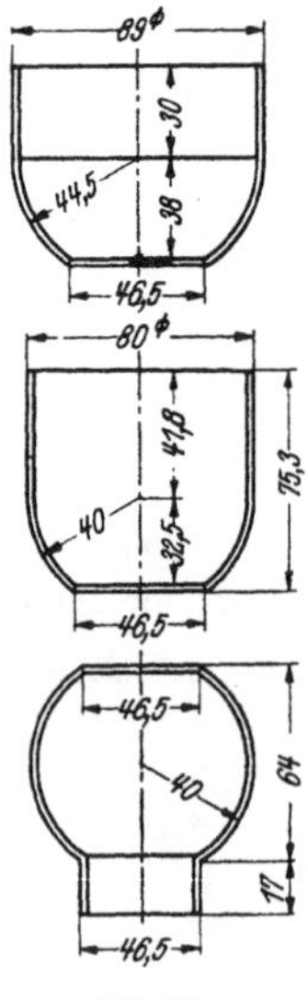

Abb. 32a.

Nach dem Ziehstufendiagramm

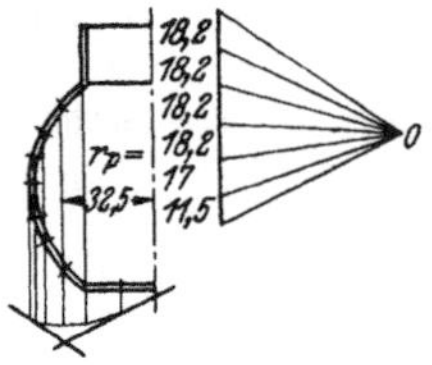

Graphisch ermittelter Scheibeninhalt

$L = 101{,}3$ mm.

$F = 2 \cdot 32{,}5 \cdot \pi \cdot 101{,}3$
$= 20650\ \text{mm}^2$.

	Arbeitsgänge	
Scheibe 161 mm ∅	1	2
	161/89	89/67
Korrektur	—	89/80

$m = \frac{d}{D} = 0{,}55.$

Nach dem Ziehringsatz:

Nr.	18	17
Schb.-∅	161	—
Zieh-∅	100	80

Zu beachten:

Vor dem Einziehen des Hohlteils ist die Gratkante zu beseitigen. Mit dem Ziehstufendiagramm sind alle, nach dem Ziehringsatz ist nur das letzte Werkzeug herzustellen.

* Werkzeug Abb. 77, S. 75.

Gegebenes Hohlteil Werkstoff: Neusilber	Entwicklung des Teiles

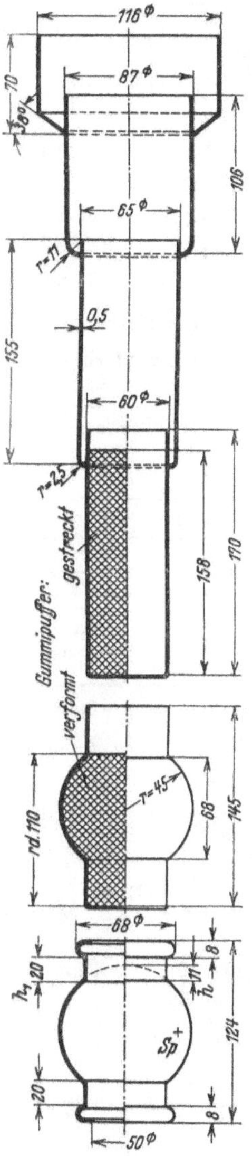

Abb. 33

Fläche der Scheibe:

$$F = 34721 \text{ mm}^2. \qquad D_a = 211 \text{ mm}.$$

	Arbeitsgänge			
	1	2	3	4
Scheibe 211 mm ∅	211/116	116/87	87/65	65/49
Korrektur	—	—	—	65/60

Füllung der abgeflachten Kugel:

$$V = 350000 \text{ mm}^3.$$

Zylinderfüllung bei 60 mm ∅ und 68 mm Höhe:

$$V_1 = 193000 \text{ mm}^3.$$

Verformweg für den Stempel

$$h = \frac{V - V_1}{F_1} = \frac{350000 - 193000}{2827} = 55 \text{ mm}.$$

Bauchstanze mit Gummifüllung.

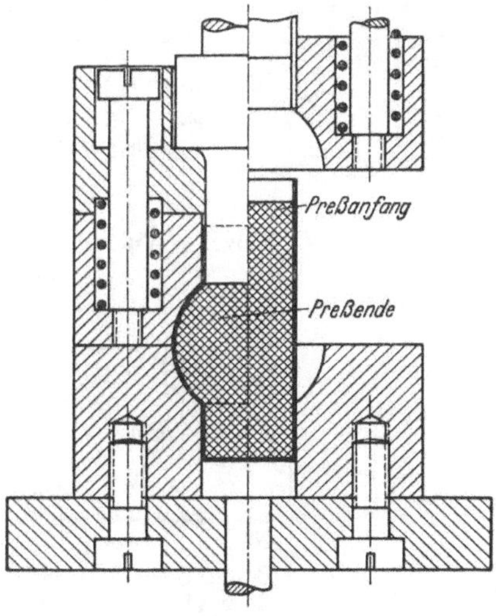

Abb. 33a.

Anmerkung: Die Anzahl und die Größenordnung für die Arbeitsgänge sind für Stahl, Messing und Aluminiumblech gleich.

Eine Wulstdicke am Teilboden erfordert ein 50 mm Loch im Boden, das sich auf 60 mm ∅ aufweitet.

Gegebenes Hohlteil Werkstoff: Aluminium	Ermittlung des Scheibendurchmessers	Ermittlung der Hohlteilhöhen

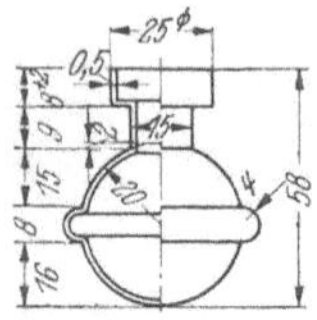

Abb. 34.

Ermittlung des Scheibendurchmessers:

Kugel:

$\pi\cdot(2r)^2=\pi\cdot 40^2$
$=5026\ \text{mm}^2$,

Kugelabschnitt: $2\,r\cdot\pi\cdot h$
$=-2\cdot 20\cdot\pi\cdot 2=251{,}3\,\text{mm}^2$,

Kugelwulst: $\dfrac{2\cdot r\cdot\pi}{8}\cdot D\cdot\pi$
$=\dfrac{2\cdot 4\cdot\pi}{8}\cdot 40\cdot\pi=394{,}8\ \text{mm}^2$,

Kleiner Hals: $d\cdot\pi\cdot h$
$=15\cdot\pi\cdot 9 \quad =424{,}1\ \text{mm}^2$,

Ansatz: $0{,}785\cdot(d^2-d_1^2)$
$=0{,}785\cdot(25^2-15^2)$
$=314{,}2\ \text{mm}^2$,

Ansatz: $d\cdot\pi\cdot h \quad =25\cdot\pi\cdot 10=785{,}4\,\text{mm}^2$

Umbördelfläche: $0{,}785\cdot(25^2-19^2)=207{,}2\ \text{mm}^2$.
$F=6900\ \text{mm}^2$.

mit 5% Sicherheit: $F=7240\ \text{mm}^2$. $D_a=96$ mm.

Ermittlung der Hohlteilhöhen:

$h=\dfrac{D_a^2-8r\cdot h_1}{8r}$*

$h_1=18$; $h+h_1=26{,}5+18$;

$h_2=40{,}8$; $h+h_2=19{,}5+40{,}8$;

$h_3=66{,}6$; $h+h_3=14{,}5+66{,}6$;

$h_4=81{,}6$; $h+h_4=12{,}5+81{,}6$.

h = Höhe der Halbkugel.

h_1, h_2 ... = Zylinderhöhe.

Entwicklung des Hohlteils

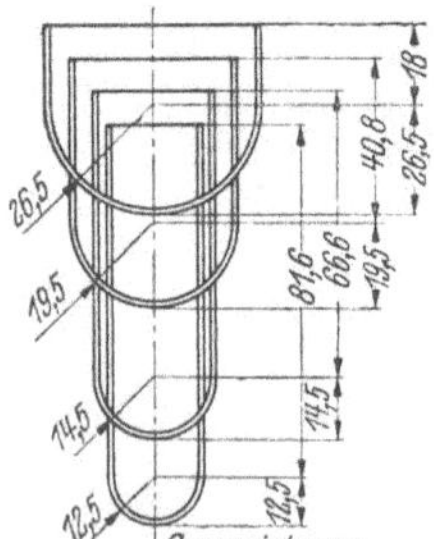

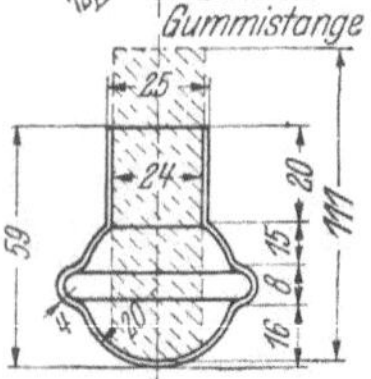

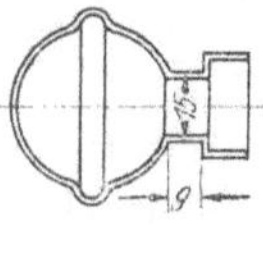

Abb. 34a.

Nach dem Ziehstufendiagramm

Scheibe 96 mm ⌀	Arbeitsgänge 1	2	3	4
	96/53	53/39	39/29	29/22
Korrektur	—	—	—	29/25

$m=\dfrac{d}{D}=0{,}55;\qquad m_1=\dfrac{d_1}{d}=0{,}75.$

Gummifüllung (Shore 50)

Kugel + Wulst + Hals + 10 mm herausstehendes Ende.

$$\frac{4}{3}\cdot\pi\cdot R^3+\frac{(2r)^2\cdot\pi}{8}\cdot D\cdot\pi+\frac{d^2\cdot\pi}{4}\cdot h=V=\frac{D^2\cdot\pi}{4}\cdot h_5$$

$$\frac{4}{3}\cdot\pi\cdot 20^3+\frac{8^2\cdot\pi}{8}\cdot 40\cdot\pi+\frac{24^2\cdot\pi}{4}\cdot(20+10)=50\,237\ \text{mm}^3.$$

$$D=24\ \text{mm};\quad h_5=\frac{50\,237}{452{,}4}=111\ \text{mm}.$$

Nach dem Ziehringsatz:

Nr.	15	14	13	12
Schb.-⌀	96	—	—	—
Zieh-⌀	50	40	32	25

Zu beachten:

Für das Werkzeug mit Gummifüllung ist eine doppelt wirkende Presse anzuwenden.

Mit dem Ziehstufendiagramm sind alle Werkzeuge, nach dem Ziehringsatz nur 2 Werkzeuge herzustellen.

* Werkzeugausführungen s. S. 71 Abb. 69 u. Abb. 70, S. 72 Abb. 72.

Gegebenes Hohlteil Werkstoff: X 12 Cr Ni 18 8	Ermittlung des Scheibendurchmessers	Ermittlung der Hohlteilhöhen
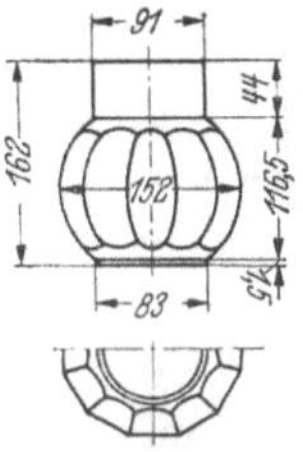 Abb. 35.	Gewicht des Hohlteils $G = 203$ g $D_a = \sqrt{\frac{4G}{\pi\cdot\delta\cdot\gamma}}$ $= \sqrt{\frac{4\cdot 203}{\pi\cdot 0{,}04\cdot 8{,}7}} = 27{,}3\,\text{cm}.$	$h_1 = \frac{D_a^2 - d^2}{4d} = \frac{273^2 - 150^2}{4\cdot 150}$ $= 87$ mm. $h_2 = \frac{273^2 - 113^2}{4\cdot 113} = 137$ mm. $h_3 = \frac{273^2 - 91^2}{4\cdot 91} = 182$ mm.

Entwicklung des Hohlteils

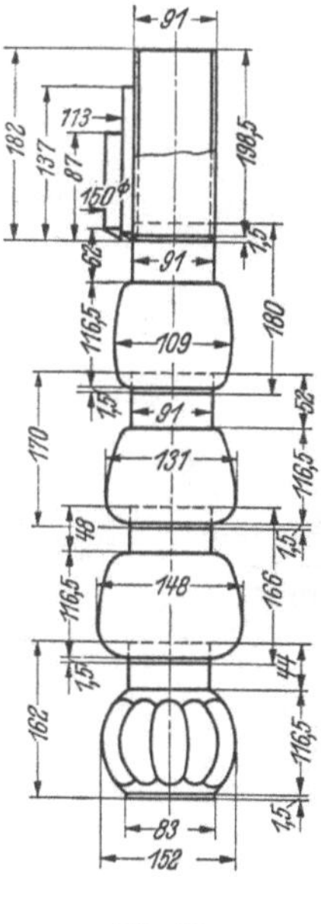

Abb. 35a.

Nach dem Ziehstufendiagramm.

	Arbeitsgänge		
	1	2	3
Scheibe 273 mm ∅	273/150	150/113	113/85
Korrektur	—	—	113/91

$$m = \frac{d}{D} = 0{,}55; \qquad m_1 = \frac{d_1}{d} = 0{,}75.$$

Hohlteil bauchen:

Arbeitsgänge			
1	2	3	4
91/109	109/131	131/148	148/152

(3 und 4:) Differenz unterteilt

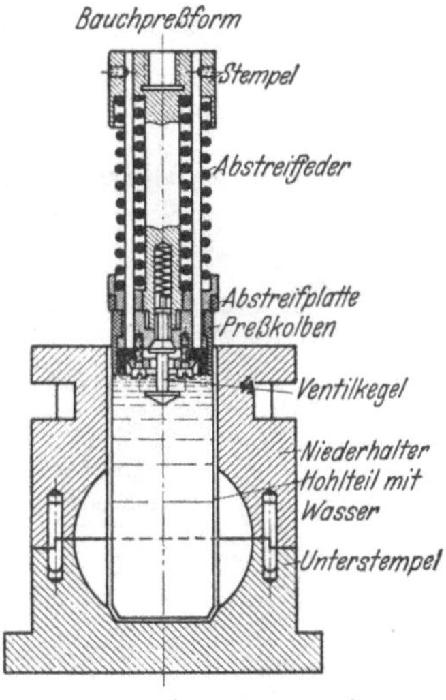

Abb. 35b.

Draht-∅ für Ventilfeder.

Halbmesser der Feder 16 mm, $n = 40$.

Hub der Feder 35 mm.

Gewicht des Ventilkegels 1,5 kg.

$$d = \sqrt[4]{\frac{P\cdot r^3\cdot n}{f\cdot c}} = \sqrt[4]{\frac{1{,}5\cdot 4096\cdot 40}{35\cdot 125}} = 2{,}8 \text{ mm}.$$

Gegebenes Hohlteil Werkstoff: Aluminium	Ermittlung des Scheibendurchmessers

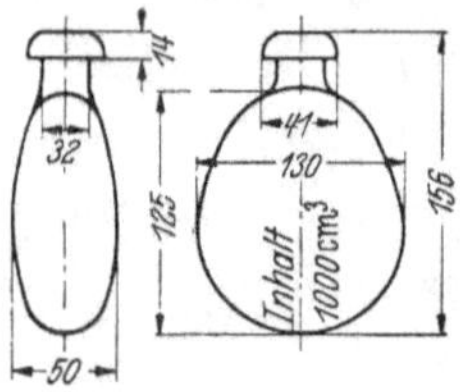

Abb. 36.

$V = 1000\ \text{cm}^3$; 100 mm ∅; $h = 127$ mm;

Kopfwulst: $32 \cdot \pi \cdot 45 = 4524\ \text{mm}^2$;

Boden: $0{,}785 \cdot 100^2 = 7854\ \text{mm}^2$;

Zylinder: $100 \cdot \pi \cdot 127 = 39898\ \text{mm}^2$;

Scheibe: $52276\ \text{mm}^2$; $D_a = 258$ mm ∅.

Für Arbeitsgang 1 ist:

$$h_1 = \frac{258^2 - 8 \cdot 50 \cdot 50}{8 \cdot 50} = 116$$

Gesamthöhe der 1. Hülse: $116 + 50 = 166$ mm.

Entwicklung des Hohlteils

Scheibe 258 mm ∅	Arbeitsgänge		
	258/160	160/125	125/100
Korrektur	—	—	—

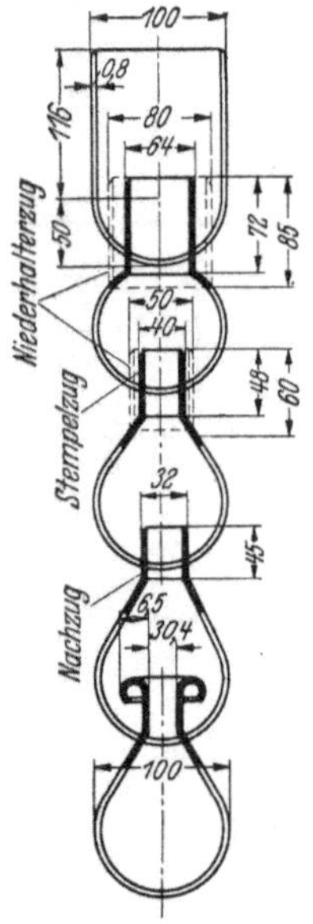

Abb. 36a.

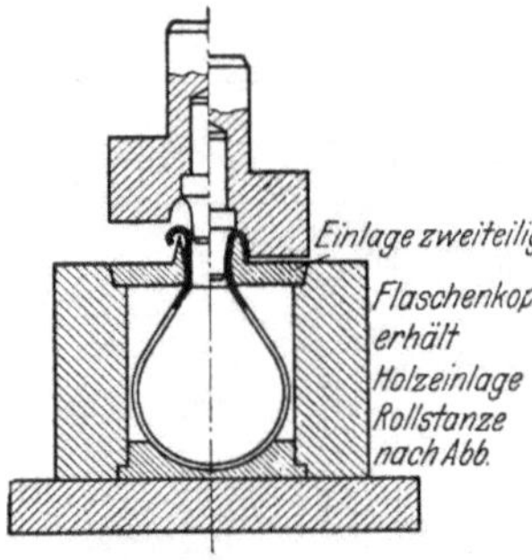

Abb. 36b.

Einschnürungen

100/80	80/64	64/50	50/40	40/32	∅ in mm
1		2		3	Arbeitsgänge

Nach dem Ziehringsatz

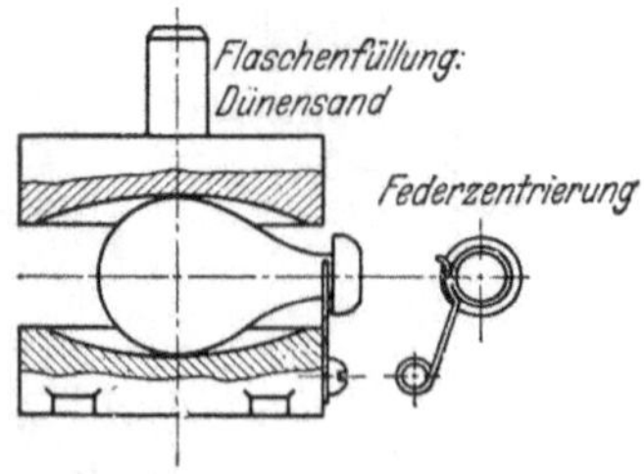

Abb. 36c.

Gegebenes Hohlteil Werkstoff: Tiefziehblech	Ermittlung des Scheibendurchmessers	Höhe des 1. Topfes Seitenlänge des 2. Stempels
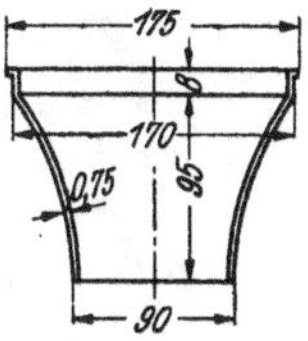 Abb. 37.	a) Stirnrand 1890 mm² b) Bund 4272 „ c) geschweifte Form 39600 „ d) Boden 6361 „ $F = 52123$ mm² $D_a = 258$ mm ∅ mit Randbeschnitt $D_a = 260$ mm ∅	$h = \frac{F-(a+b+c_1+d)}{b_1 \cdot \pi}$ $= \frac{52123-(1890+4272+12173+6361)}{170 \cdot \pi}$ $= 51{,}3$ mm. Flächeninhalt der Niederhalterschräge: $c_1 = \pi \cdot 26 \cdot (85+64) = 12173$ mm². Seitenlänge des 2. Formstempels: $s = \frac{F-(a+b+c_1+d)}{\pi \cdot (r+r_1)}$ $= \frac{52123-(1890+4272+12173+6361)}{\pi \cdot (64+47{,}5)}$ ≈ 78 mm.

Entwicklung des Hohlteils

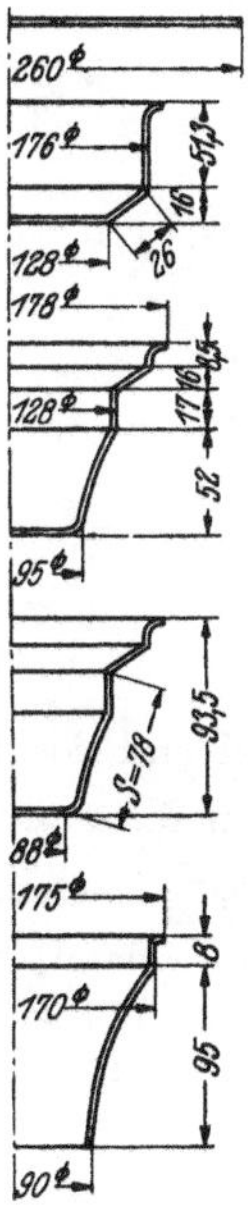

Abb. 37a.

Nach dem Ziehstufendiagramm

Scheibe	Arbeitsgänge 1	Arbeitsgänge 2	Stempel mit angedrehter Form
260 mm ∅	260/170	170/128	

Zu beachten:

Ziehringsatz ist nicht anwendbar, da die Durchmesser nicht geändert werden dürfen.

1. Vorzug 170 mm ∅, Höhe 51,5 mm, Schräge 38°.
2. Stufenzug 128 mm ∅. Stempel hat Reflektorform.
3. Boden lochen 88 mm ∅ (Loch wird ausgezogen [s. Abb. 88.])
4. Fertigstanzung des Hohlteils.
5. Beschneiden des Außendurchm. 175 mm ∅.

Gegebenes Hohlteil Werkstoff: Tiefziehblech	Entwicklungsgänge

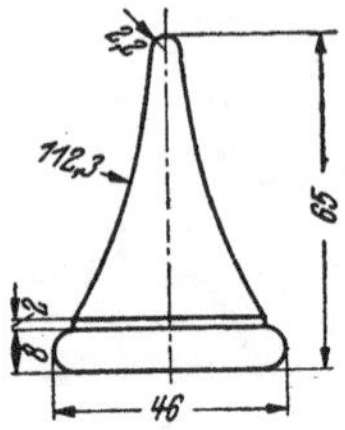

Abb. 38.

Zu ermittelnde Werte:

Scheiben-∅

Gegeben: Gewicht $G = 29$ g

Blechdicke: $\delta = 0{,}75$ mm

$$D_a = \sqrt{\frac{4\cdot G}{\pi\cdot\delta\cdot\gamma}} = \sqrt{\frac{4\cdot 29}{\pi\cdot 0{,}075\cdot 7{,}8}} = 7{,}95 \text{ cm}.$$

Bodenrundung

von D	21,5	16,2	13	10,4	8,3
auf d	16,2	13	10,4	8,3	6,6
von D	6,6	5,3	4,2	2,7	2,2
auf d	5,3	4,2	2,7	2,2	2,2

$$d = 0{,}8\cdot D$$

Mantelwölbung

$$\varphi = \sqrt[Z-1]{\frac{R}{r}} = \sqrt[7]{\frac{112{,}3}{4}} = 1{,}61.$$

r_1	r_2	r_3	r_4	r_5	r_6	r_7	r_8
4	6,5	10,4	16,7	26,9	43,4	69,8	112,3

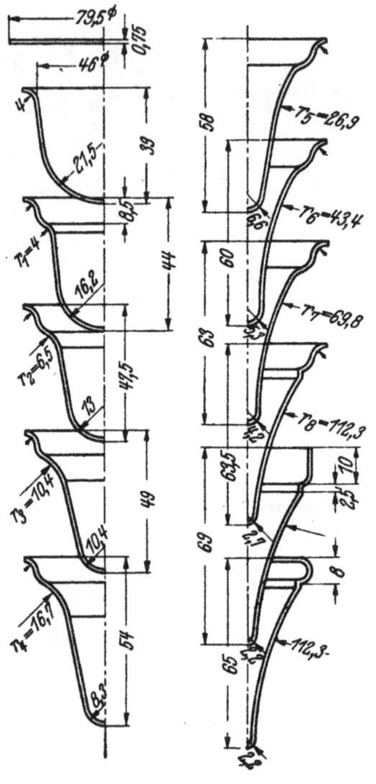

Abb. 38a.

Zu beachten:

Der Ziehstempel und der Unterstempel haben die gezeichnete Form: der Ziehstempel setzt sich in der tiefsten Stellung mit leichtem Druck auf den unteren Stempel auf.

Gegebenes Hohlteil Werkstoff: Stahlblech	Scheibenform	Ermittlung der Scheibe und Verkleinerung
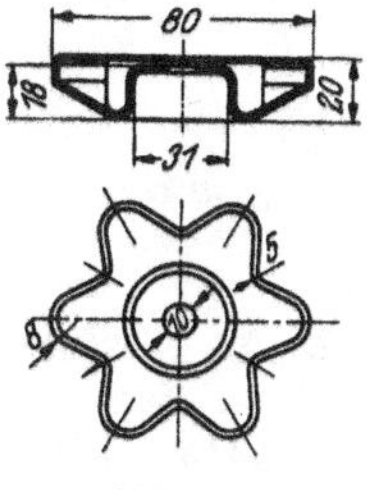 Abb. 39.	 Abb. 39b.	Teilgewicht: rd. 75 g $D = \sqrt{\frac{4G}{\pi \cdot \delta \cdot \gamma}} = \sqrt{\frac{4 \cdot 75}{\pi \cdot 0{,}1 \cdot 7{,}8}} \approx 11{,}1\,\text{cm}$ Teilverkleinerung: $D_1 = \sqrt{\frac{4\,(F_1 - F)}{\pi}} = \sqrt{\frac{4\,(9677 - 1872)}{\pi}}$ $= 100\,\text{mm}$

Entwicklungsgang des Hohlteils

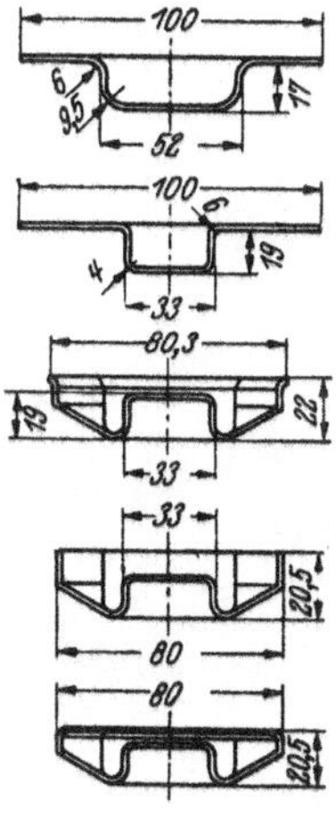

Abb. 39a.

1	Je nach Stückzahl kann der erste Arbeitsgang bei Verwendung von einfachwirkenden Pressen mit Werkzeug Abb. 59 und bei doppeltwirkender Presse mit Werkzeug Abb. 60 ausgeführt werden.
2	Für den 2. Arbeitsgang (Topfverkleinerung) kommen nur eine einfachwirkende Presse und ein Zug ohne Niederhalter nach Abb. 52 in Frage.
3	Der 3. Arbeitsgang, zum Ziehen der Sternform, kann entweder auf einer doppeltwirkenden oder einer einfachwirkenden Presse mit Werkzeug nach Abb. 91 erfolgen. Einen kleinen Wulstrand am Teil stehen zu lassen, ist für den folgenden Arbeitsgang zweckmäßig.
4	Beim 4. Arbeitsgang ist die Sternform nachzuziehen und der Rand zu beschneiden. Hierfür wird eine einfachwirkende Presse benötigt. Gut wird der Rand nur bei Pressen mit nicht verstellbarem Tisch beschnitten (s. Abb. 79, aber ohne Niederhalter).
5	Nach dem 4. Arbeitsgang erhält das Teil einen Bordrand mit dem Werkzeug Abb. 67. Dann wird das Mittelloch ausgeschnitten.

Schreibzeug aus Messingblech

Gefäß

$$40 \cdot \pi \cdot 50 = 6283 \text{ mm}^2$$
$$30 \cdot \pi \cdot 67{,}5 = 6362 \text{ ,,}$$
$$0{,}785 \cdot 30^2 = 707 \text{ ,,}$$
$$\frac{\pi}{4} \cdot (57^2 - 40^2) = 1295 \text{ ,,}$$
$$57 \cdot \pi \cdot 20 = 3581 \text{ ,,}$$
$$18\,228 \text{ mm}^2$$
$$D \approx 153 \text{ mm } \varnothing$$

Seitenlänge:

$$2 \cdot (90 + 22{,}75 + 20) = 265{,}5 \text{ mm}$$

Querseite bis Teilmitte:

$$21 + 22{,}75 + 2 \cdot 6 + 49 + 5 + 20 \approx 130 \text{ mm}$$
$$\frac{153^2 \cdot \pi}{4} - 76{,}5 \cdot \pi \cdot 41{,}5 = 8413 \text{ mm}^2;$$
$$D \approx 103 \text{ mm}$$
$$R = 0{,}5 \cdot 103 = 51{,}5 \text{ mm}$$

Gesamtquerseite $130 + 51{,}5 = 181{,}5$ mm

Messinghohlteil mit Scheibenermittlung

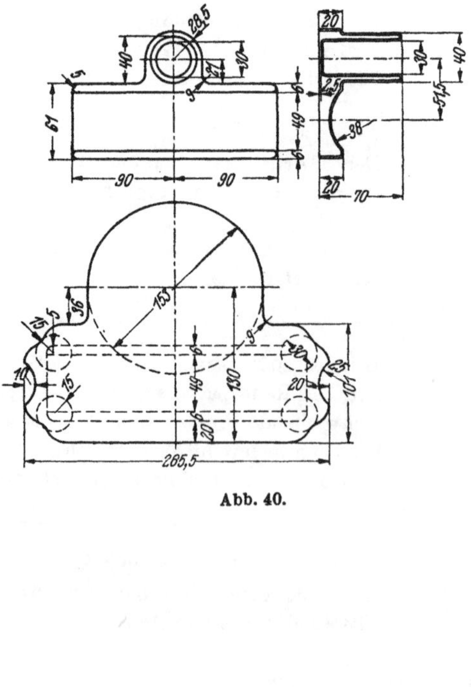

Abb. 40.

Schreibzeug aus Messingblech

Züge

1	2	3
153/76,5	76,5/55	55/40

Scheibenverkleinerung:

$18228 - (6283 + 6362) = 5583\ \text{mm}^2$

$D \approx 85\ \text{mm}$

Seitliche Kürzung nach dem Ziehen:
42,5 mm bis Mitte,
oder
$265{,}5 - 85 = 180\ \text{mm}.$

Sockelecke

$2\,R = \sqrt{D^2 + 4\ D \cdot h} = \sqrt{10^2 + 4 \cdot 10 \cdot 20}$

$= 30\ \text{mm}\ \varnothing. \quad R = 15\ \text{mm}.$

Ziehverhältnis in der Ecke:

$m = \frac{r}{R} = 0{,}33.$

Das Material hielt dies aus und zeugt somit von ganz besonderer Güte.

Arbeitsfolge

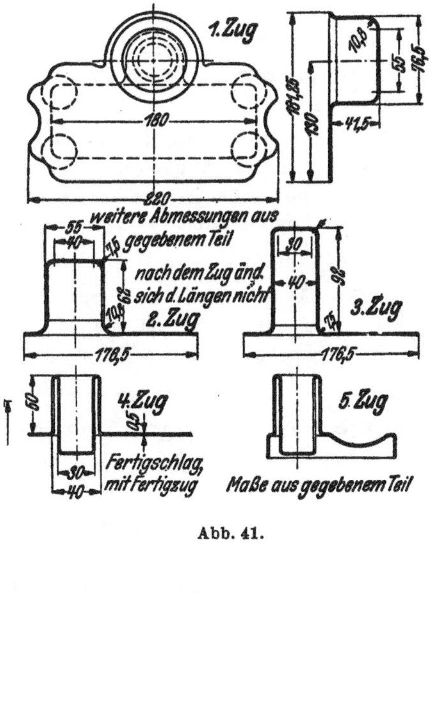

Abb. 41.

Gegebenes Hohlteil: Okulartubus	Scheibenermittlung	Durchmesserangaben
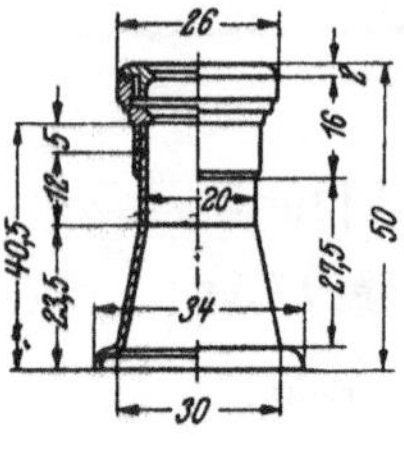 Abb. 42.	$\frac{D^2 \cdot \pi}{4} = \frac{20^2 \cdot \pi}{4} = 314{,}2\ \text{mm}^2$ $D \cdot \pi \cdot h = 20 \cdot \pi \cdot 17 = 1068{,}1\ \text{mm}^2$ $\pi \cdot s(r + r_1) = \pi \cdot 20{,}5 \cdot (15 + 10)$ $= 1610\ \text{mm}^2$ $F = 2992{,}3\ \text{mm}^2$ $D \approx 62\ \text{mm}$	$m = \frac{d}{D} = 0{,}565^*$ gewählt $D \cdot 0{,}565 = 62 \cdot 0{,}565$ $= 35\ \text{mm}\ \varnothing$ $m_1 = 0{,}75^{**}$ $35 \cdot 0{,}75 = 26{,}5\ \text{mm}\ \varnothing$ $26{,}5 \cdot 0{,}75 = 20\ \text{mm}\ \varnothing$

Werkstoff: Aluminium. Entwicklungsgang des Hohlteils

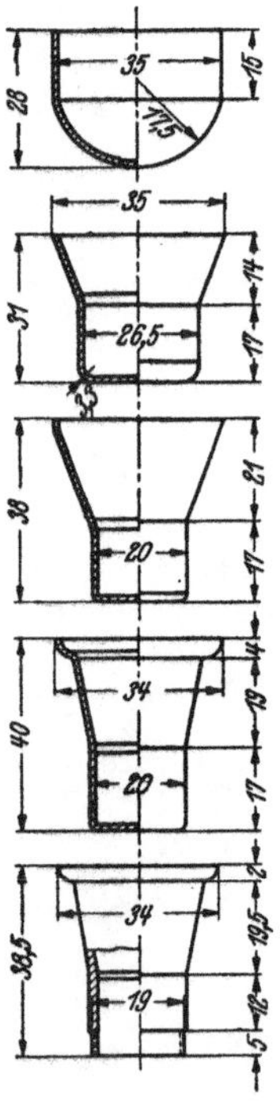

Abb. 42a.

1	Bei Mengenfertigung ist die größtmögliche Werkstoffbeanspruchung anzuwenden, weil sonst eine Verteuerung des Teiles eintritt. * Von 35 mm ∅ muß ausgegangen werden, um auf den Stanzdurchmesser 34mm des Gegenstückes zu gelangen.
2	Die am Boden gerundete Vorform ist zweckmäßig, weil sie sich jeder anderen Nachform besser anpaßt. ** In der Ziehfolge ist die maximale Stufenverkleinerung $m_1 = 0{,}75$ gewählt. Größerer Arbeitsausschuß tritt nicht ein. Bei der Werkzeugausführung sind Ober- und Unterstempel der Teilform anzupassen.
3	Der Durchmesser wird von 25 mm auf 20 mm verkleinert im Ziehverhältnis $m_1 = 0{,}75$. Das unter 2 Hervorgehobene ist auch hier zu berücksichtigen.
4	Nach dem Arbeitsgang 3 wird die Fertigform der Darstellung entsprechend scharf ausgestanzt.
5	Nach Arbeitsgang 4 wird der Wulst auf 2 mm ab-, der Boden des Teils ausgestochen und der Zylinder mit 19 mm ∅ angedreht. Nachher folgt das Strählen oder Fräsen des Feingewindes.

Gegebenes Hohlteil Linsenkörper	Angaben für Scheibendurchmesser und -fläche
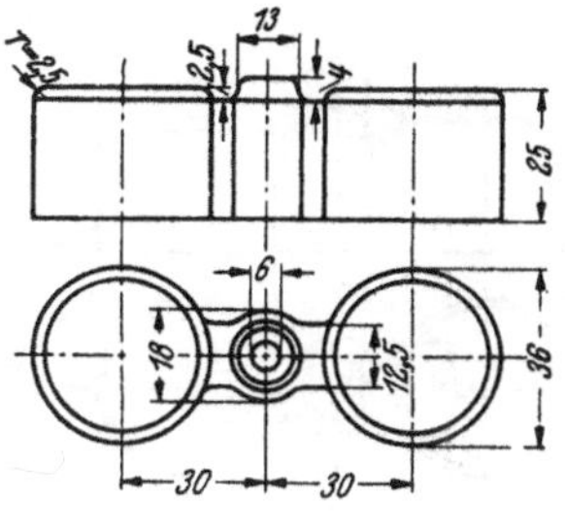 Abb. 43.	Für Augen: $2R = \sqrt{4D \cdot h + 2r \cdot \pi \cdot d + d^2}$ $= \sqrt{4 \cdot 36 \cdot (25 + 3) + 2 \cdot 2{,}5 \cdot \pi \cdot 30 + 30^2}$ ≈ 74 mm. Für Mittelstück: Die erforderliche Zusatzfläche ist $\frac{18 \cdot \pi \cdot 25 + 3}{2} - (31 \cdot 11{,}5 + 2 \cdot 5 \cdot 27) = \frac{F}{2}$ $F \approx 165$ mm². Siehe Dreiecke „a".

Scheibenkonstruktion

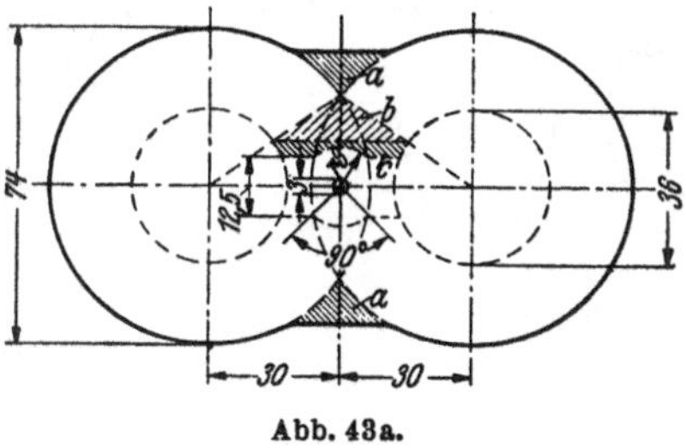

Abb. 43a.

Flächenbedarf rd. 790 mm²; Abzugsflächen $b + c = 626$ mm²; Zusatzflächen $a = 165$ mm².

Zu beachten:

Für die zeichnerische Ermittlung der Scheibenform ist zuerst der Okularabstand von etwa 60 mm festzulegen, darauf der errechnete Scheibendurchmesser 74 mm und dann der Gehäuse-∅ 36 mm aufzuzeichnen. Um zur Scheibenform zu gelangen, ist die eingeschlossene Fläche $b + c$ von der des Mittelstückmantels abzuziehen und die Differenzfläche „a" als Dreieck wieder anzutragen.

Arbeitsfolge

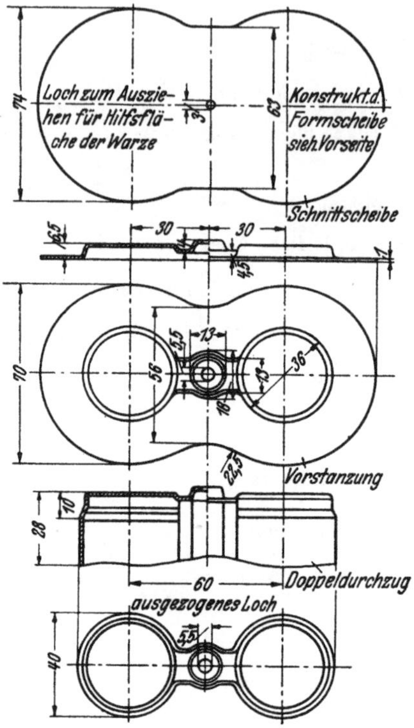

Abb. 43b.

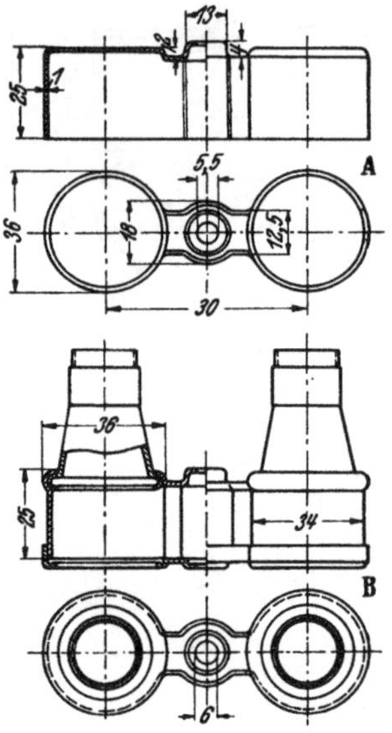

Abb. 43c.

Zu beachten:

Teil *A* ist im letzten Arbeitsgang fertig gezogen und zugleich auf Höhe beschnitten. Hierauf werden beide Augen mit 30 mm ∅, die mittlere Warze mit 6 mm ∅ gelocht. Nach der Lochung des Teiles werden die Okularstutzen in das Gehäuse eingesetzt und dieses mit Rückstoßzügen eingezogen. Bild *B* zeigt die Befestigung beider Teile.

Gegebenes Hohlteil: Linsenkopf	Angaben für Scheibendurchmesser und -fläche
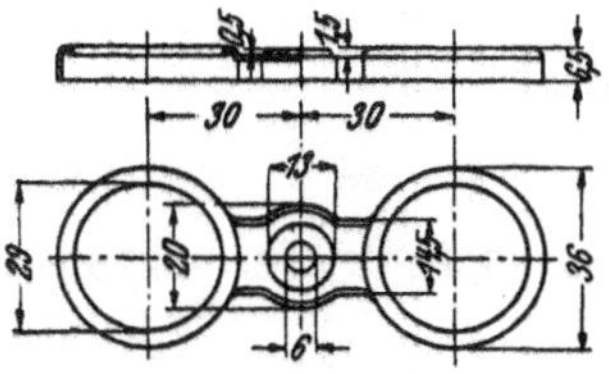 Abb. 44.	Großes Auge: $2\,R = \sqrt{D^2 + 4\,D \cdot h} = \sqrt{35^2 + 4 \cdot 35 \cdot (5+3)} \approx 48{,}5$ mm. Mittelstück mit 3 mm Loch: $2\,R = \sqrt{20^2 + 4 \cdot 20 \cdot (5+2)} = 31$ mm.

Entwicklung des Hohlteils.

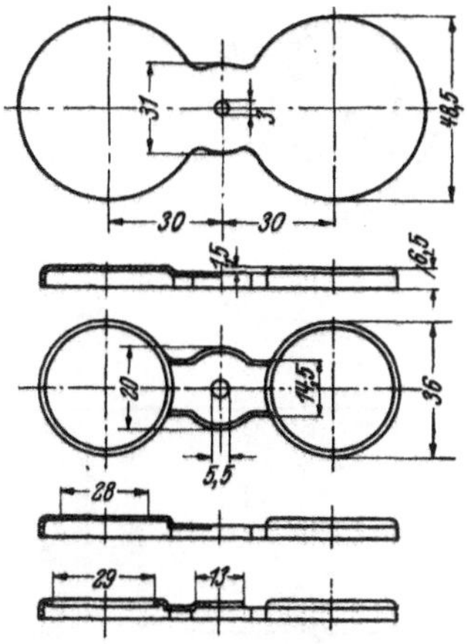

Abb. 44a.

Die Formscheibe mit dem 3 mm großen Mittelloch wird ausgeschnitten.

Das Teil wird in einer Stanze geformt, wobei sich das Mittelloch von 3 auf 5,5 mm ∅ vergrößert.

Beide Augen werden mit einem Locher 28 mm ∅ gelocht, das Mittelloch mit 6 mm ∅.

Die in der Mitte stehengebliebene Fläche wird halbrund und die darin befindliche Warze formgestanzt. Einbau des Teils s. Abb. 43c.

Gegebenes Hohlteil Werkstoff: Tiefziehblech	Arbeitsfolge und Scheibengröße
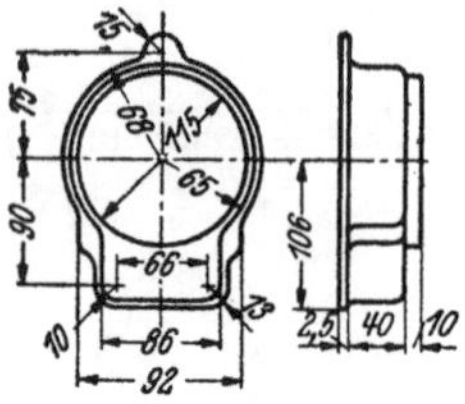 Abb. 45.	a) Gehäuseboden ziehen b) Gehäuseform ziehen c) Gehäuserand beschneiden d) Gehäuserand kröpfen Scheibenbreite $(2{,}5+3+40+7{,}5+57{,}5)\cdot 2 = 221$ mm Scheibenlänge $2{,}5+20+40+7{,}5+10+115+$ $+10+45{,}5+40+3+2{,}5$ $=296$ mm

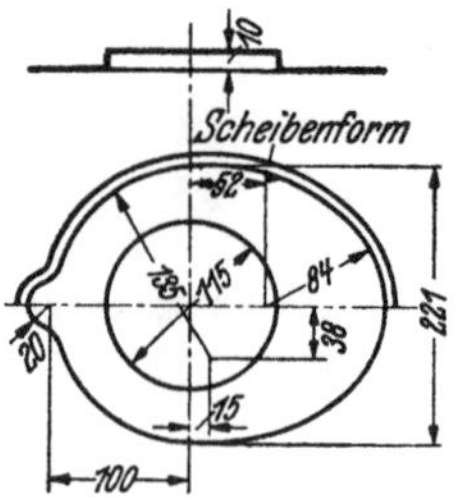

a

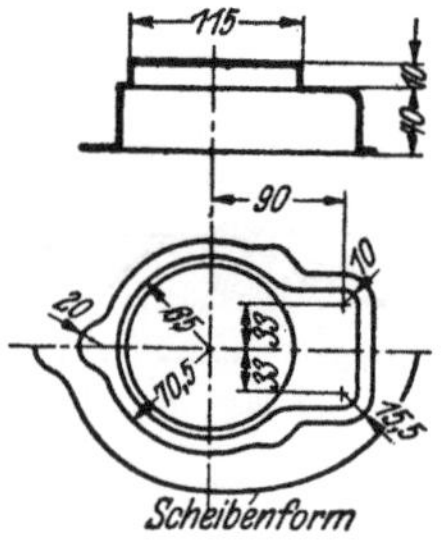

c

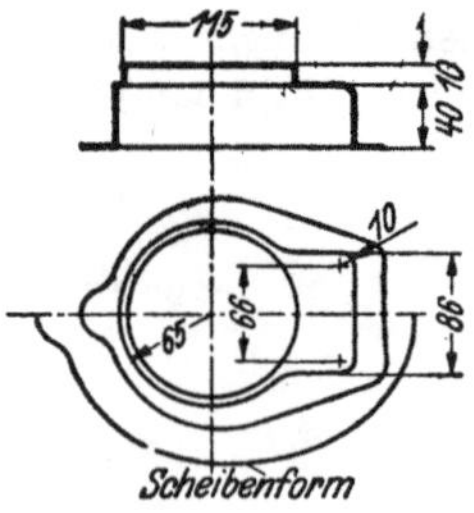

b

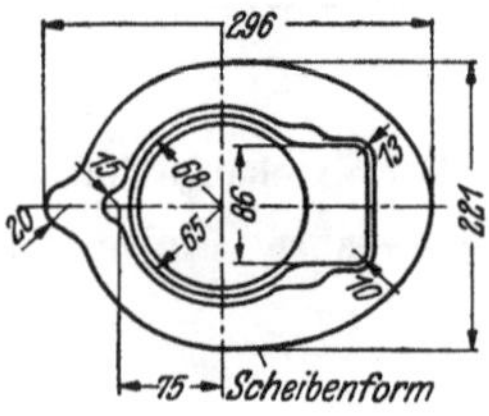

d

Gegebenes Hohlteil: Grundplatte Tiefziehblech	Erläuterung der Entwicklung

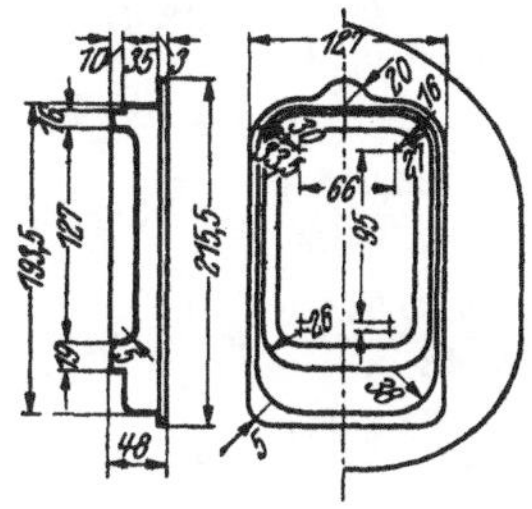

Abb. 46.

Die Grundplatte ist aus 1 mm Stahlblech hergestellt und macht folgende Arbeitsgänge durch:

a) Das Teil wird so groß vorgezogen, daß das Gehäuse darauf paßt. Die Stirnfläche des Ziehstempels ist dem Werkstoffbedarf der Einbeulungsfläche entsprechend abgestimmt.

b) Das vorgezogene Teil wird mittels Rückstoßstanze eingebeult. Die beim Ausprobieren der Form aufgetretenen Falten wurden durch Abflachung an den Stellen des Vorstempels beseitigt.

Das Faltenbilden am Teil ist ein Zeichen zu großer Werkstoffanhäufung und trat hier besonders an den Ecken des Teiles auf.

c) Diese Form wird in einem Stanzzug auf einer Reibtriebpresse mit Niederhalter gezogen. Dann wird der Rand mit einem Freischnitt beschnitten.

Im letzten Arbeitsgang wird der beschnittene Rand hochgestanzt (Stanzzug s. Abb. 90).

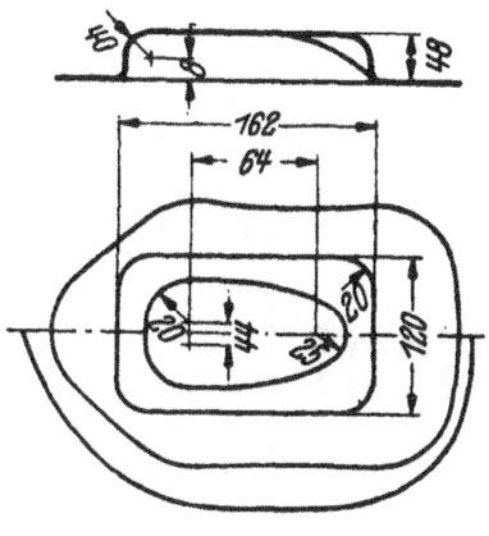

Abb. 46a.

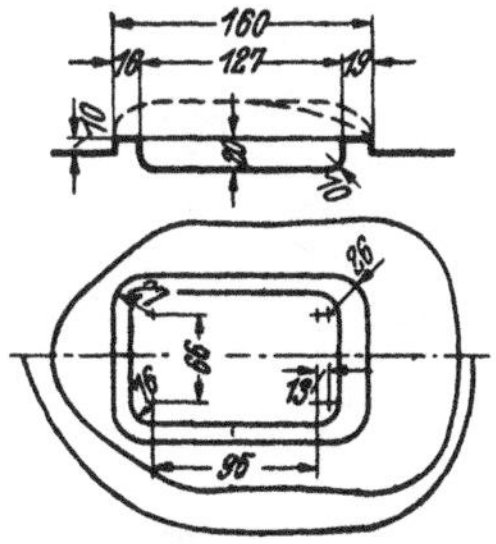

Abb. 46b.

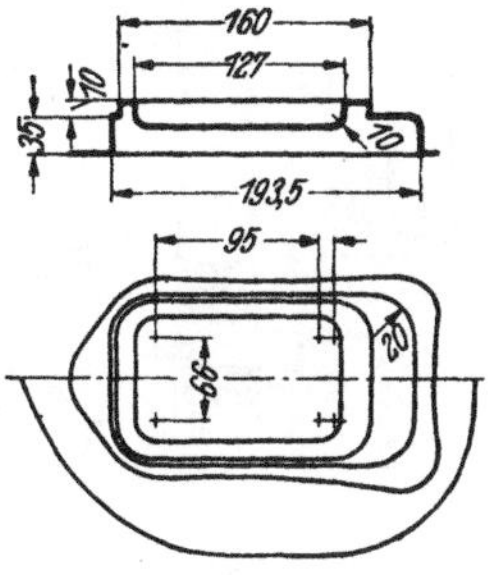

Abb. 46c.

Gegebenes Hohlteil	Ermittlung der Scheibe und der Hohlteilhöhen

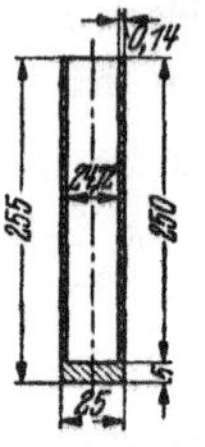

Abb. 47.

$$2R = \sqrt{\frac{D^2 \cdot \delta + 4 D_m \cdot \delta_1 \cdot h}{\delta}}\,{}^{*}$$

$$= \sqrt{\frac{25^2 \cdot 5 + 4 \cdot 24{,}86 \cdot 0{,}14 \cdot 250}{5}}$$

$$\approx 37.$$

$$h = \frac{4R^2 \cdot \delta - D^2 \cdot \delta}{4 D_1 \cdot \delta_1}\,{}^{*}$$

$$h_1 = \frac{37^2 \cdot 5 - 34^2 \cdot 5}{4 \cdot 30{,}3 \cdot 3{,}75} = 2{,}3 \text{ mm}$$

$$h_2 = \frac{37^2 \cdot 5 - 31{,}56^2 \cdot 5}{4 \cdot 28{,}94 \cdot 2{,}62} = 6{,}1 \text{ mm}$$

$$h_3 = \frac{37^2 \cdot 5 - 29{,}78^2 \cdot 5}{4 \cdot 27{,}95 \cdot 1{,}83} = 11{,}7 \text{ mm}$$

$$h_4 = \frac{37^2 \cdot 5 - 28{,}54^2 \cdot 5}{4 \cdot 27{,}23 \cdot 1{,}31} = 19{,}4 \text{ mm.}$$

$$h_5 = \frac{37^2 \cdot 5 - 27{,}56^2 \cdot 5}{4 \cdot 26{,}64 \cdot 0{,}92} = 31 \text{ mm.}$$

$$h_6 = \frac{37^2 \cdot 5 - 26{,}8^2 \cdot 5}{4 \cdot 26{,}16 \cdot 0{,}64} = 48{,}6 \text{ mm.}$$

$$h_7 = \frac{37^2 \cdot 5 - 26{,}22^2 \cdot 5}{4 \cdot 25{,}77 \cdot 0{,}45} = 73{,}6 \text{ mm.}$$

$$h_8 = \frac{37^2 \cdot 5 - 25{,}74^2 \cdot 5}{4 \cdot 25{,}43 \cdot 0{,}31} = 112 \text{ mm.}$$

$$h_9 = \frac{37^2 \cdot 5 - 25{,}36^2 \cdot 5}{4 \cdot 25{,}14 \cdot 0{,}22} = 164{,}5 \text{ mm.}$$

$$h_{10} = \frac{37^2 \cdot 5 - 25^2 \cdot 5}{4 \cdot 24{,}86 \cdot 0{,}14} = 267 \text{ mm mit Abstich.}$$

* s. S. 157.

Nach Zahlentafel S. 157:

1	2	3	4	5	6	7	8	9	10	Arbeitsgänge
34	31,56	29,78	28,54	27,56	26,8	26,22	25,74	25,36	25	$D_a = D_i + 2\delta_1$
26,52	26,32	26,12	25,92	25,72	25,52	25,32	25,12	24,92	24,72	D_i
3,75	2,62	1,83	1,31	0,92	0,64	0,45	0,31	0,22	0,14	δ_1 mm
2,3	6,1	11,7	19,4	31	48,6	73,6	112	164,5	267 mit Abstich	Hohlteilhöhe mm

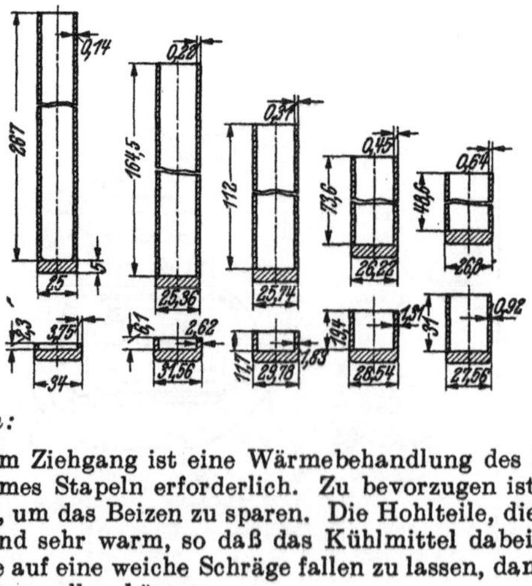

Werkstoff: Messing

Abb. 47a.

Zu beachten:

Hinter jedem Ziehgang ist eine Wärmebehandlung des Hohlteils und nach dieser ein behutsames Stapeln erforderlich. Zu bevorzugen ist eine zunderfreie Wärmebehandlung, um das Beizen zu sparen. Die Hohlteile, die aus dem Ziehring herauskommen, sind sehr warm, so daß das Kühlmittel dabei verdampft. Zweckmäßig ist, die Teile auf eine weiche Schräge fallen zu lassen, damit sie unbeschädigt in den Sammelkasten rollen können.

C. Bauteile der Ziehwerkzeuge.

Erläuterungen zum Aufbau.

Grundlegend für den Aufbau der Ziehwerkzeuge ist die vielseitige Benutzbarkeit der Werkzeugbestandteile, die nicht maschinengebunden sein dürfen, sondern ganz individuell d.h. entweder allein oder als zusammengesetzte Werkzeugbestandteile zu gebrauchen sein sollen. Man bezweckt damit, daß man sie sowohl für einfachwirkende als auch für doppeltwirkende Pressen verwenden kann, wobei in jedem Falle ein anderer Zusammenbau erforderlich ist. Um ein solches Ziel zu erreichen, müssen die Werkzeugbestandteile genormt werden, wodurch zwangsläufig ein Überdimensionieren verhindert und ein größerer Anwendungsbereich ermöglicht wird, der an keine bestimmte Presse gebunden ist.

Ziehringe nach AWF 5920 (Abb. 147).

Der AWF-Ziehringsatz, der aus 24 Ziehringen besteht und einen Ziehbereich von 2 mm bis 400 mm ∅ umfaßt, bietet dem Betrieb die Vorteile, daß man

1. einen großen Ziehbereich mit wenigen Werkzeugen hat,
2. Ziehringe zweiseitig zum Ziehen einrichten kann, und zwar

a) für den ersten Zug auf einer Seite,

b) für den zweiten Zug oder Stufenzüge auf der anderen Seite des Ziehringes.

Zu a) Der Ziehring erhält die übliche Einspannung im Einspannfrosch. Die Einlage für die Scheibe wird auf dem Spannring des Frosches zentriert.

Die Schnittzüge können, wie Abb. 64 zeigt, zweiteilig gemacht werden, je nach den Ansprüchen, die man an sie stellt. Für kleine Stückzahlen werden die Ringe aus Kohlenstoffstahl hergestellt, weil sie im ausgearbeiteten Zustand durch Schrumpfhärtung wieder paßgerecht gemacht werden können und an Werkzeugstahlgüte nicht verlieren, wenn man sie in Gußeisenspänen oder Holzkohle erwärmt. Für mittlere Stückzahlen eignet sich legierter Werkzeugstahl, mit dem keine Schrumpfhärtung zu erreichen ist; die Standfestigkeit der Ringe ist aber größer als beim Kohlenstoffstahl. Hartverchromte Ziehringe sind unvorteilhaft, sie zeigen nur Augenblickserfolge. Große Leistungen zeigen dagegen Ziehringe aus Widia-Hartmetall, die 200mal so standfest sind wie alle anderen Ausführungen (s. Abb. 148). Ziehringe zum Vorziehen von Teilen über etwa 100 mm ∅ bewähren sich aus Gußeisen ausgezeichnet.

Zu b) Ziehringe, die auf der unteren Seite für Stufenzüge verwendet werden, haben den Vorteil, daß die Ringanzahl wesentlich eingeschränkt wird. Bei dieser Ausnutzung der Ringe bedarf es zum Abstreifen der Teile vom Stempel passender Abstreifer in Ausführung nach Abb. 150. Beide, d.h. Ring und Abstreifer, sind in einem Einspannfrosch einzubauen.

Einspannfrösche nach AWF 5910 (Abb. 146).

Diese Einspannfrösche sind im TN S. 138 in 10 Größen gestuft aufgeführt, sie dienen zweierlei Zwecken: zum Einspannen von Schnittringen für Freischnitte und für Ziehringe bzw. Schnittziehringe. Die Abmessungen der Einspannfrösche sind so festgelegt, daß die Ringe ausgewechselt werden können und zum Einrichten der Werkzeuge keine Unterlegstücke notwendig sind. Durch die Beseitigung der Unterlegstücke wird besonders eine schnelle Einspannung und Schonung der Werkzeuge erzielt, ferner eine gute Ordnung in der Lagerhaltung geschaffen.

Abstreifer für Züge nach AWF 5921 (Abb. 150).

Diejenigen Teile, die sich nach dem Ziehen fest an den Stempel anschmiegen, müssen mit großer Kraft abgestreift werden. Die Abstreifkraft richtet sich nach der Größe der Stempelstirnfläche (je cm^2 etwa 1 kg), der geeignete Abstreifer ist dementsprechend auszuwählen. Unter den Abstreifern (s. Abb. 150) findet man Ausführungen, die durch Federn betätigt werden, andere wieder, die vorgefedert sind und eine starre Endstellung besitzen. Die Auswahl an Abstreifern ist groß, in der Praxis haben sich alle gut bewährt.

Auswerfer.

Für Ziehteile, die im Durchmesser größer als der Durchbruch im Pressentisch sind, oder solche Teile, die mit Flansch gezogen werden müssen, benötigt man einen Auswerfer. Maschinen, die keine Auswerfervorrichtung besitzen, erhalten Feder- oder Gummiauswerfer, die ohne große Umstände im Maschinenkörper eingebaut werden können.

Niederhalterköpfe nach AWF 5923 (Abb. 151).

Auf S. 142 sind verschiedene Größen von Niederhalterköpfen für den ersten Zug veranschaulicht, die für einen großen Durchmesserbereich vorgesehen sind. Sie sind so eingerichtet, daß kleine Niederhalterflansche für normale Ziehringe und größere mit Zentrieransatz daran angeschraubt werden können. Zur Gewichtsersparnis werden Niederhalterköpfe mit Fensterdurchbrüchen versehen, die das Hantieren beim Einrichten erleichtern. Große Ausführungen werden vorteilhaft aus Leichtmetall, spritzlackiert, andere durchweg aus Grauguß hergestellt.

Niederhalterringe (Abb. 151a).

Die Durchmesser der Niederhalter sind den Scheibengrößen anzupassen und sollen etwa 5 mm größer als die Scheibe sein. Durch die Normung verringert sich die Anzahl der Niederhalterringe; sie können auch nicht überdimensioniert werden, weil sie zu den Niederhalterköpfen passen müssen. Der Ziehstempel wird in dem Niederhalterring geführt, damit das an ihm haftende Teil leicht abgestreift werden kann. Die Niederhalterringe sind aus Grauguß herzustellen; die Abmessungen sind aus den Richtwerten der Abb. 151a zu entnehmen.

Niederhalter für Stufenzüge nach AWF 5924 bei Teilverkleinerungen (Abb. 152).

Als Verbesserung bei den Niederhaltern für Stufenzüge ist zu verzeichnen, daß durch Einsätze keine neuen Niederhalter anzufertigen sind, wenn sich die Blechdicke des Teils ändern sollte. Der Patroneneinsatz dient dazu, Durchmesserunterschiede bis etwa ± 5 mm zu überbrücken. Aus wirtschaftlichen Gründen können die Einsätze der Niederhalter aus Mannesmannrohr angefertigt und an ihren Arbeitsflächen durch Einsatzhärtung leistungsfähig gemacht werden.

Züge ohne Niederhalter.

Einfacher Zug ohne Niederhalter (Abb. 48).

Geeignet: Zur Herstellung niedriger Hohlteile aus metallischem oder nichtmetallischem Werkstoff.

Zu beachten: Runde Scheiben, die $^1/_5$ größer als der Stempeldurchmesser sind, können ohne Niederhalter gezogen werden. Beim Ziehen von dünnwandigen Teilen wird der Teilboden ballig, deshalb ist es ratsam, mit einem Bodengegenhalter zu arbeiten. Die Ziehkante kann so groß gewählt werden, daß die Scheibe in ihrer Einlage noch Platz zum Aufliegen hat. Je rissefreier und blanker die Ziehkante poliert und je härter sie ist, desto schöner kommen die Teile aus dem Werkzeug heraus. Häufig wird das Werkzeug auch zum Nachziehen von Teilen auf Revolverpressen verwendet. Kalibrierzüge werden ebenfalls in dem dargestellten Werkzeug ausgeführt; dabei sind Ring und Stempel so groß zu wählen, daß der Teilmantel etwas ausgestreckt wird. Für leichtes Abstreifen des Teiles ist durch ein genügend großes Luftloch im Stempel zu sorgen.

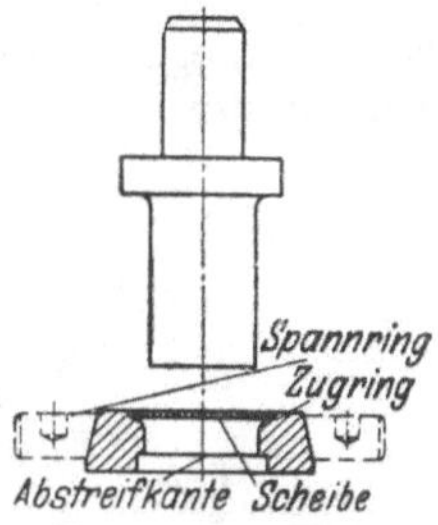

Abb. 48. Zug ohne Niederhalter.

Rückstoßzug für Zylinder (Abb. 49).

Geeignet: Um rohrähnliche Mäntel teilweise einzuziehen, wobei auf Werkstoffdicke keine Rücksicht zu nehmen ist.

Zu beachten: Unter Rückstoßziehen versteht man das streckenweise Kleinerziehen eines Hohlteils in umgekehrter Richtung vom Mantelrand aus. Dabei kann eine Einengung von $^1/_5$ des Durchmessers zugelassen werden, ohne daß eine unerwünschte Verformung des Teils zu befürchten ist. Hierzu muß aber eine gutzentrierte Einlage geschaffen werden, die das Teil vor schiefer Lage schützt.

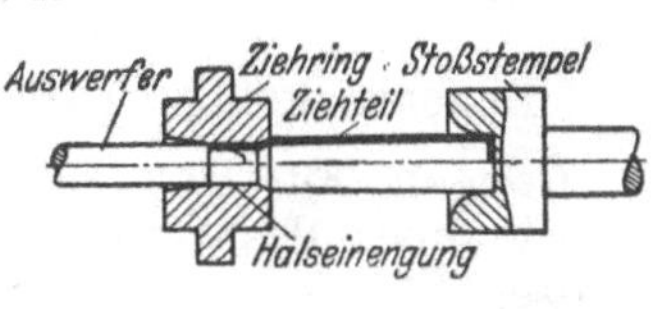

Abb. 49. Rückstoßzug für Zylinder.

Der Stoßstempel ist so groß zu machen, daß er ohne Spiel in den Ziehring paßt. Ist der Stempel kleiner als der Innendurchmesser des Ziehringes, so ist eine Bodeneinbeulung zu erwarten.

Von der Weichheit des Werkstoffes hängt es ab, ob ein oder zwei Arbeitsgänge zum Rückstoßziehen angewandt werden können oder nicht.

Rückstoßzug für konischen Mantel (Abb. 50).

Geeignet: Für Gewehrpatronen oder kegelförmige Hülsen in ähnlicher Ausführung.

Zu beachten: Damit man einwandfreie konische Hülsen ziehen kann, müssen die Teile gut verformbar sein. Die Ziehringe, die hierfür erforderlich sind, versieht man mit Ölfangrillen, von denen Abflußlöcher nach außen führen. Ohne eine unerwünschte Verformung befürchten zu müssen, kann man das konische Rückstoßziehen bis zu 25% des Hülsendurchmessers vornehmen. Hierzu hat sich fettreiches Seifenwasser als Schmiermittel im Dauerfluß am besten bewährt. Liegende und langhubige Pressen sind für Mengenfertigung am geeignetsten.

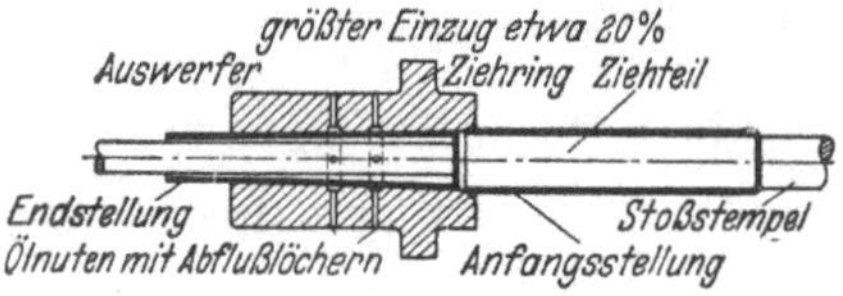

Abb. 50. Rückstoßzug für konischen Mantel.

Rückstoßzug mit Stanzaufschlag (Abb. 51).

Geeignet: Für Federgehäuse, deren Bodenkanten scharfkantig ausgeführt werden müssen.

Zu beachten: Scharfkantig herzustellende Hohlteile werden in einem Vorzug um eine Manteldicke größer gezogen. Nach diesem Vorziehen des Teils wird ein Rückstoßzug benutzt, der zuerst den Boden durchbeult und beim Stanzaufschlag den Hülsenboden scharfkantig planiert. Bei der Planierung des Bodens wird eine radiale Schubkraft hervorgerufen, die den Werkstoff zwingt, nach der Bodenkante hin zu wandern.

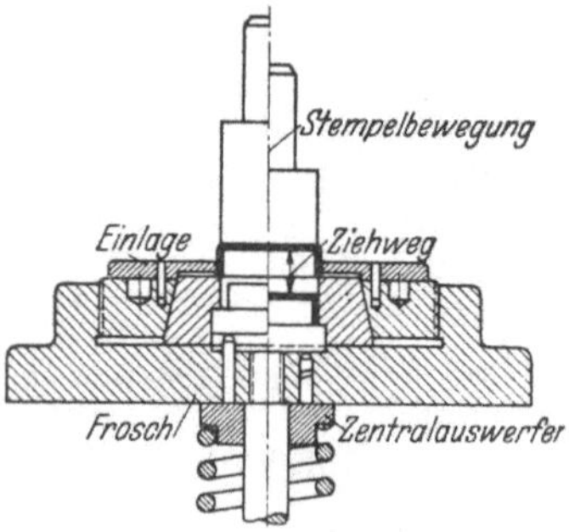

Abb. 51. Rückstoßzug mit Stanzaufschlag.

Bodenrückstoßzug für anliegenden Doppelmantel (Abb. 52).

Geeignet: Für Hohlteile, die größere Wandstärke für Gewinde zum Anschrauben des Gegenstückes und einen vertieften Boden besitzen müssen.

Zu beachten: Verstärkte Hohlteilmäntel erhält man so, daß durch Rückstoßziehen des Teilbodens ein zweiter dicht anliegender Innenmantel gezogen wird. Hierbei muß die Bodenkante eine möglichst große Rundung erhalten, damit sie sich leicht umwenden läßt. Der

Stempeldurchmesser ist um die vierfache Blechdicke mit etwa 0,2 mm Spiel kleiner als der Außendurchmesser des Rückstoßteils zu machen. Auf gute Zentrierung des Teils ist Wert zu legen, weil sonst Knickungsgefahr besteht und größerer Arbeitsausschuß auftreten kann. Bei Mengenfertigung gab es keine Schwierigkeiten.

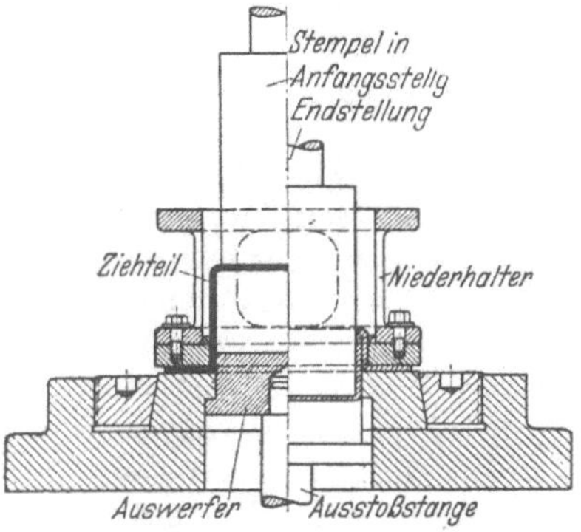

Abb. 52. Rückstoßzug für anliegenden Mantel.

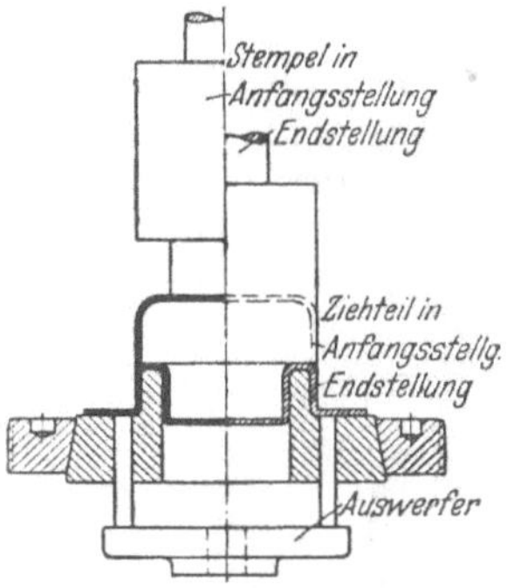

Abb. 53. Bodenrückstoßzug mit abstehendem Mantel.

Bodenrückstoßzug mit abstehendem Doppelmantel (Abb. 53).

Geeignet: Für Hohlteile, bei denen ein Bodeneinzug nicht unter $0{,}5 \cdot D$ vorzunehmen ist.

Zu beachten: Das Rückstoßziehen zum Bilden eines Doppelmantels hat bei $0{,}5 \cdot D$ die Ziehgrenze erreicht. Darunter tritt eine Überbeanspruchung des Bleches ein, die sich an den Teilrändern durch Reißen zeigt. Ein Nachziehen des inneren Mantels auf einen kleineren Durchmesser ist nicht ratsam, da sich der Mantel infolge der Stirnflächenspannungen schief einstellt und nicht gerichtet werden kann. Er federt stets wieder in die alte Lage zurück.

Züge mit Niederhaltern.

Zug mit Niederhalterplatte in Schnittkastenform (Abb. 54).

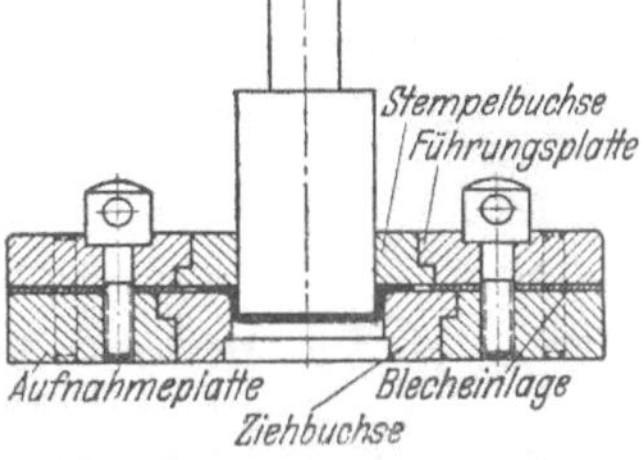

Abb. 54. Zug mit Niederhalterplatte in Schnittkastenform.

Geeignet: Zur Herstellung von Ziehteilen auf Handspindelpressen.

Zu beachten: In Betrieben, bei denen selten Ziehteile gefertigt werden, sowie in den Fällen, wo einzelne Teile wegen ihrer dünnen Wand nicht aus Vollmaterial hergestellt werden können, sind sie mit dem veranschaulichten Werkzeug aus Blech zu fertigen. Das Werkzeug gestattet, so große Teile zu ziehen, wie das die Handspindelpresse zuläßt, und zwar für den ersten Zug mit der Führungsplatte und ohne Platte für Stufenzüge. Die Führungsplatte dient als Niederhalter für die Scheibe und erhält austauschbare Einsatzbuchsen für die Ziehstempel; das gleiche trifft für die Ziehringe in der Unterplatte zu. Die Einlage für die Scheibe ist einseitig offen und wird aus demselben Blech, aus dem das Teil besteht, hergestellt. Angaben über das Ziehen s. Abb. 17.

Zug, der das Teil nach oben zieht, mit federndem Niederhalter (Abb. 55).

Geeignet: Zum Ziehen von Scheiben auf einfachwirkenden Ziehpressen oder Stoßwerken.

Zu beachten: Dieses Werkzeug wird häufig verwendet zum Ziehen von Teilen aus Scheiben, die beliebige Durchmesser und Dicken haben. Für seinen gefederten Niederhalter besitzt das Werkzeug eine oder mehrere lange Schraubenfedern, um je nach Bedarf einen angemessenen Niederhalterdruck zu erzeugen, der nicht zu steil ansteigen darf. Bei schnell ansteigendem Niederhalterdruck tritt sofort eine größere Blechbeanspruchung auf, die das Reißen des Bleches sehr begünstigt. Gezogen wird von unten nach oben, wobei das Hohlteil kurz vor der oberen Totlage des Stößels durch einen zwangsweisen Auswerfer herausgestoßen wird. Maßgebend für einen guten Zieherfolg sind: die Berücksichtigung des Ziehverhältnisses für die Scheibe, die Größenbestimmung der Ziehkante und des Niederhalterdruckes. Das Werkzeug kann für Ziehteile mit Flansch, zum Vor- und Nachziehen von Hülsen (s. Abb. 19 ··· 21) u. a. m. verwendet werden.

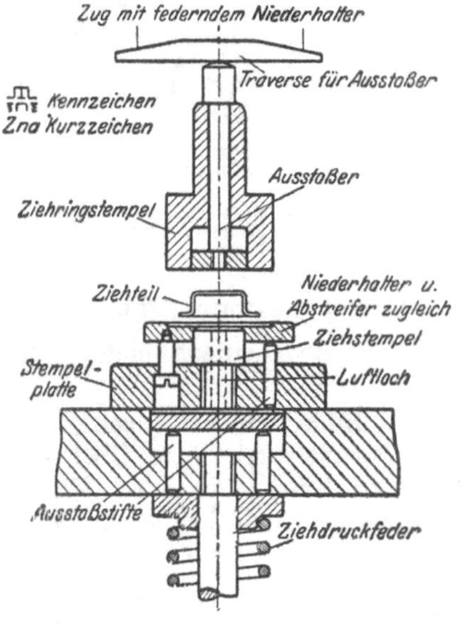

Abb. 55. Zug mit federndem Niederhalter.

Zug, der das Hohlteil nach unten zieht, mit oberem Luftdruckniederhalter Abb. 56).

Geeignet: Zum Ziehen von Scheiben auf doppeltwirkenden Kurbelziehpressen.

Zu beachten: Das Werkzeug arbeitet mit Luftdruckkolben, um die Flächenpressung der Scheibe bei verschiedenen Blechdicken auszugleichen. Der Druck im Luftdruckniederhalter wird in der Regel zuerst auf etwa 8 kg/cm² eingestellt und gesteigert, bis ein faltenloses Hohlteil entsteht. Die Größe des Niederhalterdruckes „*p*" ändert sich sowohl bei metallischen wie bei nichtmetallischen Werkstoffen und ist je nach Art des Werkstoffes festzulegen; der notwendige Druck geht bis etwa 22 kg/cm², wobei dünnere Bleche einem höheren Druck ausgesetzt werden. Zur Beurteilung des Niederhalterdruckes gilt folgendes:

p = Druck im Luftzylinder in atü,

o = Oberfläche des Kolbens in cm²,

F = gedrückte Fläche der Scheibe in cm²,

Niederhalterdruck $p_s = \frac{o \cdot p}{F}$

Der wirksame Druck, der für die Scheibenfläche in Frage kommt, ist abhängig von der Größe des Scheibendurchmessers, der Größe der Ziehkante, der Beschaffenheit des Werkstoffes und seiner Schmierung. Die gedrückte Fläche ermittelt sich aus:

$$F = \frac{\pi}{4} \cdot \left[D_a^2 - (D_i + 2\,r)^2\right],$$

worin

D_a = Scheibendurchmesser,

D_i = Topfdurchmesser,

r = Ziehkantenradius bedeuten.

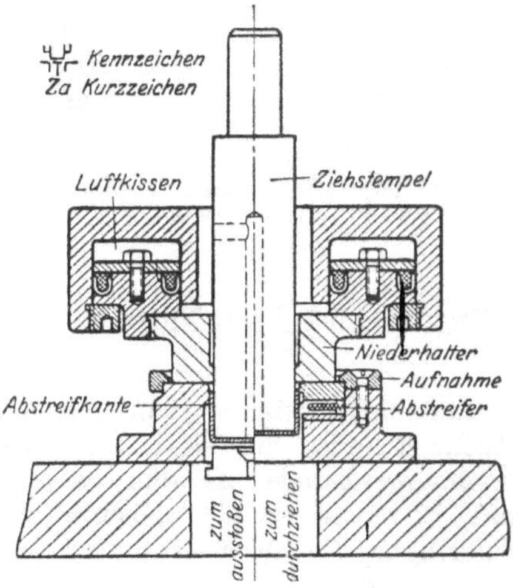

Abb. 56. Zug mit oberem Luftdruckniederhalter.

Zu dem Niederhalterdruck kommt aber noch derjenige Druck, der durch die Reibung der Scheibe zwischen Ziehring und Niederhalter und im Ziehzylinder des Ziehringes entsteht. Dieser Kräftezuwachs wird noch vergrößert beim Einziehen der Scheibe, die sich beim Kleinerwerden am Rand verdickt. Zur Verhinderung dieses Dickerwerdens ist ein entsprechender Gegendruck erforderlich. Fallen die Blechscheiben verschieden dick aus, so ändert sich die Flächenpressung nicht, da die zurückgedrängte Luftmenge aus dem Kompressionsraum des Werkzeuges nach dem Windkessel hin verschwindend klein ist. Die auftretende Niederhalterkraft setzt sich also aus zwei Größen, der Luftdruck- und Reibungskraft zusammen. Für den Ziehstempel ist ein Luftloch (s. Abb. 56) vorzusehen, damit man das Ziehteil leicht vom Stempel abstreifen kann; der Lochdurchmesser beträgt etwa 0,15 $\cdot D$. Wie die Werkzeugabbildung zeigt, ist bei Werkstoffen, die sich an den Stempel anschmiegen, ein Abstreifer notwendig.

Zug mit Niederhalter, der zwangsläufig oder elastisch zu steuern ist (Abb. 57).

Geeignet: Zum Ziehen von Scheiben auf doppeltwirkenden Pressen.

Zu beachten: Durch vereinheitlichten Aufbau der Ziehwerkzeuge ist die Möglichkeit gegeben, sie entweder mit Luftdruckniederhaltern oder mit zwangsläufig gesteuerten Niederhaltern arbeiten zu lassen. Da die Niederhalterringe zu den Niederhalterköpfen (s. TN S. 142) passen, treten keine Schwierigkeiten im Zusammenbau der Ziehwerkzeuge auf. Die zusammengesetzten Werkzeuge entsprechen den Pressenabmessungen, so daß bei ihnen keine Ausgleichstücke zum Einrichten auf der Presse erforderlich sind. Zur Stahlersparnis werden die Ziehstempel zweiteilig ausgeführt, das Oberstück aus Stahl St 50.11, das Unterstück aus Werkzeugstahl; beide werden zusammengesetzt und geschliffen. Bei geringen Stückzahlen sind die Ziehringe aus Kohlenstoff-, bei größeren Stückzahlen aus legiertem Werkzeugstahl und für Mengenfertigung aus Widia-Hartmetall (s. Abb. 148) herzustellen.

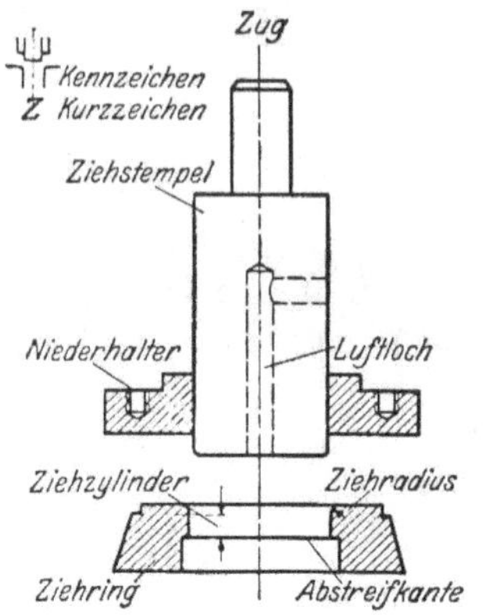

Abb. 57. Zug mit Niederhalter. Zwangsläufig oder elastisch zu steuern.

Zug ohne oder mit Niederhalter (Deckstück) und Gummikissen (Abb. 58).

Für die Fertigung von Hohlteilen aus Leichtmetall bei kleiner Stückzahl, die ihre Gestalt im Gummikissen erhalten, haben sich Festholzwerkzeuge als sehr brauchbar erwiesen. Das Gummikissen muß in einem stabilen Kissenrahmen eingebettet sein, damit beim Eindringen des Oberwerkzeuges in den Gummi dieser nicht seitlich verdrängt werden kann. Gummikissen sind nicht kompressibel, der Höchstdruck pflanzt sich wie bei Wasser fort, daher ist Vorsicht geboten, und normale Stanzereipressen sind vor Überlastung zu sichern. Abb. 58 zeigt ein Festholzwerkzeug mit einem Deckstück als Niederhalter; in dem Werkzeug wird eine gelochte Scheibe bei voller Ausnutzung der Werkstoffdehnung fertig gezogen. Wie Abb. 59 darstellt, besteht aber auch ohne Deckstück die Möglichkeit, Teile aus Leichtmetall in Festholzwerkzeugen trotz großer Flächenpressung zu ziehen. Eine andere Lösung für das Ziehen zeigt der Kissenzug nach Abb. 60. Dieses Werkzeug aus Festholz gehört mit zu den besseren Lösungen für das unbeschränkte Tiefziehen von Blechhohlteilen auf Kissenpressen. Als Kissenzug mit einem Einspannzapfen und einem zweiten Oberstempel versehen, ist das Werkzeug für

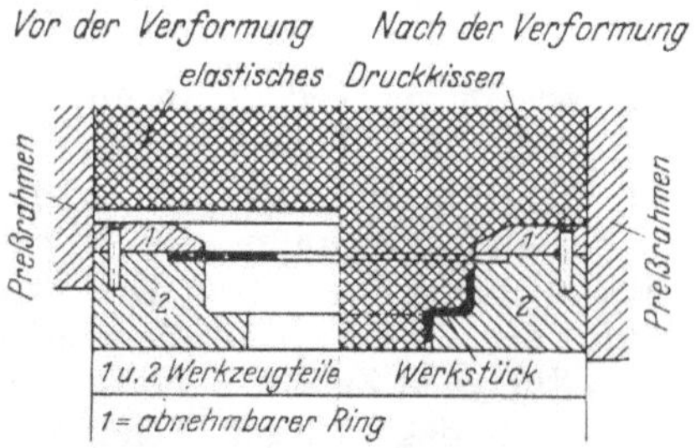

Abb. 58. Scheibenzug mit Deckstück aus Festholz.

jede Exzenterpresse zu verwenden, soweit die Abmessungen des Ziehteiles es zulassen. In dieser Ausführung ist das Werkzeug nicht mehr maschinengebunden. Bei der einfachen Herstellbarkeit des Werkzeuges aus Festholz und dem sich daraus ergebenden Verwendungsbereich ist für Hohlteile eine Genauigkeit von etwa 0,25 mm Abweichung vom Sollmaß als ziemlich groß anzusehen.

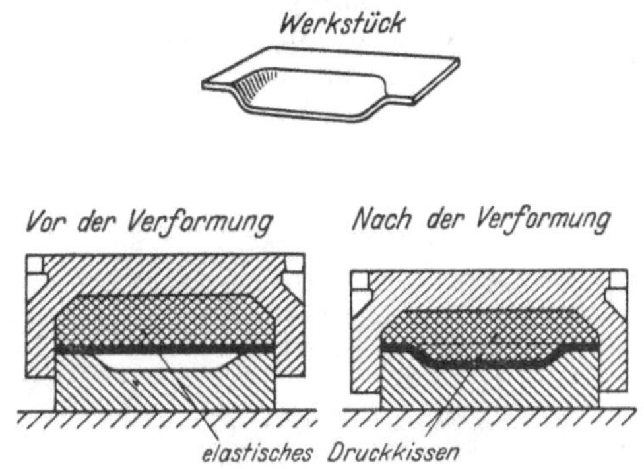

Abb. 59. Zug ohne Deckstück aus Festholz.

Für runde Teile: 1. Zug: Ziehverhältnis

$$m = \frac{d}{D} \geq 0{,}5.$$

Von Wichtigkeit!

Einhaltung des Ziehkanten-Halbmessers für den 1. Zug nach Gleichung:

$$r = 0{,}8 \cdot \sqrt{(D-d) \cdot \delta} \text{ in mm};$$

D = Scheiben-∅,

d = Topf-∅

und

δ = Blechdicke in mm.

Für Niederhalter: Der auftretende Druck der Presse mit Gummikissen hängt ab von der Pressenkraft und der Kissenfläche; die Flächenpressung ist

$$p = \frac{P}{F} \text{ in kg/cm}^2.$$

P = Pressenkraft in kg,

F = Kissenfläche in cm².

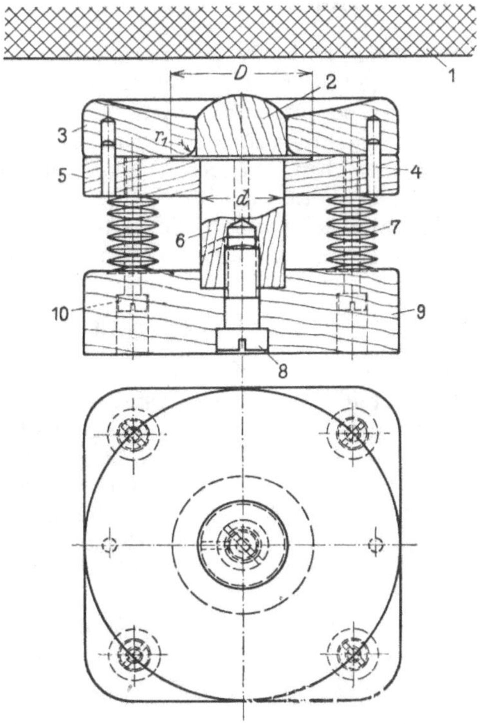

Abb. 60. Ziehwerkzeug mit Niederhalter aus Festholz.

Dieser Kissendruck beträgt bei Kissenpressen im Durchschnitt etwa 350 bis 450 kg/cm². (Weitere Angaben s. TN.)

Universelle Verwendung von Stufenzugniederhaltern (Abb. 61).

Die Abb. 61a und 61b zeigen universelle Niederhalter für Stufenzüge. Den Wert im Werkzeugzusammenbau erkennt man an den beiden Darstellungen: Fall 1 für doppeltwirkende Presse, Fall 2 für einfachwirkende Presse. Das Werkzeug ist grundsätzlich für eine doppeltwirkende Presse

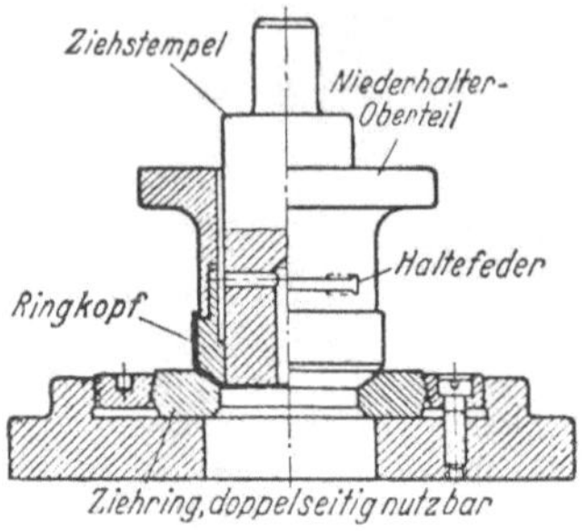

Abb. 61a. Stufenzug auf einer doppelt wirkenden Presse.

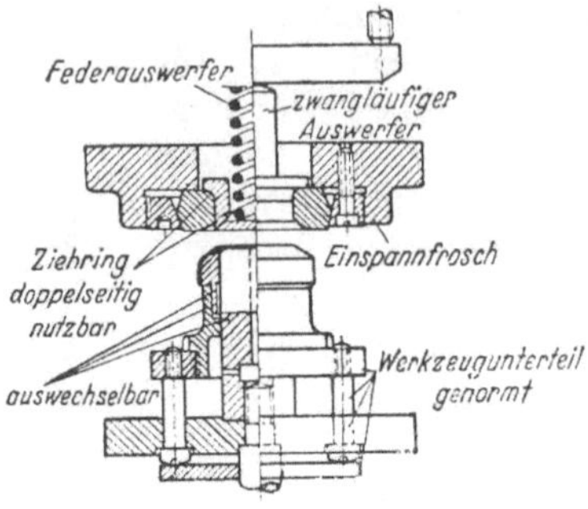

Abb. 61b. Stufenzug auf einer einfach wirkenden Presse.

einzurichten, es kann aber auch durch einen kleinen Umbau der Werkzeugbestandteile für eine einfachwirkende Presse verwendet werden. Ob dabei ein Federauswerfer oder ein zwangsweiser Auswerfer vorgesehen wird oder nicht, verursacht keine Schwierigkeiten beim Einrichten der Werkzeuge. Ein weiterer Vorteil im Zusammenbau des Werkzeuges besteht darin, daß man für Hohlteile mit verschiedenen Blechdicken nur das Einsatzstück vom Niederhalter auszuwechseln braucht, während es sonst nötig war, einen ganz neuen Niederhalter vorzusehen.

Verbundwerkzeuge.

Unter dieser Bezeichnung versteht man Werkzeuge, die in ihrem Arbeitsbereich Verfahren ausführen, die entweder in senkrechter oder waagerechter Richtung hintereinanderfolgende Arbeitsgänge erledigen. Hier werden zuerst die senkrecht arbeitenden Verbundwerkzeuge behandelt, aus deren Wirkweise die Zusammenhänge besser zu erkennen sind.

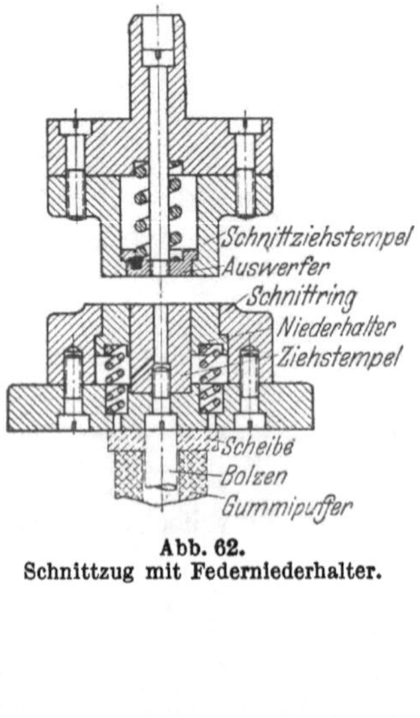

Abb. 62.
Schnittzug mit Federniederhalter.

Schnittzug mit Federniederhalter für einfachwirkende Presse (Abb. 62).

Geeignet: Zum Hülsenziehen auf einfachwirkender Presse.

Zu beachten: Werkzeuge zur Herstellung von Hülsen auf Exzenterpressen können die Scheibe schneiden und zugleich ziehen. Es ist vorteilhaft, leistungsfähige Schnittzüge in Säulenführungsgestellen einzubauen, weil Ober- und Unterwerkzeug dann gut zentriert arbeiten, während führungslose Werkzeuge vom Zustand der Maschine abhängig sind und größerem Verschleiß unterliegen. Zur Herstellung von Näpfchen genügen eingebaute Schraubenfedern, obwohl es besser ist, mit langen Zentralauswerferfedern oder Gummipuffern zu arbeiten. Nachteilig ist zu tiefes Eindringen des Schnittzugstempels in das Unterwerkzeug. Der Ausfall der Teile ohne Säulenführungsgestell läßt manches zu wünschen übrig.

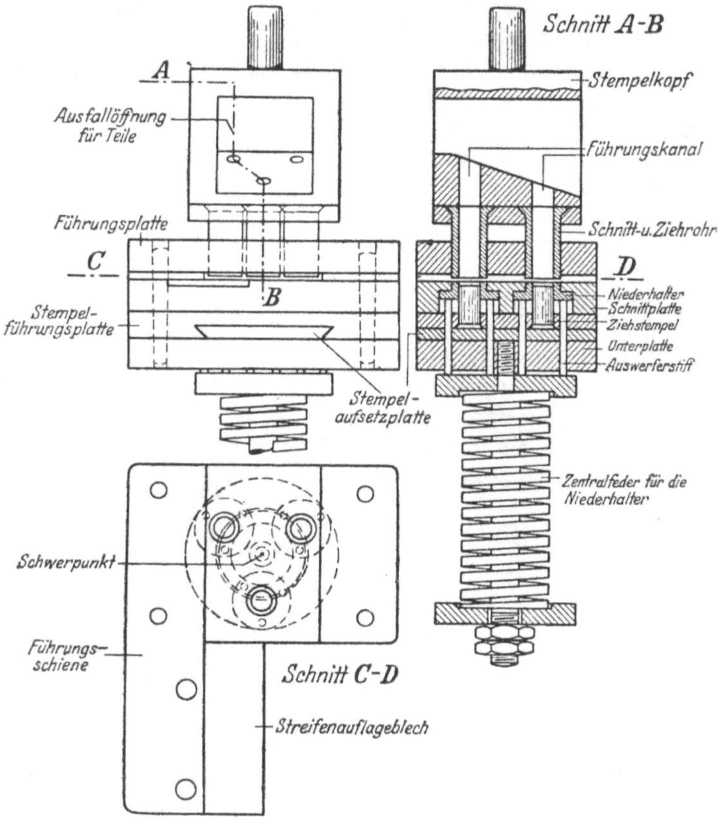

Abb. 63. Dreifach wirkender Schnittzug für einfach wirkende Exzenterpressen.

Dreifach wirkender Schnittzug für einfach wirkende Presse (Abb. 63).

Geeignet: Für Mengenfertigung von Hülsen oder Näpfchen auf einfach wirkenden Pressen.

Zu beachten: Mehrfach wirkende Schnittziehwerkzeuge können derart mit einem Schnittkasten arbeiten, daß die gezogenen Teile nach oben wandern und von dort aus durch ein Fangmittel in den Sammelkasten gelangen; der Stempelkopf ist deshalb frei gearbeitet. Zur einwandfreien Herstellung der Hülsen muß der Einspannzapfen des Stempelkopfes in den Schwerpunkt der drei Scheibenausschnitte gesetzt werden. Ist das Werkzeug stumpf, so wird der Schnittkasten auseinandergenommen, die Schnittplatte, die Schnittziehstempel scharf geschliffen und die Ziehkanten nachgearbeitet. Das Werkzeug arbeitet am vorteilhaftesten auf Exzenterpressen mit schwenkbarem Oberkörper.

Schnittzug für doppelt wirkende Pressen (Abb. 64).

Geeignet: Für Mengenfertigung, die eine große Standfestigkeit und Lebensdauer des Werkzeuges voraussetzt.

Zu beachten: Gegenüber dem Schnittzug (Abb. 63) sind hier Vorzüge vorhanden. Schnitt- und Ziehring sind austauschbar und haben große Lebensdauer, weil das Oberwerkzeug in das untere nur wenige Millimeter eindringt. Die beim Schneiden auftretende Kraft wird, um den Schnittring zu schonen, durch Schrauben abgefangen (Abb. 64) und läßt keine treibende Keilwirkung im Konus zu. Da das Werkzeug zwei verschiedene Arbeitsverfahren, Schneiden und Ziehen, ausführt, ist hier für eine doppelt

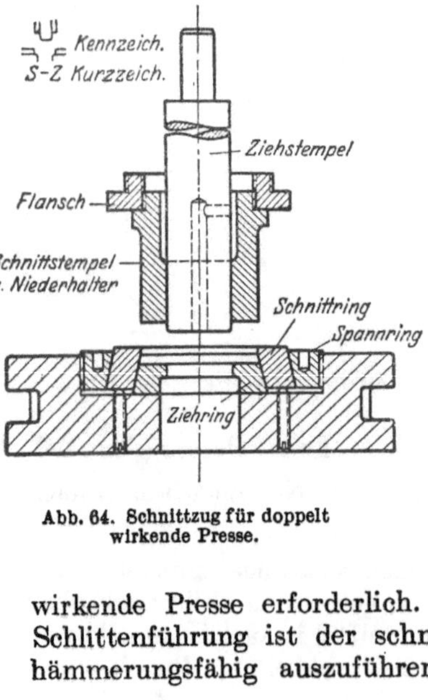

Abb. 64. Schnittzug für doppelt wirkende Presse.

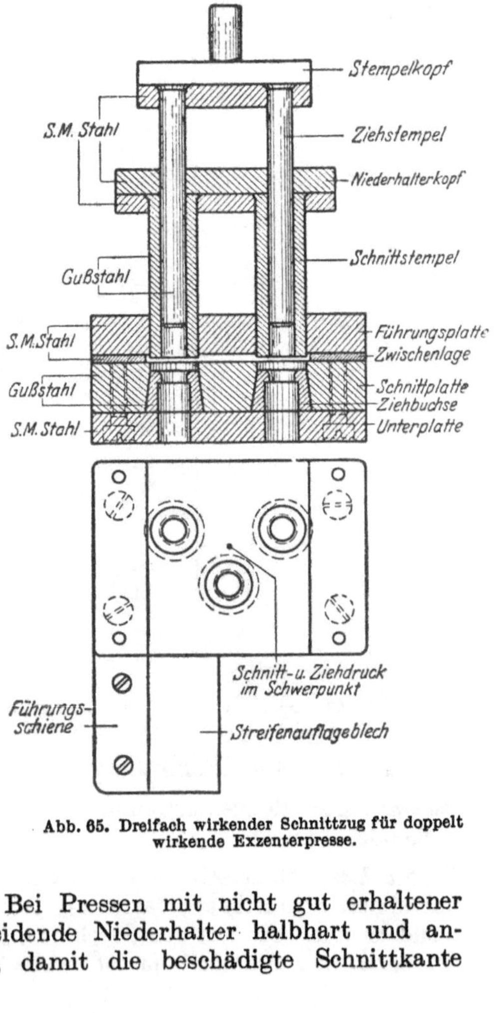

Abb. 65. Dreifach wirkender Schnittzug für doppelt wirkende Exzenterpresse.

wirkende Presse erforderlich. Bei Pressen mit nicht gut erhaltener Schlittenführung ist der schneidende Niederhalter halbhart und anhämmerungsfähig auszuführen, damit die beschädigte Schnittkante leicht zu schärfen ist und wieder einwandfreie Teile ausscheiden kann. Für Pressen mit guter Führung ist dies nicht notwendig.

Dreifach wirkender Schnittzug für doppelt wirkende Presse (Abb. 65).

Geeignet: Für automatischen Bandtransport zur Herstellung von Hülsen auf doppelt wirkender Presse.

Zu beachten: Bei großer Fertigungsstückzahl werden mehrfach wirkende Werkzeuge bevorzugt, mit denen höhere Leistungen zu erzielen sind. Der Scheibendurchbruch in der Schnittplatte ist etwa 5 mm zylindrisch, damit oft scharfgeschliffen werden kann. Die Ziehringbuchsen sind im Konus mit etwa 0,3 mm Spiel auszuführen, da sie sich selbst zum Ziehstempel zentrieren sollen. Für das Werkzeug (Abb. 65) ist ein leistungsfähiger Werkzeugstahl zu verwenden, der zwischen zwei Scharfschliffen etwa 40000 bis 60000 Teile zu schneiden vermag. Um diese Leistung zu erzielen, muß der Einspannzapfen im Schwerpunkt der zu schneidenden Scheiben in den Stempelkopf eingesetzt sein.

Zugschnitt für doppelt wirkende Presse (Abb. 66).

Geeignet: Zur Fertigung dünnwandiger Dosen oder ähnlicher Hohlteile, die am Rand beschnitten sein sollen.

Zu beachten: Der Schnittzug zieht und schneidet die Scheibe zu einer Hülse, deren Rand kurz vor der unteren Totlage des Stempels beschnitten wird. Dieses Randbeschneiden ist in Wirklichkeit kein Schneiden im Sinne des Wortes, sondern vielmehr ein Abquetschen, das einen schrägen Rand hinterläßt. Meist wird das Werkzeug zur Herstellung von Dosen aus Blech und für Pappschachteln verwendet, um Ersparnisse bei der Herstellung der Teile zu erreichen. Der Stempel ist, wie die Darstellung (Abb. 66) zeigt, zweiteilig ausgeführt, damit man die Stirnfläche des Oberstempels scharf schleifen kann. Die beiden Anziehlöcher im Unterstempel sind gleichzeitig Luftkanäle, ohne die sich das Ziehteil vom Stempel nicht abstreifen läßt. Einwandfreie Ziehteile hängen vom Durchmesser des Oberstempels ab, der ohne jegliches Spiel im Ziehring passen muß.

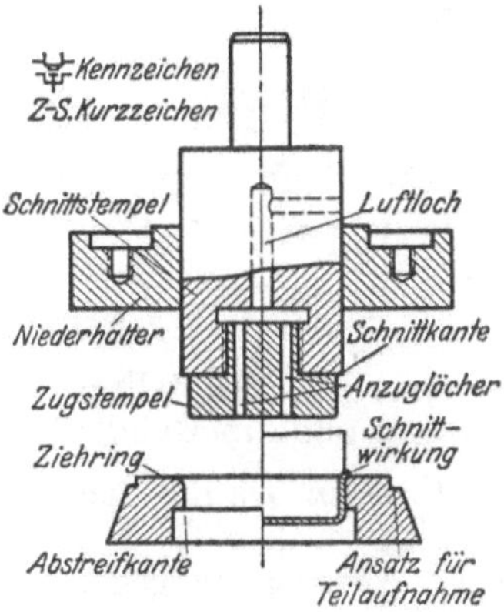

Abb. 66. Zugschnitt für doppelt wirkende Exzenterpresse.

Zugschnitt für Sterngriff (Abb. 67).

Geeignet: Für Schaltgriffe in Sternform aus Blech, die in verschiedenen Größen auftreten.

Zu beachten: Die Darstellung des Werkzeuges (Abb. 67) zeigt, wie zuerst das Teil nachgezogen wird und kurz vor dem Hubende des Stößels der Stempel den Rand des Teiles beschneidet. Das Werkzeug arbeitet auf einer einfach wirkenden Presse mit festem, nicht verstellbarem Aufspanntisch. Das Teil wird nach dem Ziehen und Randbeschneiden vom Ausstoßer der Maschine aus dem Werkzeug herausgebracht. Dies Werkzeug gehört zur Herstellung des Teiles Abb. 39. Wirtschaftlich ist dabei, daß in einem Pressenhub mehrere Arbeitsgänge ausgeführt werden, so daß man die Zeit verkürzt. Der Kostenaufwand für ein so teures Werkzeug ist dann gerechtfertigt, wenn die Kalkulation den Beweis für die Rentabilität erbringt.

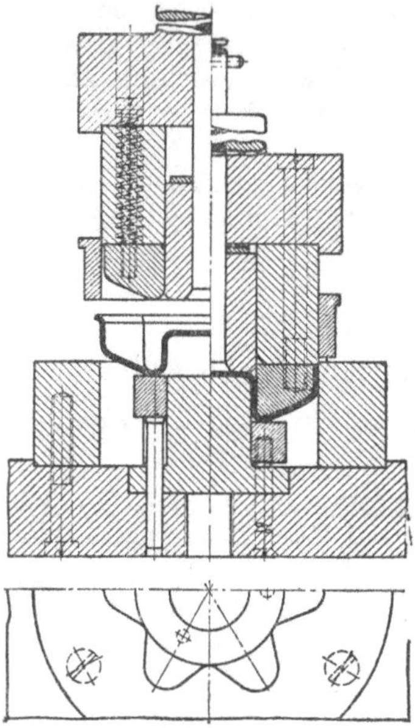

Abb. 67. Zugschnitt für Sterngriff.

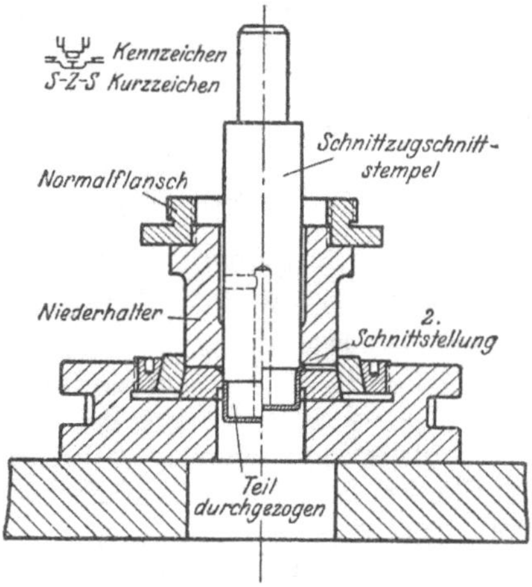

Abb. 68. Schnittzugschnitt.

Schnittzugschnitt (Abb. 68).

Geeignet: Zur Herstellung von Teilen, die aus dem Streifen geschnitten, gezogen und am Rand beschnitten werden sollen.

Zu beachten: Da die Scheibe auch aus dem Streifen auszuschneiden ist, kommt bei dem als Schnittzugschnitt bezeichneten Werkzeug ein weiterer Arbeitsgang gegenüber Abb. 66 hinzu. In der Arbeitsweise des Werkzeuges (Abb. 68) treten keine neuen Vorgänge im Teilgestalten auf. Die Vorgänge entsprechen den bereits behandelten Schnittzügen. Es kommt vor, daß Teile am Stempel haften bleiben, wenn Blechtafeln von verschiedener Dicke verwendet werden.

Bauchungszug mit Füllhilfsmittel (Abb. 69).

Geeignet: Für weitestgehendes Ausformen bauchiger Hohlteile mit Hilfe von Gummifüllung.

Zu beachten: Das bauchige Ausformen mit Hilfe von Füllstoffen vom Teilinnern aus ist dann erfolgversprechend, wenn das angewandte Verfahren einem Ziehvorgang gleichkommt. Demnach muß dem Werkstoff durch Anwendung eines plastischen Füllmittels ein hemmungsloses Bewegen zugestanden werden, um die gewünschte Form zu erreichen. Ferner ist Rücksicht auf die Beanspruchung des Werkstoffes zu nehmen, die dabei in Frage kommt. Mit Füllmitteln, wie z. B. Gummi oder Wasser, kann ein Ziehverhältnis von $m = 2D$ zugrunde gelegt werden, ohne daß man Reißen des Bleches befürchten muß. Naturgemäß setzt dies voraus, daß vorher der Werkstoff eine Wärmebehandlung durchgemacht hat. Vor dem Ziehen wird zunächst die Hülse mit der Gummifüllung in das Oberwerkzeug eingeführt. Bei Verwendung einer doppelt wirkenden Ziehpresse wird durch die Niederhalterbewegung das Ober- und Unterwerkzeug zusammengeführt, der Stößelstempel folgt nach und drückt den Gummipuffer so weit zusammen, bis die Hülse zum Formteil ausgebaucht ist. Die Übergangskante vom Hals zur Kugel ist als Ziehkante zu betrachten und ist größer abzurunden, falls das Teil reißen sollte.

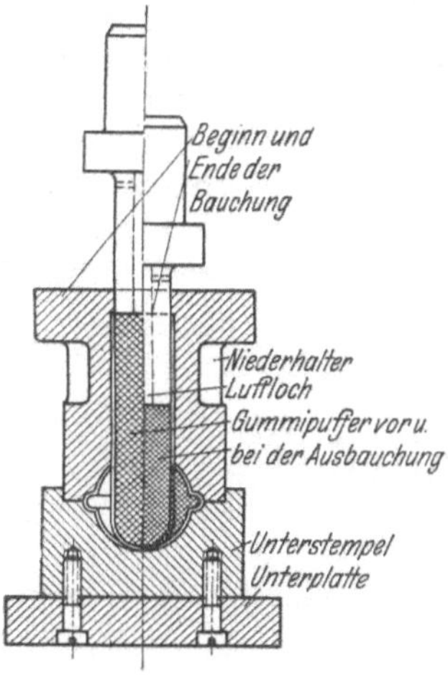

Abb. 69. Bauchungszug mit Füllmittel.

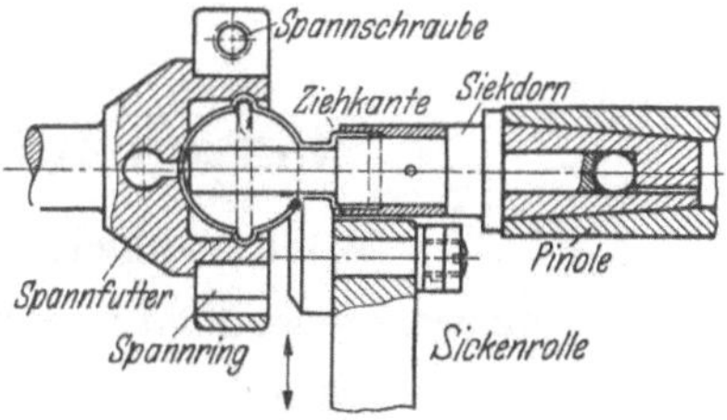

Abb. 70/71. Sickvorrichtung.

Vorrichtung für das Sicken (Abb. 70/71)

(für die Formung des Knaufteils nach Abb. 70).

Geeignet: Zum Einschnüren oder Auswälzen eines zylindrischen oder halbrunden Wulstes mittels Sickenrolle.

Zu beachten: Das Sicken ist dann anzuwenden, wenn es sich um Formen handelt, die sonst nur beschwerlich durch Stanzen zu erreichen sind. Für dünnwandige Teile genügt es, wenn die Sickenrolle durch Reibung mitgenommen wird, sonst muß sie zwangsläufig durch Zahnräder betätigt werden. Der Rollendurchmesser entspricht der Größe des zu sickenden Teils.

Nachdem das Teil im Futter eingespannt ist, wird der in der Pinole befindliche Sickdorn in das Teil eingeführt. Der Sickdorn stößt dabei am Kugelboden an, während sein Abdeckring, der das Aufweiten der Hülse zu verhindern hat, bis zur Sickenrolle geht. Der einzuschnürende

Teilhals wird über die Sickenkante als Ziehkante, die eine Abrundung nach dem Ziehkantendiagramm erhält, gesickt. Die Sickenrolle erhält die gleiche Abrundung wie der Sickendorn.

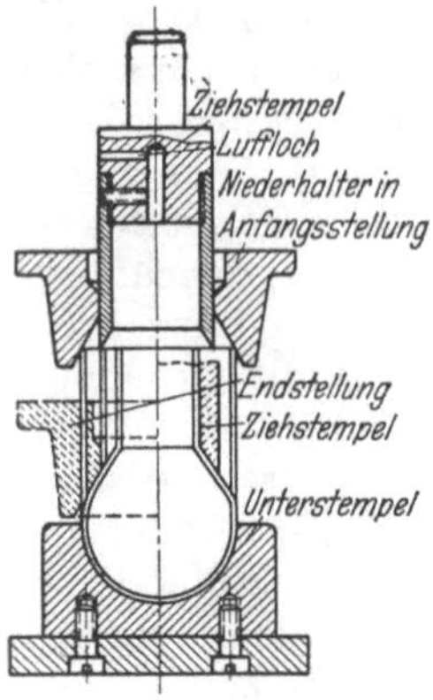

Abb. 72. Doppelt wirkender Rückstoßzug.

Doppelt wirkender Rückstoßzug (Abb. 72).

Geeignet: Für Hohlteile mit Halseinschnürungen. Er ist auf doppelt wirkenden Pressen herstellbar.

Zu beachten: Aufeinanderfolgende Einschnürungen bei Hohlteilen können auf einer doppelt wirkenden Presse hergestellt werden. Grundbedingung ist, daß das Teil vor dem Halseinziehen eine gute Wärmebehandlung durchmacht und daß vor dem Ziehen der Hülsenrand schräg nach innen angeflächt wird. Man zieht die Hülse mit dem Niederhalter das erstemal ohne einen Füllstoff. Dann eilt der Stempel nach und nimmt den zweiten Einzug vor. Die Ziehgeschwindigkeit beträgt etwa 6,5 m/min.

D. Stanzen für Hohlteile.

Erläuterungen zum Aufbau.

Bei den Stanzwerkzeugen hat man zwei verschiedene Arten zu unterscheiden:

1. Werkzeuge, die Flachteile verformen,

2. Werkzeuge, die Hohlteilen eine Form geben, und zwar

a) durch Biegungen,

b) durch zentrale Formgestaltung.

Zu a) Das Biegen von Rohrteilen besteht im Prinzip darin, daß man sie entweder mit beweglicher Rolle über einen Dorn biegt, wobei ein ausgekehlter Dorn und eine Rolle das Teil völlig umfassen, oder daß man sie mit einer eingelegten, dichtgewickelten Schraubenfeder verformt.

Zu b) Bei der Verformung von Hohlteilen spielt das Ziehen der Vorform eine Rolle. Die Vorform muß der fertigen annähernd entsprechen, wenn nicht beim Fertigstanzen ein großer Arbeitsausschuß entstehen soll. Für bauchige Teile, die vom Innenraum her geformt werden müssen, ist bis 0,25 mm Blechdicke Gummi mit vierfacher Dehnung zu verwenden, darüber hinaus sind die Teile mit Preßwasser zu verformen.

Einfach wirkende Stanzen.

Rohrwinkelstanze für einen Winkel (Abb. 73).

Geeignet: Zum Biegen von Rohrteilen.

Zu beachten: Gebogen wird über zwei Leitrollen, deren Wölbungen die ganze Fläche des Rohres umschließen müssen. Um die Knickgefahr zu vermeiden, wird in das Rohr eine enggewickelte Schraubenfeder eingeführt, die man nach dem Biegen des Rohres wieder herauszieht. Die Lebensdauer der Feder ist unbegrenzt. Für dünnwandige Rohre verwendet man 0,5 mm, für starkwandige bis zu 2 mm dicken Federstahldraht.

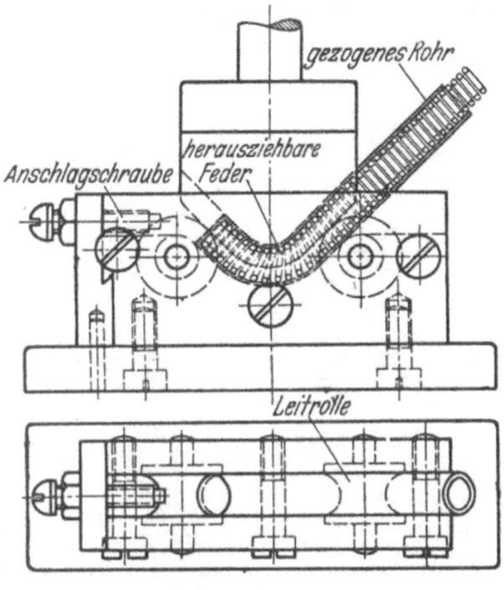

Abb. 73. Rohrwinkelstanze für einen Winkel.

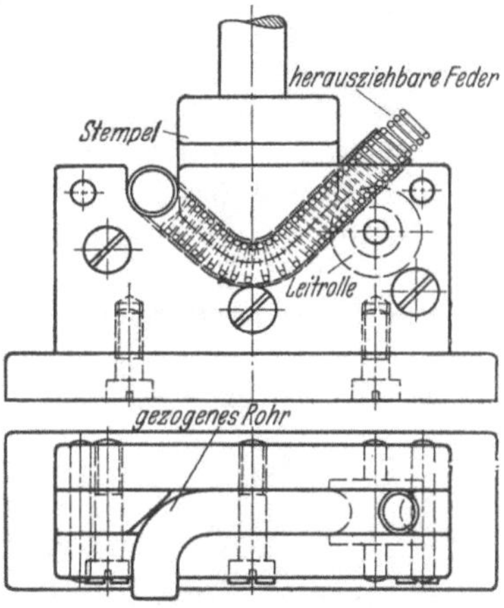

Abb. 74. Rohrwinkelstanze für zwei Winkel.

Rohrwinkelstanze für zwei Winkel (Abb. 74).

Geeignet: Für Rohre, deren Wandstärke und Durchmesser beliebig sind.

Zu beachten: Das Füllen von Rohren mit Füllstoffen ist eine überholte Fertigungsmethode. An Stelle dieser Hilfsmittel benutzt man die Rohrbiegemaschine oder Vorrichtungen, deren Biegerollenpaare in ihrer Wölbung den Rohrdurchmesser völlig umschließen. Zum Biegen von Rohren werden enggewickelte Schraubenfedern verwendet, die vor dem Biegen der Teile eingeschoben und nach der Formgebung wieder herausgezogen werden. Bei dem Rohr für Abb. 74 werden die Winkel nacheinander gebogen, wobei die Schraubenfeder nur streckenweise zum Winkelfüllen benutzt wird.

Formstanze für Nietkopf (Abb. 75).

Geeignet: Zum Bilden nietähnlicher Köpfe an Hülsen aus Metall oder Stahl (s. Abb. 75).

Zu beachten: Die Kopfform kann bei Hohlteilen ohne Füllmittel her gestellt werden. Das Wichtigste ist hierbei die Zentrierung des Obermit dem Unterstempel und die Abstimmung der Höhe für den Auswerfer. Die Stirnfläche des Oberstempels ist Aufschlagfläche, sie stimmt den Rauminhalt des Kopfes ab. Treten Falten auf bei der Formstanzung des Kopfes, so ist das ein Zeichen von Materialüberschuß, der durch Verkleinerung der Auswerferhöhe beseitigt werden muß. Die Form ist aus beliebigem Blech ohne Rücksicht auf seine Dicke herzustellen.

Formstanze für Halbkugelform (Abb. 76).

Geeignet: Zum Formausschlagen von Halbkugeln mit scharfen Zierstufen.

Zu beachten: Halbkugelformen mit Zierstufen müssen formähnlich vorgezogen werden. Die Fertigform fällt um so schöner aus, je mehr man ihr beim Vorziehen näherkommt.

Hierbei ist zu unterscheiden, ob scharfe oder ineinander verlaufende Flächen in eine Form zu schlagen sind. Für schwer verformbaren Werkstoff, z. B. Stahlblech, ist das Werkzeug aus Werkzeugstahl herzustellen und zu härten. Anderenfalls genügt es, Grauguß anzuwenden und diesen nur für Massenfertigung ebenfalls zu härten. Eine Halbkugel über etwa 150 mm ∅ ist auf etwa $^2/_3$ Höhe abzuflachen (s. Abb. 30a); die Form läßt sich danach besser ausschlagen.

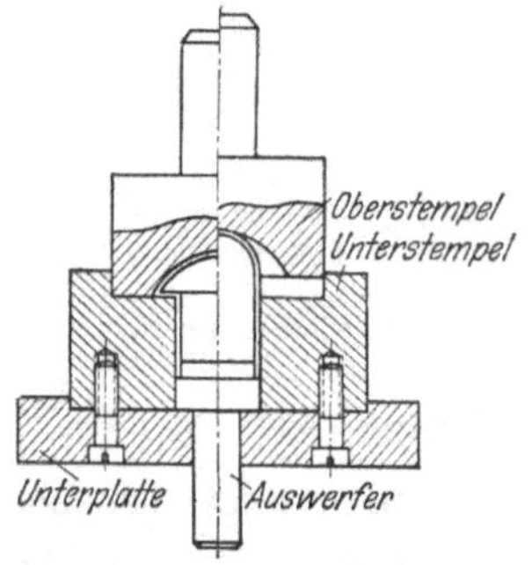

Abb. 75. Formstanze für Nietkopf.

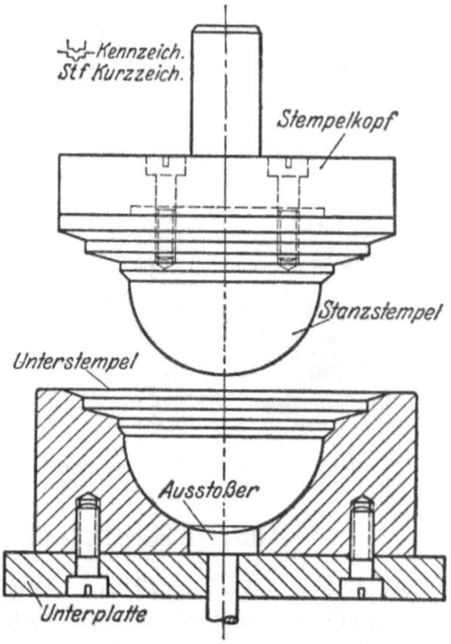

Abb. 76. Formstanze für Halbkugelform.

Rückstoßzugstanze (Abb. 77).

Geeignet: Zum kugelförmigen Ausbauchen von Hülsen bis etwa 100 mm ∅.

Zu beachten: Für die Formstanze muß der Hülsenrand abgedreht, Grat genommen und das Teil selbst einer Wärmebehandlung unterzogen werden. Nachdem das Teil gut eingefettet ist, wird es auf den Auswerfer des Werkzeuges gestülpt und erhält beim nicht zu schnellen Niedergehen des Stempels die gewünschte Form. Bis 2 · *D* kann ausgebaucht werden, wenn die Innenkante am Hals als Ziehkante ausgebildet wird. Ein guter Erfolg ist zu erwarten, wenn die Oberflächen für Unterstempel und Auswerfer gut hart und blank ausgeführt sind.

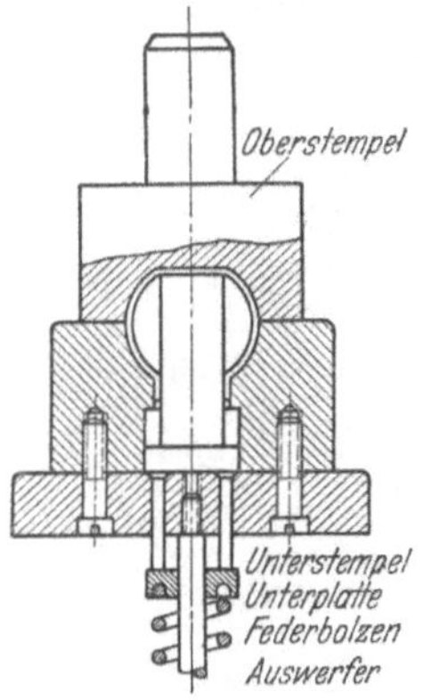

Abb. 77. Rückstoßzugstanze.

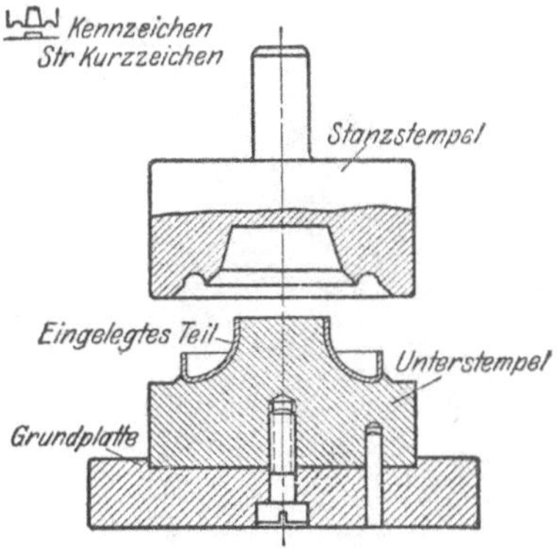

Abb. 78. Randrollstanze.

Randrollstanze (Abb. 78).

Geeignet: Zur Stabilisierung dünnwandiger Hohlteile oder zur Beseitigung scharfer Teilkanten.

Zu beachten: Dünnwandige Hohlteilränder werden gegen Verbiegen geschützt, wenn sie einen Wulstrand erhalten. Dieser Wulstrand ist aber auch als Stabilisierung für das Teil anzusehen und schützt gleichzeitig gegen Handverletzungen. Zuweilen genügt ein leerer Wulst, der aber nötigenfalls durch Drahteinlage erheblich verstärkt werden kann. Bei guter Wulstrollung ist darauf zu sehen, daß der Teilrand außen gratlos sein muß, um eine einwandfreie Rollung zu erreichen. Ein harter Aufschlag auf den Wulstrand verbessert die Form.

Bördelstanze mit beweglichem Gegenhalter (Abb. 79).

Geeignet: Zur Stabilisierung und Beseitigung scharfer Hohlteilränder, um Handverletzungen zu verhüten.

Zu beachten: Ein geschlossener Bördelrand an Sterngriffen läßt sich schlecht ausführen, weil dort denkbar ungünstig verformt wird. An Stelle eines geschlossenen Wulstes versieht man den Teilrand mit einer nach innen liegenden Stanzkante, die sich nur dann erreichen läßt, wenn das Werkzeug einen beweglichen Gegenhalter besitzt. Letzterer hat die Aufgabe, den Innenraum des Teils bis zur Wulsthöhe auszufüllen und ihn gegen den Stanzdruck abzustützen. Nachdem der Rand geformt ist, muß sich der Gegenhalter wieder zurückbewegen können, um den Sterngriff am Werkzeug freizugeben. Der Gegenhalter ist in der Abb. 79 links unten dargestellt; er wird mit zwei Federn zur Mitte gehalten und bewegt sich nach außen, wenn das Werkzeugoberteil auf das Unterteil aufsetzt. Das Werkzeug arbeitet auf einer einfach wirkenden Presse mit maschinellem Auswerfer.

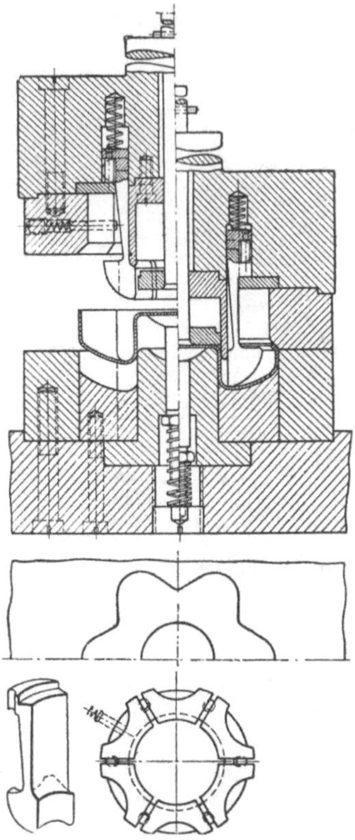

Abb. 79. Bördelstanze mit beweglichen Gegenhaltern.

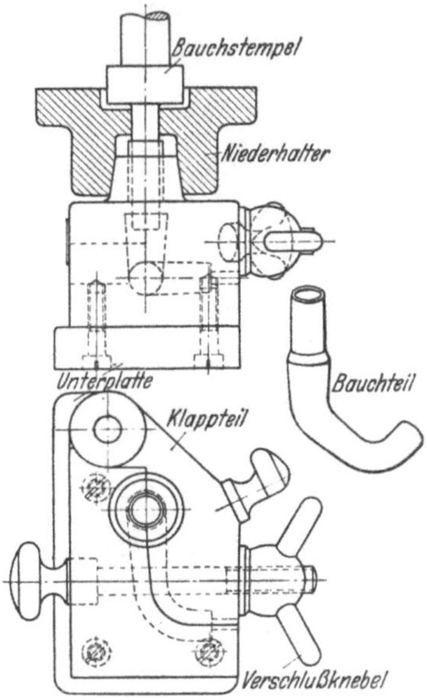

Abb. 80. Hydraulische Bauchstanze.

Doppelt wirkende Stanzen.

Hydraulische Bauchstanze (Abb. 80).

Geeignet: Zur Ausbauchung von Tonabnehmerrohren, die eine konische Form haben müssen.

Zu beachten: Nach dem Einsetzen des vorgezogenen und gebogenen Teils im Werkzeug (Abb. 80), das durch Knebelmutter und Niederhalter zusammengehalten ist, wird nach hermetischer Abdichtung des Stempels durch die Verdrängung des in der Hülse befindlichen Wassers die Teilform ausgepreßt. Der Stempelweg ist entsprechend der Wassermenge abzustimmen, um die Maschine vor Überlastung zu schützen. Der Druck in der Hülse ist etwa 135 atü. Vor dem Auspressen ist die Hülse einer gründlichen Wärmebehandlung zu unterziehen. Die stufenweise Teilentwicklung (s. Abb. 20) und die zugehörigen Werkzeuge sind in Abb. 73 und 74 gezeigt.

Ausbauch-Arbeitsgänge zum Zierhohlteil (Abb. 83).

Aus den Einzelflächen des gegebenen Hohlteils ergibt sich eine Gesamtoberfläche von 87855 mm², die dem Flächeninhalt einer Scheibe von ∼334,5 mm ⌀ entspricht; der Rauminhalt des Zierteils (Abb. 83)

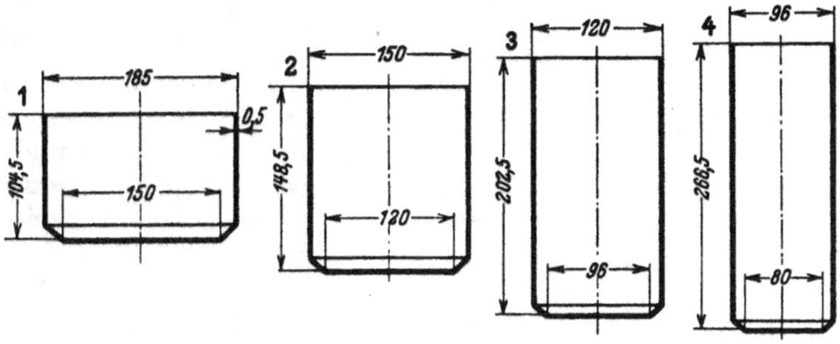

Abb. 81. Teile aus der Scheibe gezogen (vorgezogene Teile).

ist mit 1655000 mm³ ermittelt. Die Anzahl der Ziehgänge ist auf Grund des ersten Ziehverhältnisses: $m = \frac{185}{334,5} \approx 0,55$ und für die Stufenzüge

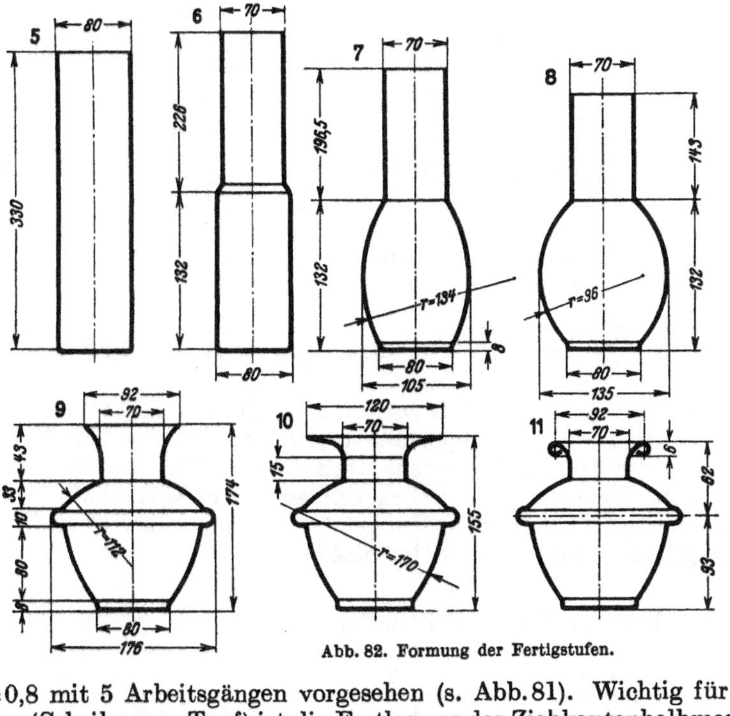

Abb. 82. Formung der Fertigstufen.

$m_1 = 0,8$ mit 5 Arbeitsgängen vorgesehen (s. Abb. 81). Wichtig für das Ziehen (Scheibe zum Topf) ist die Festlegung des Ziehkantenhalbmessers für den ersten Zug:

$$r = 0,8\sqrt{(D-d)\cdot\delta} = 0,8\sqrt{(334,5-185)\cdot 0,5} = 6,9 \text{ mm}.$$

Für die Stufenzüge ist die geeignetste Ziehschräge im Winkel von 38° vorgesehen und zum Ziehen des 70 mm (s. Abb. 82) großen Halsdurchmessers ein Rückstoßzug. Die Länge des Halses ergibt sich aus der Fläche:

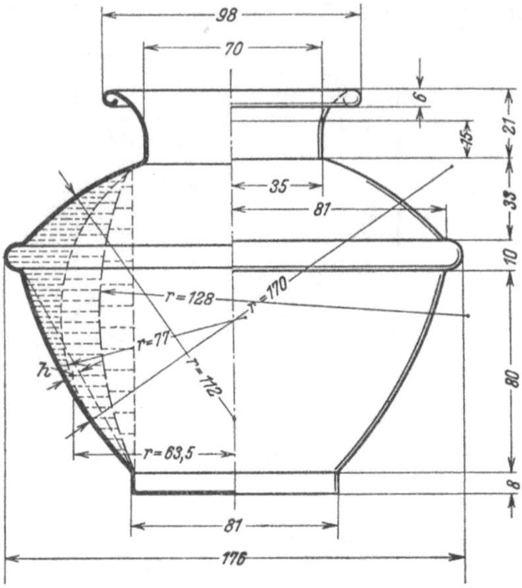

Abb. 83. Fertigteil.
Abb. 83. Fertigteil.

$$F = 80 \cdot \pi \cdot (330 - 132) = 49764 \text{ mm}^2,$$ woraus

$$h = \frac{F}{d \cdot \pi} = \frac{49764}{70 \cdot \pi} = 226 \text{ mm}$$

ist. Das Hohlteil wird zuerst durch Preßwasser ohne Formwerkzeug ausgebeult bei völliger Ausnutzung der Blechdehnung mit dem Bauchzug Abb. 84 auf $80 \cdot 1{,}3 \approx 105$ mm ∅. Nach der nun folgenden Wärmebehandlung des Teils wird die Bauchung unter den gleichen Bedingungen wie bei der ersten Verformung mit demselben Bauchzug auf $105 \cdot 1{,}3 \approx 135$ mm vorgenommen. Bei der ersten Ausbeulung (Teil 7) wird der Zylinder 70 mm ∅ verkürzt um

$$h_1 = \frac{r \cdot (b - s) + s \cdot h}{D} = \frac{134 \cdot (126{,}4 - 125) + 125 \cdot 15}{70} = 29{,}5 \text{ mm},$$

also auf eine Halslänge von $226 - 29{,}5 = 196{,}5$ mm. Das zweite Mal verkürzt sich der Hals um

$$h_2 = \frac{99 \cdot (134{,}5 - 125) + 125 \cdot 22{,}5}{70} \approx 53{,}5 \text{ mm auf } 196{,}5 - 53{,}5 = 143 \text{ mm}.$$

Nachdem das gebauchte Teil zunderfrei geglüht ist, erhält es die endgültige Fertigform in der hydraulischen Bauchstanze (s. Abb. 85).

Damit das Teil blank aussieht, wird die Oberfläche auf Stechzeugen behandelt. Vor dem galvanischen Überzug ist es vorteilhaft, dem Teil einen leichten Kupferüberzug zu geben, weil sich dadurch der Nickelüberzug besser hält (s. Abb. 81/82 u. Abb. 83).

Angaben für die Teilherstellung (nach Abb. 81/82).

Arbeitsgänge	1	2	3	4	5
Scheibe 334,5 mm ∅	334,5/ /185	185/ /150	150/ /120	120/ /96	96/ /80
Korrektur	—	—	—	—	—

Für Arbeitsgang 6 ≈ 70 mm ∅ Rückstoßzug.

1. Bauchung ohne Formunterwerkzeug, bei völliger Ausnutzung der Werkstoffdehnung von 30%

auf 80 · 1,3 ≈ 105 mm; Preßhub: 29,5 mm.

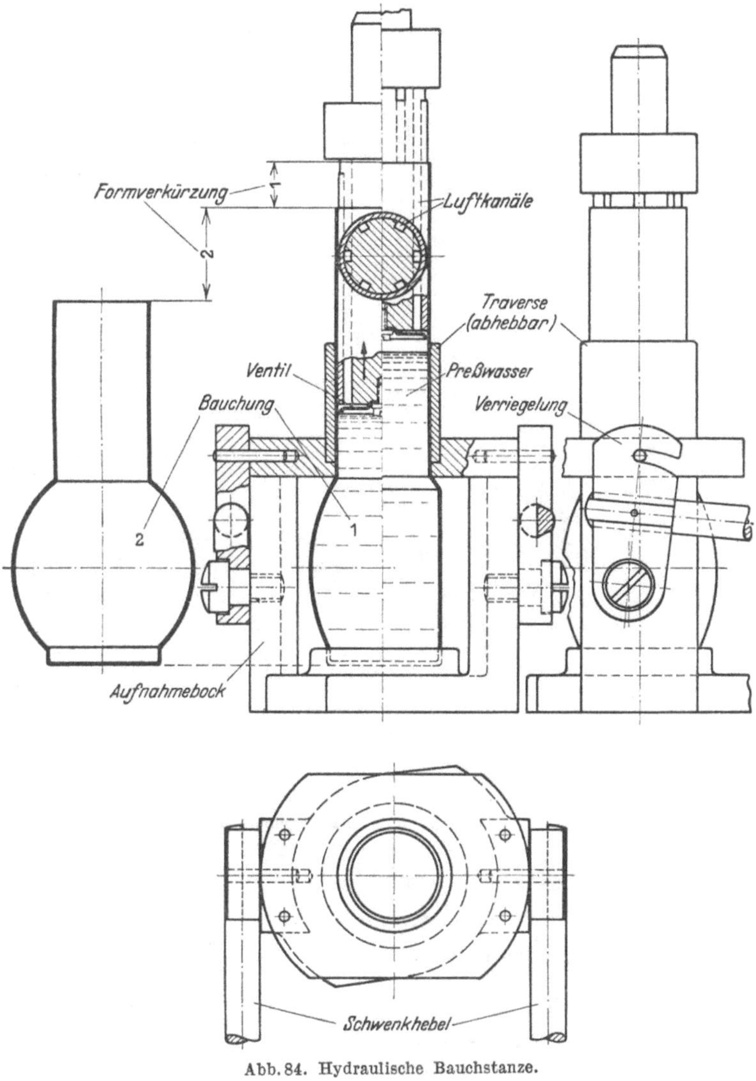

Abb. 84. Hydraulische Bauchstanze.

2. Bauchung:

auf 105 · 1,3 ≈ 135 mm; Preßhub: 53,5 mm.

Auspressung der Fertigform; Preßhub: ~100 mm.
1. Halsaufweitung: 70 · 1,3 ≈ 91 mm.
2. Halsaufweitung: 91 · 1,3 ≈ 120 mm.
Hiernach folgt die Randeinrollung und Oberflächenveredelung.

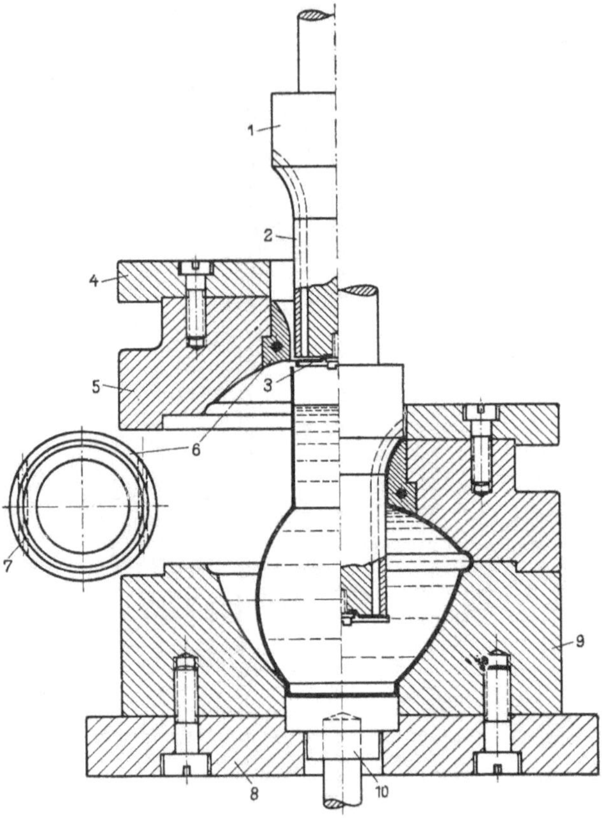

Abb. 85. Hydraulische Bauchfertigstanze.

Fertigungsplan. Teil aus der Scheibe gezogen (nach Abb. 81 u. 82).

Arbeitsgang	Fertigungsart	Bemerkungen
1	Streifen schneiden	Maßtafel 2040 × 1020 × 0,5
2	Scheiben 334,5 mm ausschneiden . . .	Exzenterpresse
3	1. Zug 185 mm ∅	Doppeltwirkende Presse
4	Wärmebehandlung des Teiles	Im Schutzgasofen
5	2. Zug 150 mm ∅	Doppeltwirkende Presse
6	Wärmebehandlung des Teiles	Im Schutzgasofen

Arbeitsgang	Fertigungsart	Bemerkungen
7	3. Zug 120 mm ∅	Doppeltwirkende Presse
8	Wärmebehandlung des Teiles	Im Schutzgasofen
9	4. Zug 96 mm ∅	Doppeltwirkende Presse
10	Wärmebehandlung des Teiles	Im Schutzgasofen
11	5. Zug 80 mm ∅	Einfachwirkende Presse
12	Teilrand laufend drehen	Revolverdrehbank
13	Rückstoßziehen 70 mm ∅, 226 mm lang	Einfachwirkende Presse
14	1. Bauchung des Teils, Stempelhub 29,5 mm	Ohne Formunterwerkzeug
15	Wärmebehandlung des Teiles	Im Schutzgasofen
16	2. Bauchung des Teils auf 135 mm ∅ .	Stempelhub 53,5 mm
17	Wärmebehandlung des Teiles	Im Schutzgasofen
18	3. Fertigbauchung mit aufgeweitetem Halsrand; Hub = 100 mm	Zweiteiliges Oberwerkzeug
19	Wärmebehandlung des Teiles	Im Schutzgasofen
20	2. Aufweitung des Halsrandes auf 120 mm ∅	Einfachwirkende Presse
21	Halswulst anrollen	Sickbank
22	Oberfläche des Teils schleifen	Auf Stechzeug
23	Teil schwabbeln	Auf Stechzeug
24	Teil entfetten	
25	Teil galvanisch verkupfern	Mit Hilfskathode
26	Teil vernickeln.	Mit Hilfskathode
27	Teil glänzen	Auf Stechzeug

Anmerkung: Um dem Teil die Fertigform zu geben und zugleich den Halsrand aufzuweiten, ist das Oberwerkzeug mit einem geteilten, einschiebbaren Ring (s. Abb. 85) zu versehen. Hierzu ist eine doppelt wirkende Presse zu verwenden.

Bauchstanzen mit Gummifüllung (Abb. 86).

Durch die Erkenntnis, daß Verformungsgummi nicht kompressibel ist und die Ausformkraft für Hohlteile wie Druckwasser weiterleitet, hat die Verwendung von Gummi als Formbildungsmittel immer mehr zugenommen. Die in Abb. 86 dargestellte Bauchstanze ist für eine einfach wirkende Presse vorgesehen und bedarf zur vorschriftsmäßigen Ausbauchung des gezogenen Hohlteils einer genauen Hubeinstellung des Stempels, um die Presse vor Überlastung zu schützen. Es ist nicht unbedingt nötig, abgestimmte Gummifüllungen bei solchen Stanzwerkzeugen zu verwenden. Vielmehr ist darauf zu achten, daß bei einer übermäßigen Füllung keine wesentliche Anhäufung des Gummis im Vorraum des Teils zugelassen wird. Die Lebensdauer eines Verformungsgummis bei guter Behandlung, d. h. wenn er vor allem gegen Fett, Öl und zu hohe, schwankende Raumtemperatur geschützt wird, ist auf etwa 20000 Fertigungsteile, auch zuweilen darüber, zu veranschlagen.

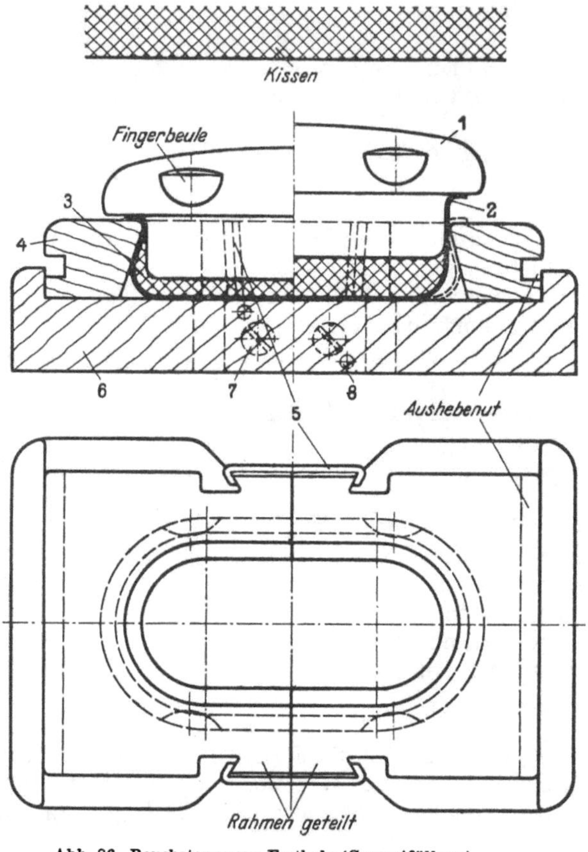

Abb. 86. Bauchstanze aus Festholz (Gummifüllung).

Hohlteile, beispielsweise in Badewannengröße, bei denen die Fertigungsstückzahl gering ist, können in Festholzwerkzeugen ähnlicher Ausführung, wie sie Abb. 60 zeigt, gezogen und darauf nach dem Prinzip Abb. 86 bauchig ausgeformt werden. Das Werkzeug Abb. 86 besteht aus der Unterplatte (Teil 6), in der der zweiteilige Bauchrahmen (Teil 4), als Ziehring ausgebildet, mit dem vorgezogenen Hohlteil eingesetzt und durch zwei Schwalbenschwanz-Klemmstücke (Teil 5) zusammengehalten wird. Zum Ausformen des bauchigen Teils wird eine Gummiplatte eingelegt, die durch nichtmetallischen Werkstoff, beispielsweise Linoleumstücke, abzustimmen ist. Als Schmiermittel für das Ausbauchen des Teils ist eine Paste aus Wachs, Talkum und Pulvergraphit in gleichen Teilen recht vorteilhaft.

Schnittzugstanze (Abb. 87).

Geeignet: Für Mengenfertigung von Zierringen zu Reflektoren. Die Form wird in einem Arbeitsgang gestanzt.

Zu beachten: Blechteile, die für ihren Verwendungszweck am Innen- und Außenrand beschnitten werden müssen, sind mit diesem Werkzeug vorteilhaft herzustellen. Die Lochscheibe wird auf den Zentrierbolzen

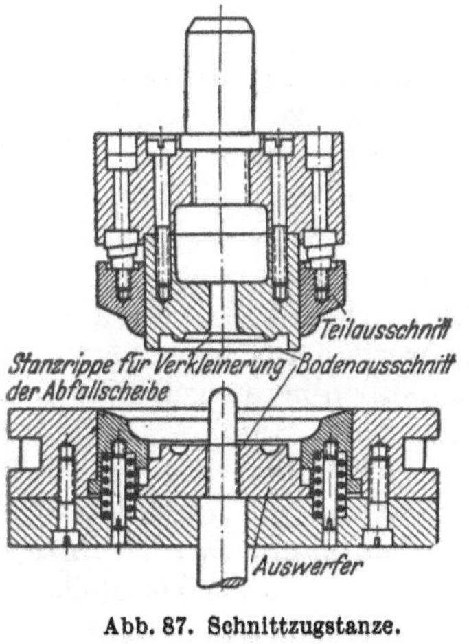

Abb. 87. Schnittzugstanze.

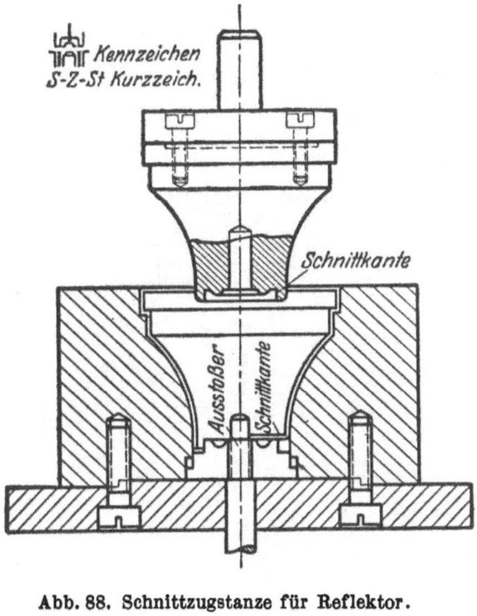

Abb. 88. Schnittzugstanze für Reflektor.

gelegt, der heruntergehende Schnittstanzstempel setzt sich zuerst auf den Federring, schneidet die vorgezogene Scheibe innen aus, legt den Bodenrand um, schlägt bei weiterer Abwärtsbewegung die Form aus und beschneidet den Rand. Drei Teile werden dem Werkzeug entnommen, der ausgeschnittene Boden, das Fertigteil und der Randabschnitt. Damit die Bodenscheibe sich leicht aus dem Werkzeug herausnehmen läßt, wird ihr ein Wulst eingestanzt, durch den sich die Scheibe verkleinert.

Schnittzugstanze für Reflektor (Abb. 88).

Geeignet: Für große Formteile, bei denen die ausgeschnittenen Böden zur Werkstoffeinsparung ausgenutzt werden können.

Zu beachten: Für Reflektoren (z. B. Abb. 88) müssen besonders große Scheibendurchmesser vorgesehen werden. Mit einer kleineren Scheibe als der errechneten ist auszukommen, wenn der Boden kurz vor der Formgebung des Teils um etwa 20% kleiner als das Sollmaß ausgeschnitten wird. Bei diesem Werkzeug wird das vorgezogene Teil in der Größe des Zentrierbolzens gelocht, es weitet sich beim Formen so lange, bis der Boden ausgeschnitten ist. Der stehengebliebene Bodenrand wird in der Stanze umgelegt und dient zur Mantelverlängerung. Beim Formschlagen erhält die ausgeschnittene Bodenscheibe einen eingestanzten Wulstrand, der sie zum bequemen Herausnehmen verkleinert.

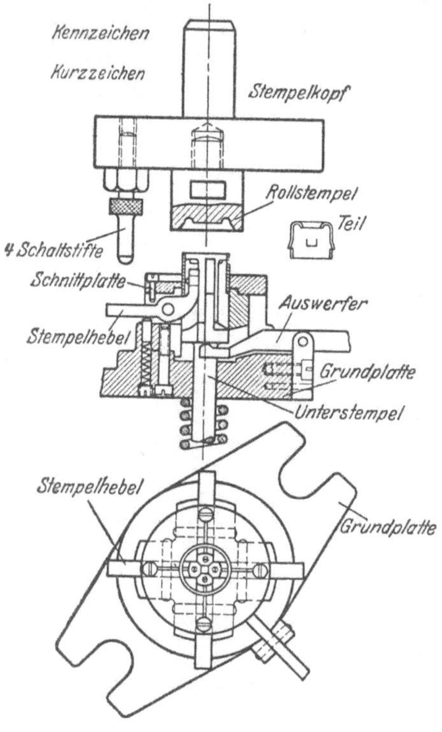

Abb. 89. Schnittrollstanze.

Schnittrollstanze (Abb. 89).

Geeignet: Zum Austrennen mehrerer Nasen und gleichzeitigem Rollen des Teilrandes.

Zu beachten: Bei jeder Werkzeugausführung erstrebt man, eine Möglichkeit zu finden, um das Teil in *einem* Arbeitsgang fertigzustellen. Je einfacher dabei das Werkzeug ist, desto leistungsfähiger und störungsfreier arbeitet es. In diesem Fall werden 4 Nasen von innen nach außen herausgetrennt und zugleich der Rand des Teils gerollt. Beachtenswert ist, daß die Nasen beim Ausstoßen des Teils nicht hindern. Alle Einzelheiten sind aus der Darstellung des Werkzeuges erkennbar. Wenn auch das Werkzeug einen komplizierten Eindruck macht, so haben sich hier keine mechanischen Störungen gezeigt, es arbeitete auf einer einfach wirkenden Presse einwandfrei.

Stanzzug für eckige Grundplatte (Abb. 90).

Geeignet: Zum Formschlagen von Blechgrundplatten (s. Abb. 46, Arbeitsg. c) bei eingeschobenem Werkzeugschieber und zum darauffolgenden Mantelziehen.

Zu beachten: Das Formschlagen mit anschließendem Mantelziehen setzt die Verwendung einer Reibtriebpresse mit Niederhalter voraus. Dieses Werkzeug (Abb. 90), das nach dem Vorziehen des Teils (Abb. 46) benutzt wird, beult den Boden bei Schieberbenutzung mit hartem Aufschlag zurück. Bei der Aufwärtsbewegung des Stößels wird der Schieber herausgezogen, und beim nochmaligen Niedergang zieht der Stempel den Teilmantel. Beim Ausprobieren des Werkzeuges zeigten sich an den Ecken der Grundplatte Falten, die ein Zeichen von Werkstoffanhäufung waren. Sie wurden durch Abflachen an den Stellen des Vorstempels beseitigt. Um wieviel man an diesen Stellen abzuflachen hat, ist eine Sache des Gefühls, das man sich nur fallweise aneignen kann.

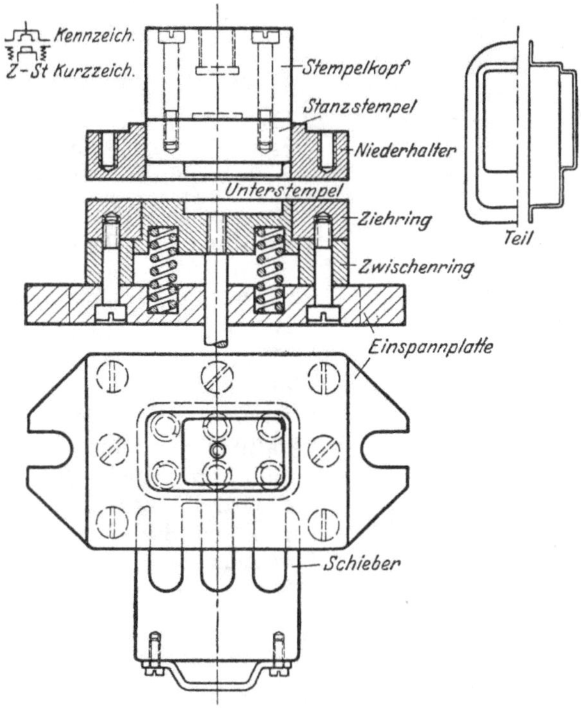

Abb. 90. Stanzzug für eckige Grundplatte.

Die Federn im Unterwerkzeug haben den Zweck, das eingelegte Teil während des Stanzvorganges gegen den Oberstempel zu drücken. Da sie zum Auswerfen des Teils nicht genügen, werden sie durch die Ausstoßkraft der Maschine unterstützt.

Stanzzug für Schreibzeug (Abb. 91).

Geeignet: Für Hohlteile, die eine Formstanzung mit anschließendem Mantelhochzug gestatten.

Zu beachten: Eine stufenweise Unterteilung der Arbeitsverfahren, besonders wenn ein Ziehen und Stanzen in Frage kommt, wird am vorteilhaftesten auf doppelt wirkenden Reibtriebpressen mit Niederhaltern ausgeführt. Der Stößelhub wird begrenzt durch das Einschieben bzw. Herausziehen des Werkzeugschiebers, der dem Oberstempel gestattet, einerseits hart aufzuschlagen und andererseits wiederum den Teilmantel zu ziehen. Werkzeugausführung nach Abb. 46 und 90.

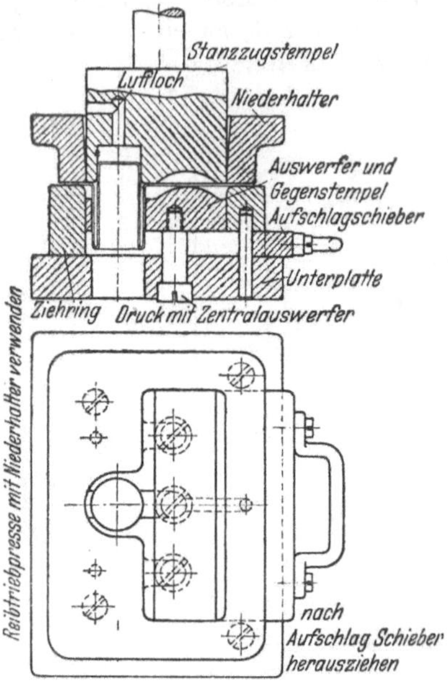

Abb. 91. Stanzzug für Schreibzeug.

Musterstreifen aus Verbund-Werkzeugen.

Blechstreifen für Lötösen (Abb. 92).

Geeignet: Für kleine Teile, bei denen es weniger auf Genauigkeit als auf Zweckmäßigkeit ankommt.

Zu beachten: Das Verbundwerkzeug für diesen Blechstreifen hat wegen der großen zugelassenen Toleranz der Teile eine einfache Konstruktion erhalten. Deshalb wurden auch keine Trenner im Werkzeug vorgesehen, die das Ziehen der Augen im Streifen begünstigen. Man nahm dafür lieber eine Werkstoffschwächung in Kauf. Zur Bestimmung des Streifenvorschubes und der Anzahl der Stufenzüge ist wie üblich vorzugehen:

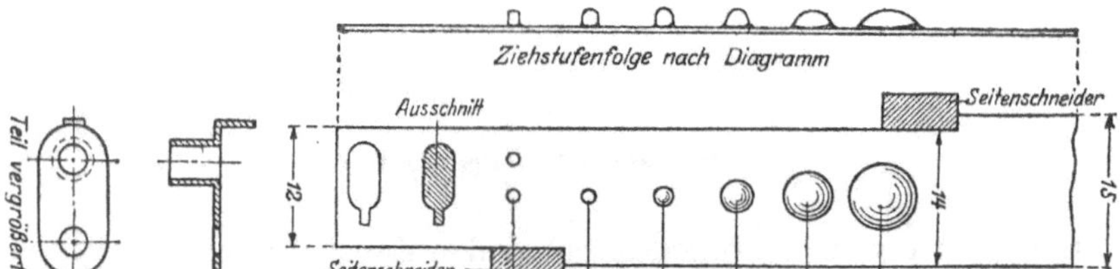

Abb. 92. Blechstreifen für Lötösen.

Wird die Lötöse als Näpfchen angesehen, so ergibt sich einschließlich Sicherheit eine runde Scheibe von

$$2\,R = \sqrt{(D^2 + 4\,D \cdot h) \cdot 2{,}6} = \sqrt{(2{,}2^2 + 4 \cdot 2{,}2 \cdot 2{,}5) \cdot 2{,}6} \approx 8{,}4 \text{ mm}.$$

Nach dem Ziehstufendiagramm kommen die in Abb. 92 angegebenen Durchmesser zustande.

Blechstreifen für Dosenöffner (Abb. 93).

Geeignet: Für Mengenfertigung von kleinen Blechschachtelöffnern, die einbaufähig gezogen und gestanzt werden müssen.

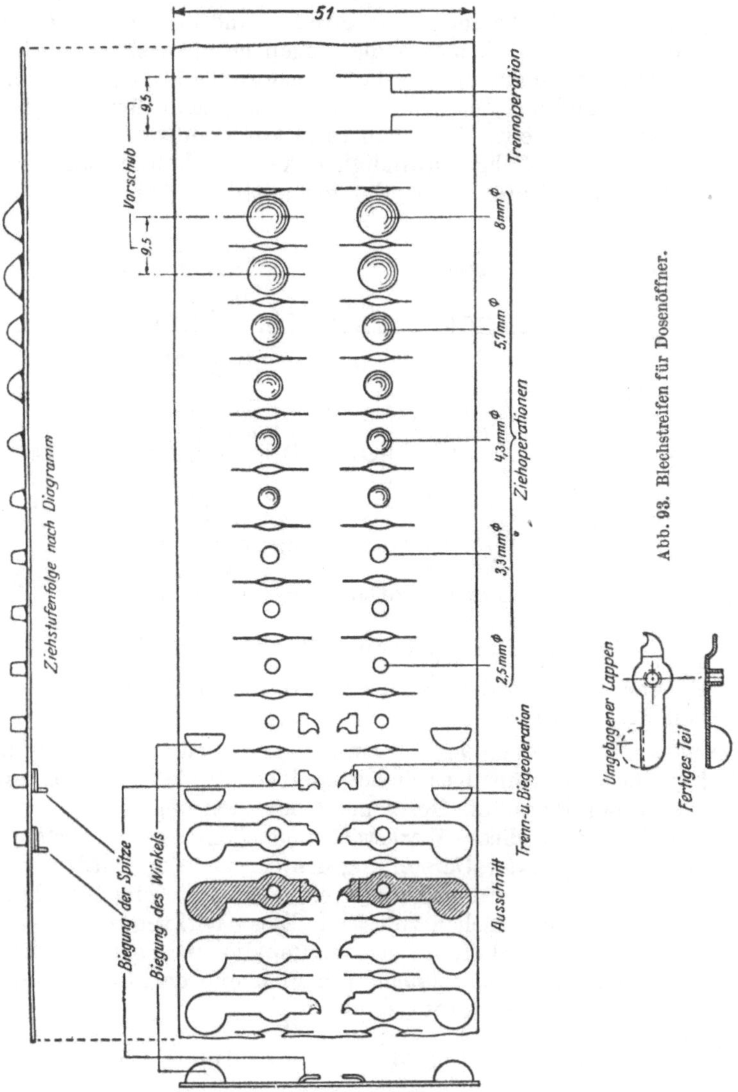

Abb. 93. Blechstreifen für Dosenöffner.

Zu beachten: Für derartige Teile verwendet man in der Regel weniger gutes Stahlblech. Man ist deshalb gezwungen, vor den Einbeulungen Trenner vorzusehen, damit sich das Blech beim Ziehen zwanglos formen kann. Da bei Anwendung von Trennern der Ziehvorgang sich so wie bei einer Scheibe abspielt, kommt hierbei nur der Flächenbedarf des zu ziehenden Auges in Frage, das einen Durchmesser von

$$2R = \sqrt{(D^2 + 4\,D \cdot h} = \sqrt{2{,}5^2 + 4 \cdot 2{,}5 \cdot 5{,}5} \approx 7{,}83 \text{ mm}$$

ergibt. Die Stegbreite von $Z_m = 1{,}1$ mm ist dabei zu berücksichtigen. Die Stufen für die Ausbeulungen im Streifen sind nach dem Ziehstufendiagramm zu wählen. Nachdem die Augen gezogen sind, werden die Nase am kleinen Schenkel und der halbkreisförmige Lappen am größeren schnittgestanzt und das Teil aus dem Streifen geschnitten, wie aus dem Blechstreifen hervorgeht. Hat man es mit minderwertigem Werkstoff zu tun, dann ist die Ziehgeschwindigkeit klein zu halten, falls größerer Arbeitsausschuß auftreten sollte; durchschnittliche Ziehgeschwindigkeit $v = 3$ bis 6 m/min.

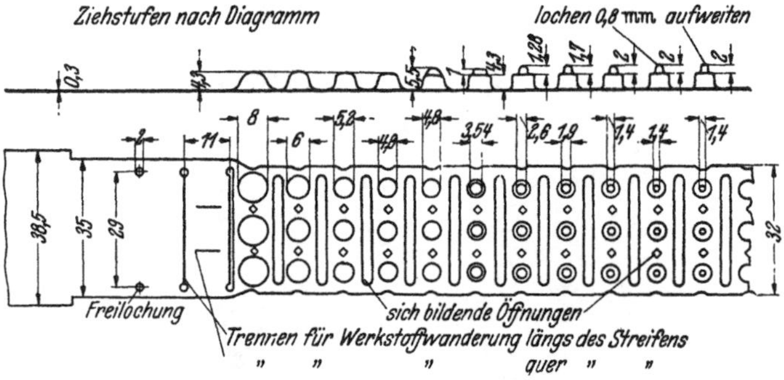

Abb. 94. Blechstreifen (Stufennäpfchen) aus einem Trennzuglochschnitt.

Blechstreifen für Stufennäpfchen (Abb. 94).

Geeignet: Für Mengenbedarf an kleinen Näpfchen, Druckknöpfen oder ähnlichen Erzeugnissen.

Zu beachten: Beim Ziehen von Stufennäpfchen wird das Blech im hohen Maße beansprucht. Günstiges Ziehen in Blechstreifen ist dann gewährleistet, wenn der Werkstoff Gelegenheit hat, sich ungehindert zur Teilmitte zu bewegen; diese Werkstoffwanderung ist hier vollständig ermöglicht. Wie aus der Darstellung des Streifens ersichtlich ist, sind in Längs- und Querrichtung Trenner eingebaut, die eine zweckmäßige Verformung der Trennflächen zulassen. Diese Verformung ist an jeder Vorschubstrecke erkennbar, wo sich Luftspalte und rechtwinklig dazu kleine Luftquadrate gebildet haben. Der Flächenbedarf für die Näpfchen zuzüglich der Stegbreite ergibt sich aus

$$F = \frac{1{,}4^2 \cdot \pi}{4} + 1{,}4 \cdot \pi \cdot 1{,}5 + 3{,}54 \cdot \pi \cdot 4{,}3 \approx 56 \text{ mm}^2, \qquad D \approx 8{,}5 \text{ mm } \varnothing.$$

Rechnet man für den Randbeschnitt etwa 2,5 mm, so erhält man einen Streifenvorschub von rd. 11 mm. Die Ziehstufen im Streifen sind aus der Darstellung zu ersehen, sie entsprechen der Gesetzmäßigkeit des Ziehstufendiagramms.

E. Das Preßspritzverfahren.

Zweckbedingte Preßspritzvorgänge.

Bei dem Verfahren wird auf einen vollen oder als Hohlteil vorgepreßten Rohling ein Druck von etwa dem Dreifachen seiner Festigkeit ausgeübt; im angewärmten Zustand sinkt der notwendige Druck auf den Rohling. Eine einwandfreie Auspressung des Teils ist dann zu erwarten, wenn während des Preßvorganges ein Schub auftritt. Dies wird dadurch erreicht, daß man an der Stirnseite eckiger Stempel vier schräge Flächen, nach außen etwa 0,2 mm ansteigend, oder für runde Preßteile eine entsprechende Balligkeit vorsieht. Bei diesem Formgebungsverfahren lassen sich entsprechend dem hohen mittleren Druck in einem einzigen Arbeitsgang nahezu beliebig große Formänderungen erzielen. Mit gutem Erfolg ist zu rechnen, wenn die Randflächen des Rohlings blank gemacht sind durch Trommeln oder Nachschneiden mittels Schnitt- und Blankzuges. Je glatter die Randflächen ausfallen, um so schöner wird das Teil aussehen. Da die Beanspruchung des Preßwerkzeuges außerordentlich groß ist, soll ein hochwertiger Werkzeugstahl mit hoher Festigkeit verwendet werden. Für Preßstempel eignet sich der Stahl 210 Cr 46 mit 2,1% C, 0,35% Si, 0,3% Mn und 11,5% Cr, der im gehärteten Zustand eine Festigkeit $\sigma_B \approx 240$ kg/mm² besitzt. Der Gegenstempel (Matrize) wird am besten aus einem Einsatzstahl mit $\sigma_B \approx 60$ kg/mm² gemacht. Zur Herstellung der Matrize wird der Rohling planpoliert und die Teilform im kalten Zustand eingedrückt; dieser Stempel (Pfaffe genannt) hat genau die Außenform des Preßteils und ist nicht mit dem Preßstempel für die Teilfertigung zu verwechseln. Die Kraterbildung, die durch das Eindrücken des Pfaffen entsteht, wird weggearbeitet. Dann ist die Matrize mit Durferit zunderfrei zu härten. Durch das kalte Eindrücken des Pfaffen zur Herstellung der Matrize wird das Stahlgefüge außerordentlich verdichtet und durch die Härtung noch widerstandsfähiger gemacht. Die Matrize bemesse man außen nicht zu klein, da sonst beim Einpressen des Pfaffen der Werkstoff seitlich verdrängt und nicht gut ausgepreßt wird. Im folgenden werden einzelne Preßbeispiele gezeigt, nach denen Werkzeuge in ähnlicher Art ausgeführt werden können.

Gegebenes Hohlteil Werkstoff: Aluminium	Ermittlung der Rohlingsgröße und Preßkraft
 Abb. 95.	Gewindebund $0{,}785 \cdot (8{,}19^2 - 5{,}5^2) \cdot 6 = 173{,}5\ \text{mm}^3$ Kegelstumpf $\pi \cdot 9{,}5 \cdot (12{,}5 + 4{,}1) \cdot 0{,}12 = 59{,}5\ \text{mm}^3$ Mantel $24{,}9 \cdot \pi \cdot 165 \cdot 0{,}1 = 1290\ \text{mm}^3$ $= 1523\ \text{mm}^3$. Höhe des Rohlings $h = \dfrac{1523}{0{,}785 \cdot (25^2 - 8^2)} \approx 3{,}5\ \text{mm}$ Preßspritzkraft $P_p \approx 0{,}785 \cdot (25^2 - 8^2) \cdot 30 = 13200\ \text{kg}$ Mittl. Gewinde-$\varnothing$: $D_m = \sqrt{0{,}5 \cdot (9^2 + 7{,}376^2)} \approx 8{,}19\ \text{mm}$

Entwicklung des Preßspritzteils und Werkzeugdarstellung.

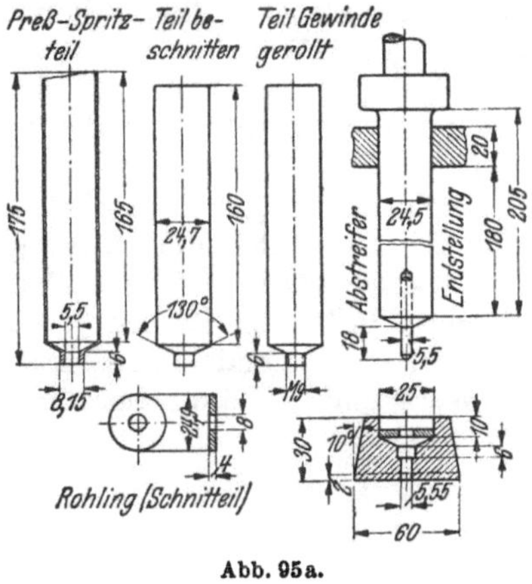

Abb. 95a.

Zu beachten:

Der Rohling (Schnitteil) ist gratfrei zu schneiden und danach im Wasser zu trommeln, damit die Schnittrandfläche der Scheibe von Schnittrissen befreit und die Scheibenoberfläche glatt wird. Je schöner die Oberfläche des Rohlings ist, desto besser fällt das preßgespritzte Teil aus.

Gegebenes Hohlteil Werkstoff: Messing	Ermittlung des Rohlings

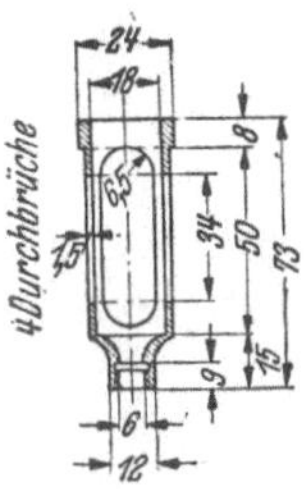

Abb. 96.

$$\text{Bund: } \frac{24+18}{2}\cdot\pi\cdot 3\cdot 8 = 1583{,}4\ \text{mm}^3$$

$$\text{Mantel: } \frac{21+18}{2}\cdot\pi\cdot 1{,}5\cdot 50 = 4594{,}6\ \text{,,}$$

$$\text{Kopf: } 0{,}785\cdot(21^2-12^2)\cdot 2+\frac{12+6}{2}\cdot\pi\cdot 3\cdot 15 = 1738{,}8\ \text{,,}$$

$$V = 7917\ \text{mm}^3.$$

Durchmesser des Rohlings 23 mm zugrunde gelegt,

$$\text{Höhe des Rohlings: } h = \frac{7917}{0{,}785\cdot 23^2} = 19{,}05\ \text{mm}$$

Entwicklung des Preßspritzteils

Werkzeugdarstellungen und Preßspritzangaben

Warmvorpreßteil:

24 mm Außen-∅, 18 mm Innen-∅, Kopf 1738 mm³.

$$\text{Mantel: } \frac{24+18}{2}\cdot\pi\cdot 3\cdot h = V-1738 = 7917-1738$$

$$= 6179\ \text{mm}^3,$$

$$h = \frac{6179}{21\cdot\pi\cdot 3} \approx 31{,}3\ \text{mm}$$

Warmpreßkraft:

(Temp. 780° und $K_p \approx 10$ kg/mm²)

$$K_p = \frac{P}{F};\quad P = K_p\cdot F = 10\cdot 0{,}785\cdot 24^2 = 4524\ \text{kg}.$$

Preßspritzkraft:

Flächenpressung $K_p \approx 50$ kg/mm²,

$$P = K_p\cdot F = 50\cdot 0{,}785\cdot(24^2-21^2)$$

$$\approx 5300\ \text{kg}.$$

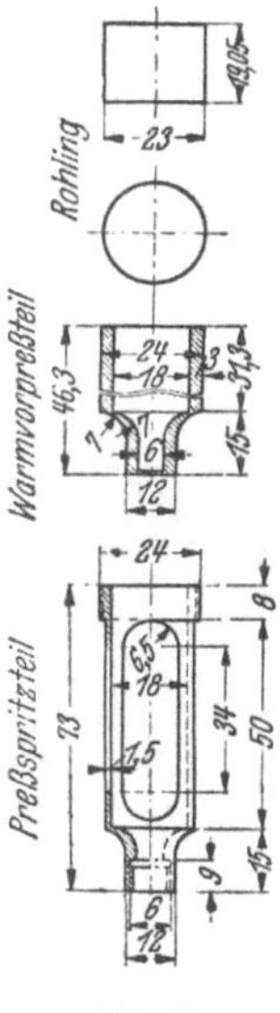

Abb. 96a.

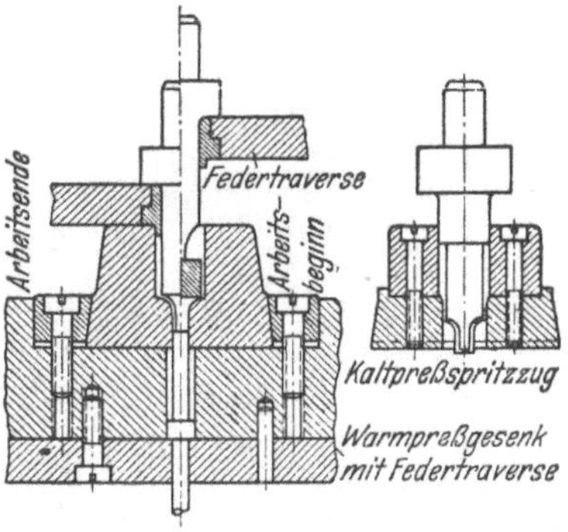

Abb. 96b.

Gegebenes Hohlteil Werkstoff: Aluminium	Ermittlung des Rohlings

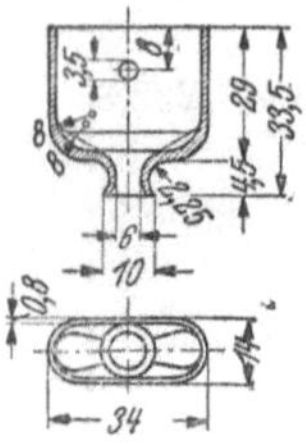

Abb. 97.

$$(D-\delta_1)\cdot\pi\cdot\delta_1\cdot h+\frac{D^2\cdot\pi}{4}\cdot\delta_2+2\,b\cdot h_1\cdot\delta_1+D\cdot b_1\cdot\delta_2+\frac{d^2\cdot\pi}{4}\cdot h_2=V$$

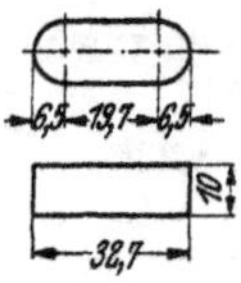

Abb. 97c.

$$\begin{aligned}
(14-0{,}8)\cdot\pi\cdot 0{,}8\cdot 30 &= 994{,}8\ \text{mm}^3\\
0{,}785\cdot 14^2\cdot 3{,}2 &= 492{,}8\ \text{,,}\\
2\cdot 20\cdot 30\cdot 0{,}8 &= 960{,}0\ \text{,,}\\
14\cdot 20\cdot 3{,}2 &= 896{,}0\ \text{,,}\\
0{,}785\cdot 7{,}5^2\cdot 7 &= 309{,}1\ \text{,,}\\
\hline
&\ 3652{,}7\ \text{mm}^3+5\%
\end{aligned}$$

$$h=\frac{V}{0{,}785\cdot D^2+D\cdot b}=\frac{3835}{0{,}785\cdot 13^2+13\cdot 19{,}7}\approx 10\ \text{mm.}$$

Entwicklung des Preßspritzteils

Werkzeugdarstellung
Schnitt- und Preßspritzangaben

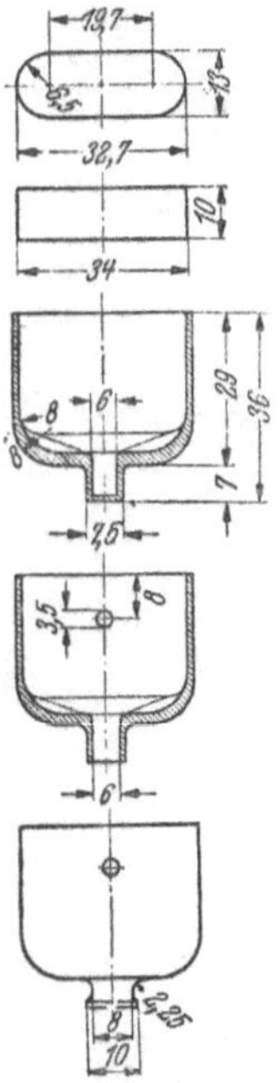

Abb. 97a.

Schnittkraft:

$$P=U\cdot\delta\cdot\tau_B=80{,}2\cdot 10\cdot 9=7222\ \text{kg}$$

Rohling Schnitteil

Preßkraft:

Rohling gepreßt

$$P=F\cdot 3\cdot\sigma_B=\left(\frac{13^2\cdot\pi}{4}+13\cdot 19{,}7\right)\cdot 3\cdot 10=11\,664\ \text{kg}$$

Preßteil gelocht

Preßteil Halsstanzung

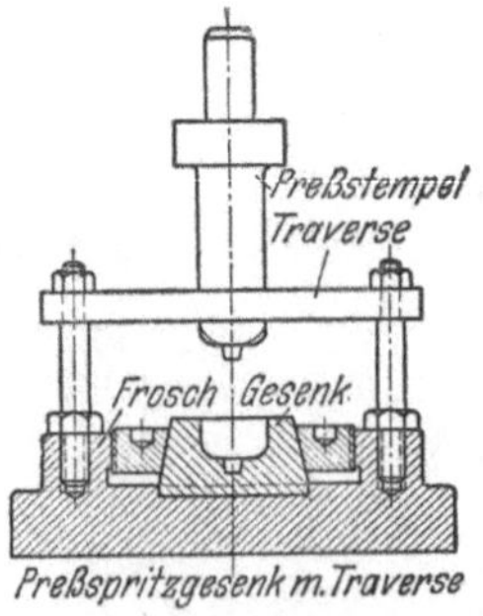

Abb. 97 b.

Gegebenes Hohlteil Werkstoff: Aluminium	Ermittlung des Rohlings	Werkzeugdarstellung

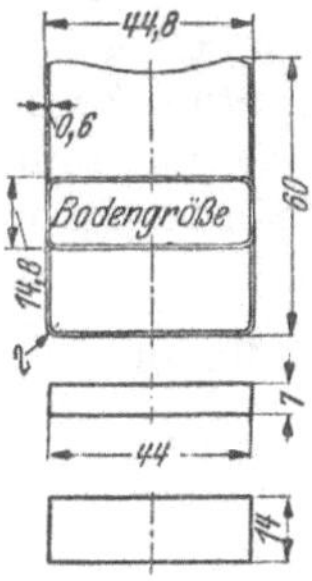

Abb. 98.

Längsseiten

$$44{,}8 \cdot 60 \cdot 0{,}6 \cdot 2 \;\ldots = 3225\ \text{mm}^3$$

Querseiten

$$14{,}8 \cdot 60 \cdot 0{,}6 \cdot 2 \;\ldots = 1066\ ,,$$

Boden

$$14{,}8 \cdot 44{,}8 \cdot 0{,}6 \;\ldots = 398\ ,,$$

$$V = 4689\ \text{mm}^3$$

Höhe des Rohlings (14 · 44) gewählt :

$$h = \frac{4689}{14 \cdot 44} \approx 7{,}6\ \text{mm}$$

Angaben für Ober- und Unterstempel

Oberstempel: Werkzeugstahl 210 Cr 46
$\sigma_B = 240$ kg/mm²

Unterstempel: Einsatzstahl
$\sigma_B = 60$ kg/mm²

Preßkraft für Unterstempel
($K_p = 180$ kg/mm²)

$P = 180 \cdot 616 = 110880$ kg

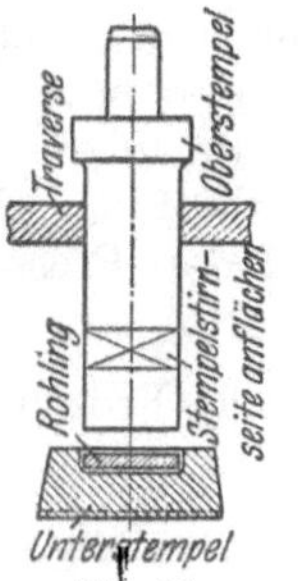

Abb. 98a

Preßspritzkraft für Rohling
$P = 14 \cdot 44 \cdot 30$
$= 18480$ kg

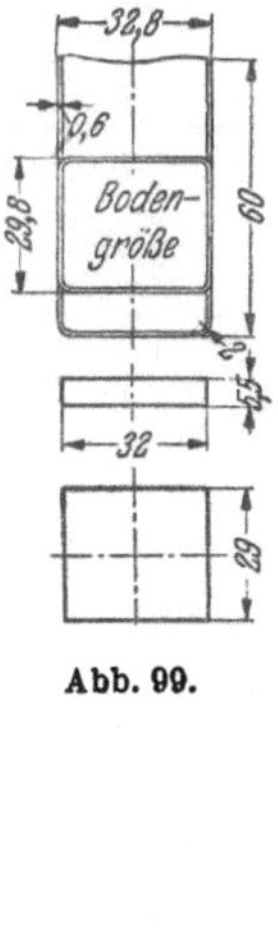

Abb. 99.

Längsseite

$$32{,}8 \cdot 60 \cdot 0{,}6 \cdot 2 \;\ldots = 2362\ \text{mm}^3$$

Querseite

$$29{,}8 \cdot 60 \cdot 0{,}6 \cdot 2 \;\ldots = 2146\ ,,$$

Boden

$$32{,}8 \cdot 29{,}8 \cdot 0{,}6 \;\ldots = 587\ ,,$$

$$5095\ \text{mm}^3$$

Höhe des Rohlings (29 · 32 gewählt):

$$h = \frac{5095}{29 \cdot 32} \approx 5{,}5\ \text{mm.}$$

Angaben für Ober- und Unterstempel

Oberstempel: Werkzeugstahl 210 Cr 46
$\sigma_B = 240$ kg/mm².

Unterstempel: Einsatzstahl
$\sigma_B = 60$ kg/mm², ($K_p = 180$ kg/mm²)

Preßkraft für Unterstempel
$P = 180 \cdot 928 = 167040$ kg

Werkzeug für Rohling Ausführung wie oben

Abb. 99a.

F. Warm- und Kaltpressen.

Erläuterungen über Werkzeuge, Preßteile und Arbeitsweisen.

Die Arbeitsverfahren Warm- oder Kaltpressen kommen für Stahl und andere Metalle in Betracht und werden angewandt, wenn sie wirtschaftlich sind. Maßgebend sind Gestalt und Fertigungsstückzahl des Teils, ob andere Arbeitsmethoden teurer sind, die größeren Materialverbrauch verursachen. Warmgepreßt wird aber auch, wenn auf guten Faserverlauf und Festigkeit des Körpers großer Wert gelegt werden muß. In der Presserei unterscheidet man vier verschiedene Werkzeugausführungen.

a) Froschgesenke mit auswechselbaren Werkzeugbestandteilen,
b) Traversengesenke für zylindrische Einpressungen im Teil,
c) Vollgesenke mit ganzen Gesenkdruckflächen,
d) Gesenke mit geteilten Gesenkdruckflächen.

Ausschlaggebend für die Wahl eines Werkzeuges ist die Form des Teils. Für die anzuwendenden Arbeitsmethoden werden nachfolgend Preßteile gezeigt. Daraus geht hervor, worauf bei der Werkzeugwahl zu achten ist.

Preßteil	Rohling	Arbeitsweise
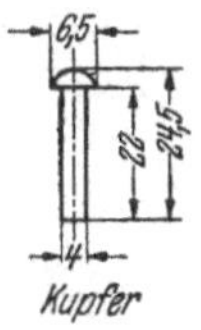 Abb. 100a.	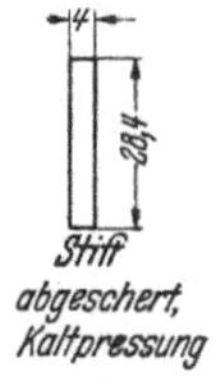 b	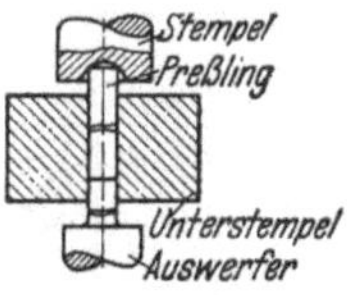 c
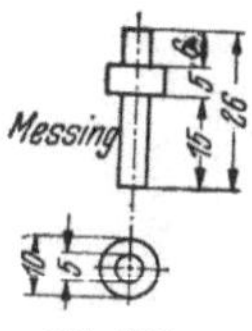 Abb. 101a.	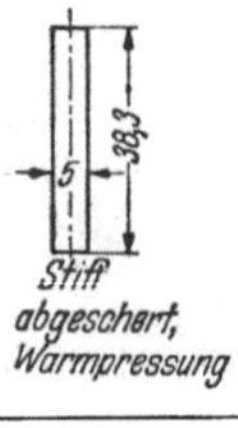 b	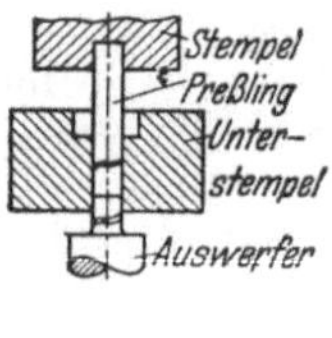 c
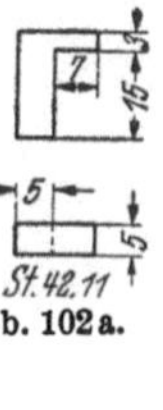 Abb. 102a.	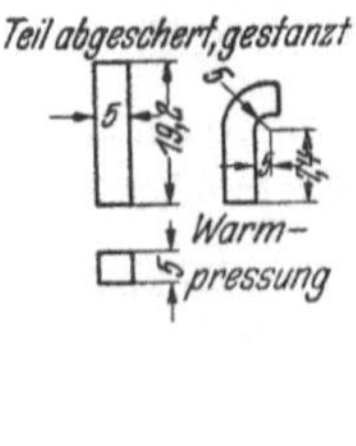 b	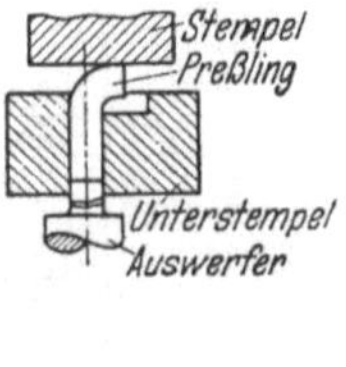 c

Preßteil	Rohling	Arbeitsweise
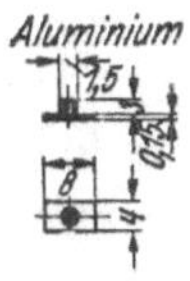 Abb. 103a.	 b	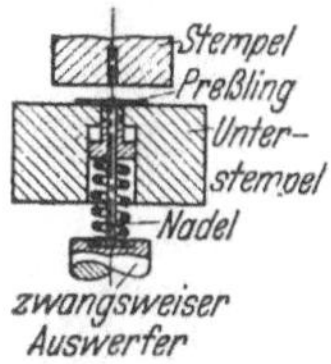 c
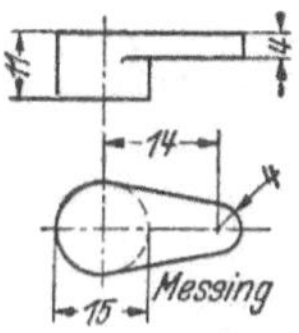 Abb. 104a.	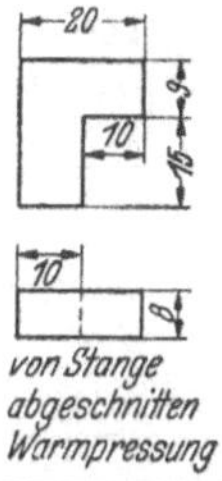 b	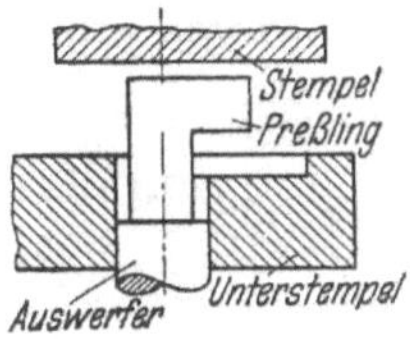 c
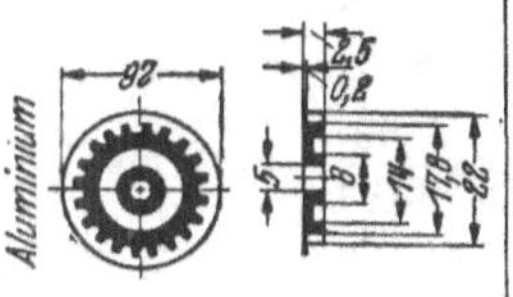 Abb. 105a.	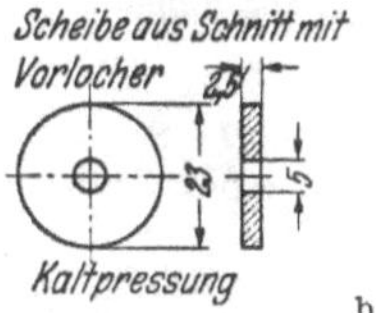 b	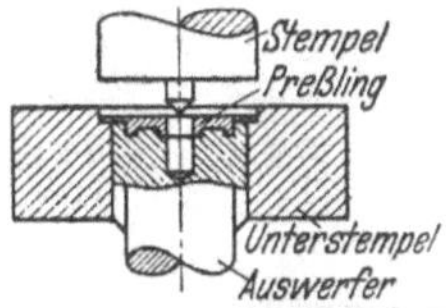 c

Preßteil	Rohling und Preßkraft	Ermittlung des Rohlings
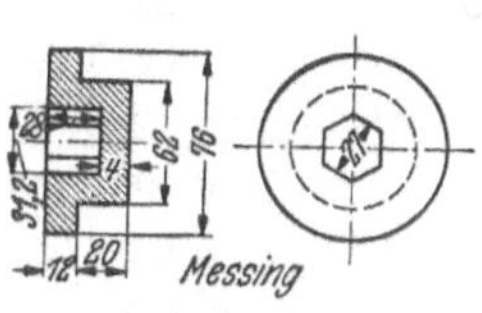 Abb. 106a.	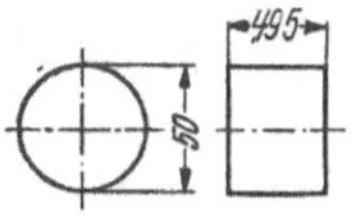 b Preßkraft bei 780°: $P = K_p \cdot F$ $= 10 \cdot 4536$ $= 45360$ kg	***Rauminhalt*** $75^2 \cdot 0{,}785 \cdot 12 + 52^2 \cdot 0{,}785 \cdot 20$ $-5{,}61 \cdot 13{,}5^2 \cdot 20 = 80959\,\text{mm}^3$ $h = \dfrac{80959}{0{,}785 \cdot 50^2} = 41{,}2\,\text{mm}$
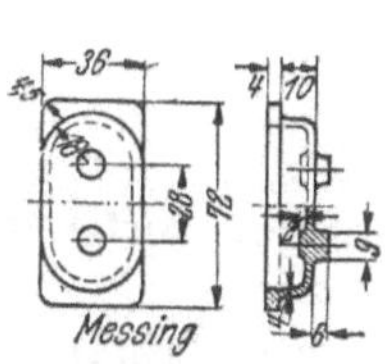 Abb. 107a.	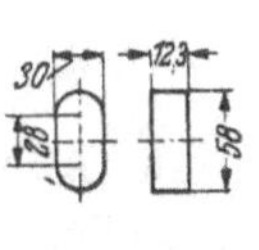 b Preßkraft bei 780°: $P = K_p \cdot F = 36 \cdot 72 \cdot 10$ $= 25920$ kg	***Rauminhalt*** $(72 \cdot 36 - 0{,}785 \cdot 36^2 - 28 \cdot 36) \cdot 4$ $= 2264{,}5$ mm $(31 \cdot \pi + 2 \cdot 28) \cdot 4 \cdot 10$ $= 7669{,}5$ mm $(0{,}785 \cdot 36^2 + 28 \cdot 36) \cdot 4$ $= 8103{,}5$ mm $0{,}785 \cdot 9^2 \cdot 2 \cdot 10 = 1272{,}3$ mm $h = \dfrac{19310}{0{,}785 \cdot 30^2 + 28 \cdot 30}$ $\approx 12{,}5$ mm

Preßteil	Rohling und Preßkraft	Ermittlung des Rohlings
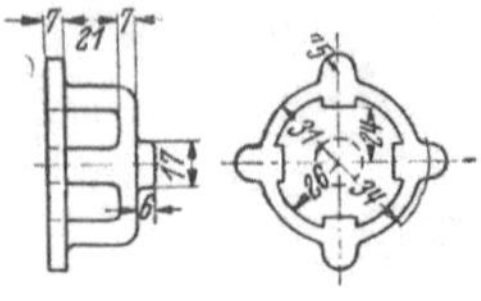 Abb. 108a.	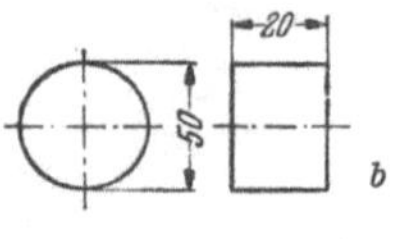 Preßkraft bei 780°: $P = K_r \cdot F$ $= \left(\frac{62^2 \cdot \pi}{4} + 2 \cdot \frac{15^2 \cdot \pi}{4}\right) \cdot 10$ $= 33725$ kg	*Rauminhalt* $0{,}785 \cdot 17^2 \cdot 6 = 1362$ mm³ $0{,}785 \cdot 62^2 \cdot 7 = 21133$,, $4 \cdot 12 \cdot 7 \cdot 21 = 7056$,, $(62-5) \cdot \pi \cdot 5 \cdot 7 = 6264$,, $3 \cdot 7 \cdot 15 \cdot 4 = 1260$,, $2 \cdot 0{,}785 \cdot 15^2 \cdot 7 = 2473$,, $h = \frac{39548}{0{,}785 \cdot 50^2} \approx 20$ mm
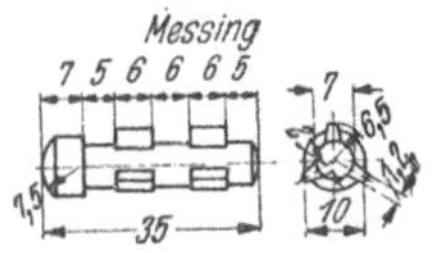 Abb. 109a.	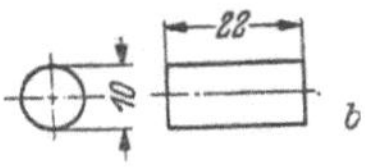 Preßkraft bei 780°: $P = K_p \cdot F$ $= (7 \cdot 10 + 7 \cdot 28 + 6 \cdot 6 \cdot 3) \cdot 10$ $= 3740$ kg	*Rauminhalt* $0{,}785 \cdot 10^2 \cdot 7 = 550$ mm³ $0{,}785 \cdot 7^2 \cdot 28 = 1078$,, $6 \cdot 6 \cdot 1{,}5 \cdot 1{,}5 = 81$,, $h = \frac{1709}{0{,}785 \cdot 10^2} \approx 22$ mm
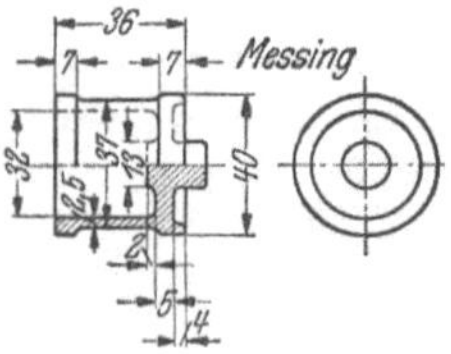 Abb. 110a.	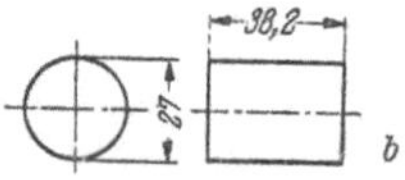 Preßkraft bei 780°: $P = K_p \cdot F$ $= 0{,}785 \cdot 40^2 \cdot 10$ $= 12566$ kg	*Rauminhalt* $(0{,}785 \cdot 40^2 - 0{,}785 \cdot 32^2) \cdot 2 \cdot 7 = 6333$ mm³ $(0{,}785 \cdot 37^2 - 0{,}785 \cdot 32^2) \cdot 22 = 5961$ mm³ $0{,}785 \cdot 40^2 \cdot 5 = 6283$ mm³ $(0{,}785 \cdot 40^2 - 0{,}785 \cdot 32^2) \cdot 4 = 1810$ mm³ $0{,}785 \cdot 13^2 \cdot 11 = 1460$ mm³ $h = \frac{21847}{0{,}785 \cdot 27^2} = 38{,}2$ mm

Froschgesenk (Abb. 111).

Geeignet: Für Warm- oder Kaltpreßteile, deren Form geändert werden kann, ohne daß wesentliche Werkzeugkosten entstehen.

Zu beachten: Das Werkzeug (Abb. 111) hat vier Werkzeugbestandteile, die jeweils im Einspannfrosch ausgewechselt werden können; sie sind mit den Buchstaben R, B, C und D bezeichnet. Man bezweckt damit, Formänderungen an Preßteilen durch geeigneten Austausch der Gesenkteile zu ermöglichen und dabei nur unwesentliche Werkzeugkosten zu haben. Hierbei ist zu berücksichtigen: Vertiefungen im Teil nur mit Konizitäten von etwa 10° zulassen, bei denen der Preßling leicht aus dem Gesenk herausgenommen werden kann. Am besten haben sich Werkzeugausführungen in drei Größen bewährt, die bei der Änderung eines Preßteils nur der Auswechslung des betreffenden Gesenkteiles bedürfen. Anwendung des Werkzeuges für Preßteile s. Abb. 100 ··· 104.

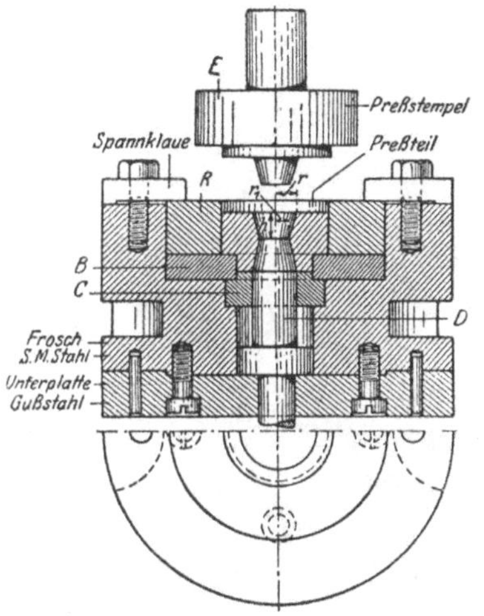

Abb. 111. Froschgesenk.

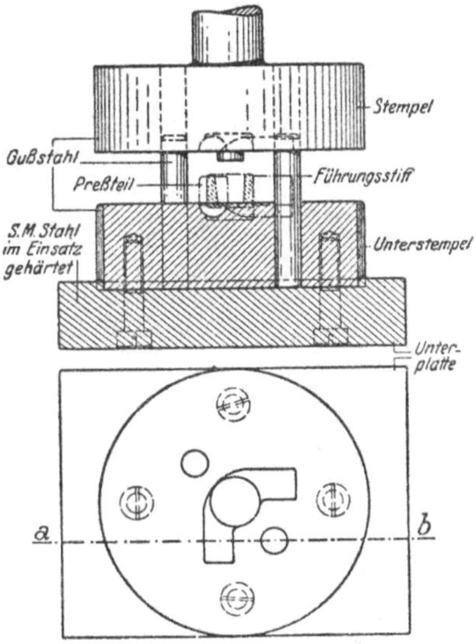

Abb. 112. Vollgesenk.

Vollgesenk (Abb. 112).

Geeignet: Für Preßteile in jeder beliebigen Form, wobei zylindrische Einpressungen vermieden werden sollen.

Zu beachten: Das Gesenk für das Teil nach Abb. 125 wird aus chromlegiertem Werkzeugstahl hergestellt, in den bei etwa 800° ein gehärtetes Stahlmodell hydraulisch eingepreßt wird. Zweckmäßig ist, nach der Vorbearbeitung das Gesenk mit dem Stahlmodell nochmals nachzupressen. Durch dies kalte Nachpressen des Gesenkes werden Formabweichungen, die beim mechanischen Bearbeiten entstanden sind, behoben. Das Werkzeug ist unter Luftabschluß zu erwärmen und in Rüböl abzukühlen, wobei die Abkühlungsdauer etwa 1 std/kg beträgt. Danach ist ein Reißen des Stahles nicht zu erwarten. Anwendung des Gesenkes für Teile nach Abb. 125 und 126.

Traversengesenk (Abb. 113).

Geeignet: Für Preßteile mit zylindrischen Einpressungen in jeder Form und Größe.

Zu beachten: Wenn die Möglichkeit dazu besteht, bedient man sich bei diesem Werkzeug (Abb. 113) auch eines Einspannfrosches und wechselt dann Unterstempel, Auswerfer und Traverse aus. Das bedeutet allerdings ein völliges Auseinandernehmen des Werkzeuges mit anschließendem neuen Froscheinbau. In ungünstigen Fällen, bei denen ein Einspannfrosch nicht angewandt wird, muß man ein fest zusammengesetztes Werkzeug benutzen, das den Nachteil hat, teuer zu sein, mehr Werkstoff beansprucht und infolge seiner Sperrigkeit eines größeren Lagerplatzes bedarf. Ober- und Unterstempel sind zweckmäßig aus chromlegiertem Stahl herzustellen. Anwendung des Gesenkes für Teile nach Abb. 106 ··· 108.

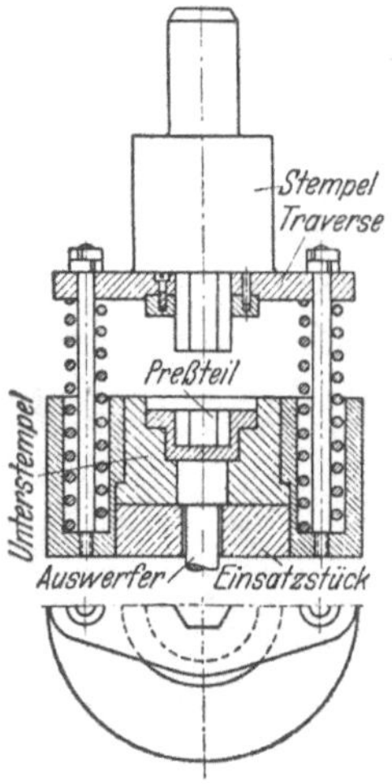

Abb. 113. Traversengesenk.

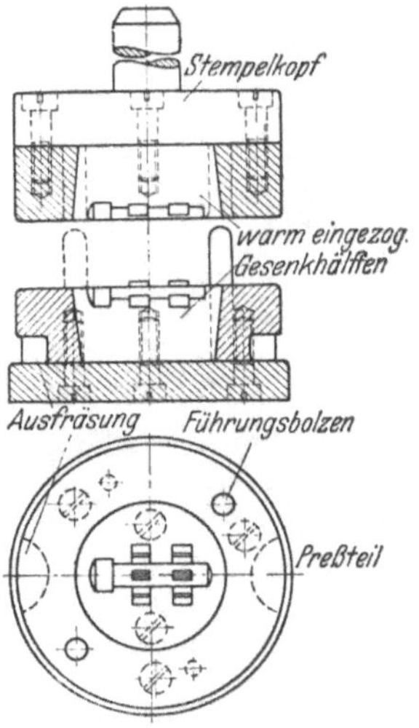

Abb. 114. Gesenk mit geteilten Gesenkdruckflächen.

Gesenk mit geteilten Gesenkdruckflächen (Abb. 114).

Geeignet: Für Preßteile, bei denen die gepreßten Flächen infolge ihrer Lage unvorteilhaft im Gesenk einzuarbeiten sind.

Zu beachten: Warmpreßwerkzeuge mit geteilten Gesenkdruckflächen werden nur dann verwendet, wenn sich keine andere Lösung für das Pressen des Rohlings finden läßt. Wichtig ist folgende Regel: Bewegliche sowie eingesetzte Teile im Gesenk bringen Nachteile für Werkzeug und Fertigung. Bei Werkzeugen mit eingesetzten Teilen verändert sich die Gesenkform durch Lockerung der Teile. Dadurch wird das Herausnehmen des Preßlings erschwert. Die gepreßten Teile haften sehr fest im Gesenk und sind vielfach nur durch Klopfen zu entfernen. In solchen Fällen versucht man, die Gesenkteile durch Einschrumpfen gegeneinander festzulegen. Anwendung des Gesenkes s. Abb. 114.

G. Aufgaben und Lösungen.

Aufgabe 1: Ziehkräfte für metallische Werkstoffe.

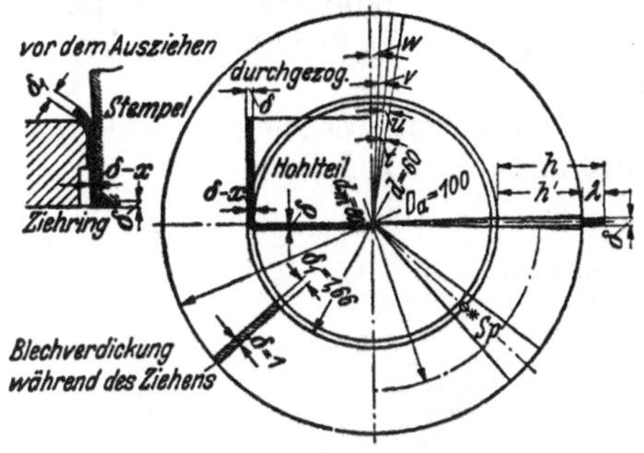

Abb. 115.

Gegeben:

Werkstoff: Tiefziehstahlblech
$\delta = 1$ mm; $\sigma_B = 28\cdots42$ kg/mm²
$D_a = 100$ mm ∅. $d = 60$ mm ∅
Scheibe 100 mm ∅
Topf 60 mm ∅

Ziehverhältnis $m = \frac{d}{D_a} = 0{,}6$.

Verlangt wird:

Schnittkraft: $P = U \cdot \delta \cdot \tau_a$

Schnittarbeit: $A = \frac{P \cdot x \cdot \delta}{1000}$

Ziehkraft: $P_z = d \cdot \pi \cdot \delta \cdot n \cdot \sigma_B$
bei $m = 0{,}6$, $n = 0{,}86$

m	0,55	0,575	0,6	0,625	0,65
n	1	0,93	0,86	0,79	0,72

m	0,675	0,7	0,725	0,75	0,775	0,8
n	0,66	0,6	0,55	0,5	0,45	0,4

Zieharbeit ohne Niederhalter:
$A_1 = P_z \cdot x \cdot h$

m	0,55	0,6	0,65	0,7	0,75	0,8
x	0,8	0,77	0,74	0,7	0,67	0,64

Zieharbeit mit Niederhalter:
$A_2 = (P_z \cdot x + P_n) \cdot h$

Verdickung der Scheibe beim Ziehweg „h'"

$D_a \cdot \pi \cdot \delta = d \cdot \pi \cdot \delta_1$; $\delta_1 = \frac{D_a \cdot \delta}{d}$.

Ziehkantenhalbmesser:
$(D_a - D_i) \cdot 2 = f(r)$ gegeben im Diagramm Abb. 158.

Lösungen:

Schnittkraft:

$P = D \cdot \pi \cdot \delta \cdot \tau_a = 100 \cdot \pi \cdot 1 \cdot 32$
$= 10053$ kg.

Schnittarbeit:

$A = \frac{P \cdot x \cdot \delta}{1000} = \frac{10053 \cdot 0{,}63 \cdot 1}{1000}$
$= 6{,}6$ mkg.

Ziehkraft:

$P_z = d \cdot \pi \cdot \delta \cdot n \cdot \sigma_B = 60 \cdot \pi \cdot 1 \cdot 0{,}86 \cdot 40$
$= 6484$ kg
bei $m = 0{,}6$: $n = 0{,}86$.

Zieharbeit ohne Niederhalter:

$A_1 = P_z \cdot x \cdot h = 6484 \cdot 0{,}77 \cdot 0{,}0267$
$= 133$ mkg

bei $h = \frac{d_m \cdot \pi \cdot h'}{d \cdot \pi \cdot 1000} = \frac{80 \cdot \pi \cdot 20}{60 \cdot \pi \cdot 1000}$
$= 0{,}0267$ m.

Niederhalter bei Luftdruckanpressung:

$P_n = \frac{\pi}{4}(D_a^2 - d^2) \cdot p = 0{,}785 \cdot (10^2 - 6^2) \cdot 18$
$= 904{,}8$ kg.

Zieharbeit mit Niederhalter:

$A_2 = (P_z \cdot x + P_n) \cdot h$
$= (6484 \cdot 0{,}77 + 904{,}8) \cdot 0{,}0267$
$= 157$ mkg.

Niederhalterdruck:

$p_s = \frac{o \cdot p}{F} = \frac{235 \cdot 3{,}85}{50{,}26} = 18$ kg/cm².

o = Oberfläche des Luftkolbens in cm²
p = Druck im Luftzylinder in atü
F = Scheibenfläche in cm².

Scheibenverdickung

auf Ziehweg h' (Kreisring)

$\delta_1 = \frac{D_a \cdot \delta}{d} = \frac{100 \cdot 1}{60} = 1{,}67$ mm.

Ziehkantenradius:

für $(D_a - D_i) \cdot 2 = (100 - 60) \cdot 2 = 80$
und $\delta = 1$ mm nach Abb. 158: 5,1 mm,
oder $r = 0{,}8 \cdot \sqrt{(D_a - D_i) \cdot \delta}$
$= 0{,}8 \cdot \sqrt{(100 - 60) \cdot 1} = 5{,}1$ mm.

Mantelverdickung auf dem Weg der Ziehkanten-Abwicklung

$$1 = \frac{r \cdot \pi}{2} = \frac{5{,}1 \cdot \pi}{2} = 8 \text{ mm siehe Abb. 115 links oben.}$$

Aufgabe 2: Aus dem in Abb. 116 gegebenen Schnitteil ist ein Klinkenkörper für Telephonstöpsel zu ziehen, der einen genauen Außendurchmesser von 6,95 mm und Innendurchmesser von 5,75 mm haben soll. Die Höhe der Hülse muß abgefräßt 15 mm betragen und soll im ganzen lehrenhaltig sein. Die Toleranz für den Hülseninnendurchmesser ist mit 5,753 mm als Kleinstmaß und 5,790 mm als Größtmaß festgelegt. Werkstoff: Neusilberblech 0,6 mm dick.

Welche Schwierigkeiten treten beim Ziehen mit festgelegter Scheibe auf, wenn kein großer Arbeitsausschuß entstehen soll?

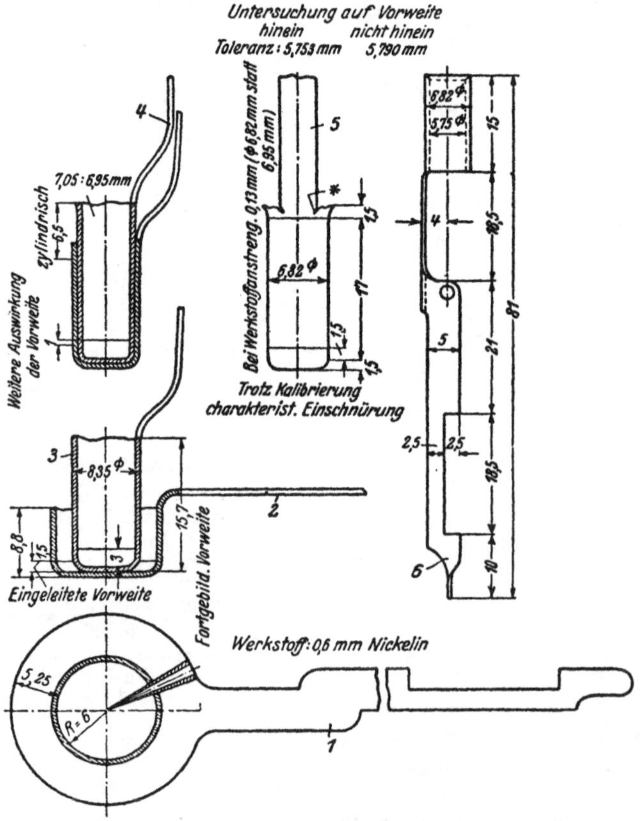

Abb. 116. Klinkenkörper für Telephonstöpsel.

Lösung: Zugestanden wird dem Klinkenkörper eine Wanddicke von $\frac{6{,}82 - 5{,}75}{2} = 0{,}535$ mm, also eine Schwächung des 0,6 mm dicken Neusilberbleches auf $x = \frac{0{,}535}{0{,}6} \cdot 100 = 89{,}17$ vH oder um 10,83 vH. Bezogen auf die gegebene Länge der Hülse von 15 mm bedeutet das eine Fertigungslänge von $15 \cdot 1{,}1083 = 16{,}62$ mm. Das Ziehen der Hülse von 0,01 mm Toleranz zeigt eine Schwächung der Manteldicke in der Nähe des Hülsenbodens, die bis etwa 35 vH ausmacht und durch Streckziehen beseitigt werden muß. Diese Erscheinung tritt bei allen Ziehblechen mit dem Grenzziehverhältnis $m = \frac{d}{D}$ gleichmäßig auf und muß bei der Bemessung der Scheibe berücksichtigt werden. Bei Anwendung eines kalibrierenden Streckzuges ist die Vorweite der Hülse zu beseitigen, die eine Hülsenhöhe von etwa 18 mm hat und sich beim letzten Ziehgang auf 21,5 mm verlängert. Der Durchmesser der Scheibe ergibt sich aus:

$$2R = \sqrt{D^2 + 4D \cdot h} = \sqrt{6{,}82^2 + 4 \cdot 6{,}82 \cdot 18} \approx 23 \text{ mm}.$$

Die Arbeitsgänge nach dem Ziehstufendiagramm (Abb. 155) sind bei Einschaltung eines Streckzuges:

	1	2	3	4
Scheibe 23 mm ∅	23/ /13,5	13,5/ /10	10/ /8,2	8,2/ /7,5
Korrektur	—	—	—	—

wobei die Manteldicke um etwa 0,06 mm ausgestreckt wird.

Zu beachten: Je genauer eine Hülse gemacht werden soll, desto mehr Ziehstufen müssen eingeschaltet werden. Bei 0,01 mm Maßtoleranz konnte man die Hülse mit 0,03 mm Mantelausstreckung je Zug herstellen. Die größte Genauigkeit der Hülse bei vier Arbeitsgängen endete mit rd. 0,12 mm Vorweite, bei 0,04 mm gemessenem dünnerem Hülsenmantel (abhängig von der Weichheit des Materials), und wurde mit 5 mm Abfräsung vom Mantel beseitigt. Die Einkerbung am Übergang von der Hülse zum Lötschwanz (s. am Stern bei Pos. 5) wurde zuerst irrtümlich als aufgerissener Werkstoff ausgelegt. Eine genaue Untersuchung ergab, daß die Einkerbung vom Umformen der Scheibe herkam und beim Übergang zum Lötschwanz durch größeren Flächeneinzug eintreten mußte.

Abb. 117.

Aufgabe 3: Aus 4,5 mm dickem Stahlziehblech ist eine Hülse von 35 mm Außendurchmesser, mit 0,2 mm Wandstärke und 110 mm Länge herzustellen (s. Abb. 117). Hierzu werden verlangt: Angabe des Scheibendurchmessers, die Anzahl der Ziehgänge, die auszustreckenden Manteldicken und die Wärmebehandlungen, um die Hülse ziehen zu können.

Lösung: Die Scheibengröße ergibt sich bei 3 mm Höhenzugabe aus:

$$2R = \sqrt{\frac{D^2 \cdot \delta + 4D_1 \cdot \delta_1 \cdot h}{\delta}} = \sqrt{\frac{35^2 \cdot 4{,}5 + 4 \cdot 34{,}8 \cdot 108{,}5 \cdot 0{,}2}{4{,}5}}$$

$$\approx 44 \text{ mm } \varnothing.$$

Nach der Zahlentafel Abb. 163 kommen folgende Streckzüge in Betracht:

Arbeitsgang	1	2	3	4	5	6	7	8	9
Manteldicke	3,37	2,36	1,65	1,16	0,78	0,55	0,38	0,27	0,20

Die jeweiligen Außen- und Innendurchmesser der Hülse werden so festgelegt, daß man vom letzten Innendurchmesser ausgeht. Der vorangehende Innendurchmesser ist um 0,02 mm Stempelspiel größer. Der Außendurchmesser jeder Stufe ist um $2 \cdot \delta_1$ größer als der Innendurchmesser.

Arbeitsgang	9	8	7	6	5	4	3	2	1
Außen-⌀	35	35,16	35,4	35,76	36,04	37,02	38,02	39,56	61,5
Innen-⌀	34,6	34,62	34,64	34,66	34,68	34,7	34,72	34,74	34,76
δ_1	0,20	0,27	0,38	0,55	0,78	1,16	1,65	2,36	3,37

Die Hülsenhöhen sind durch Umformen obiger Gleichung für $2R$ zu finden. Für den Arbeitsgang 5 ist:

$$h = \frac{(2R)^2 \cdot \delta - D^2 \cdot \delta}{4 D_1 \cdot \delta_1} = \frac{44^2 \cdot 4,5 - 36,04^2 \cdot 4,5}{4 \cdot 33,9 \cdot 0,78} \approx 27,1 \text{ mm.}$$

Alle weiteren Ermittlungen der Hülsenhöhen sind nach dem angeführten Beispiel vorzunehmen.

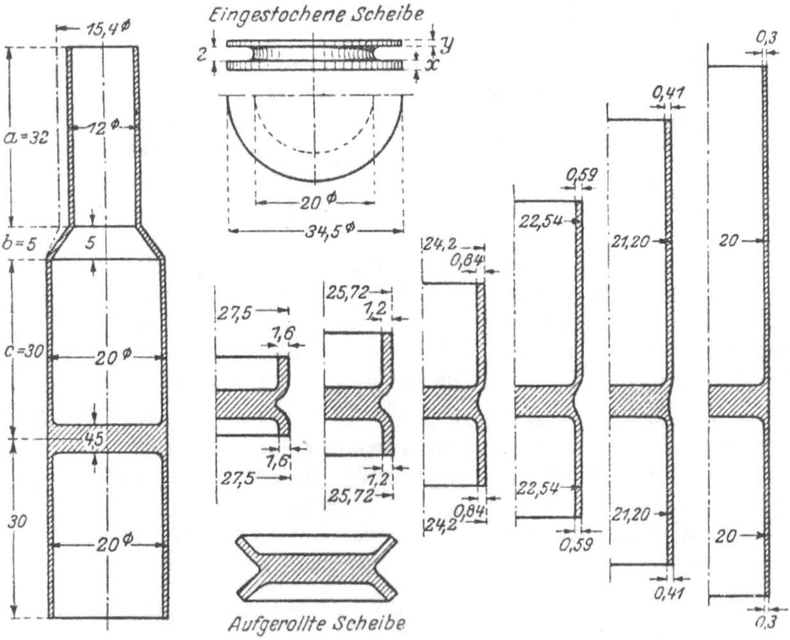

Abb. 118. Doppelhülse aus Streckzügen mit Hülsenboden auf Höhenmitte.

Die Anzahl der notwendigen Wärmebehandlungen der Hülsen aus Streckzügen ist abhängig von der Werkstoffbeanspruchung. Je weniger die Manteldicke abgestreckt wird, um so mehr Ziehgänge, aber weniger Wärmebehandlungen sind erforderlich. Die Grenze der Mantelabstrekkung unter normalen Verhältnissen liegt bei 30 vH. Dabei dringt die Werkstoffhärte bis zur Mitte vor und kann nur durch Wärmebehandlung beseitigt werden. In diesem Fall sind acht Wärmebehandlungen notwendig, die unter Luftabschluß zunderfrei vorgenommen werden müssen, aber ohne Beizen und Trocknen der Teile.

Aufgabe 4: Eine Messinghülse nach Abb. 118 mit einem Boden in der mittleren Höhe soll gezogen werden. Hierfür ist anzugeben: Der Scheibendurchmesser bei einer Dicke $\delta = 4{,}5$ mm, die Anzahl der Ziehstufen, was für Streckzüge in Betracht gezogen werden muß und wie der Hülsenmantel abzustrecken ist.

Über das Streckziehen des Hülsenmantels sowie alle wichtigen Einzelheiten der Fertigung sind Erklärungen abzugeben.

Lösung: Das Volumen der Hülse ergibt sich aus:

a) dem kleinen Zylinder: $d_1 \cdot \pi \cdot \delta_1 \cdot h_1 = 11{,}7 \cdot \pi \cdot 0{,}3 \cdot 32 = 352{,}9 \text{ mm}^3$

b) dem Kegelstumpf: $d_2 \cdot \pi \cdot \delta_1 \cdot s = 15{,}7 \cdot \pi \cdot 0{,}3 \cdot 6{,}4 = 94{,}6$,,

c) dem großen Zylinder: $d_3 \cdot \pi \cdot \delta_1 \cdot h_2 = 19{,}7 \cdot \pi \cdot 0{,}3 \cdot 60 = 1114{,}0$,,

Die Hülse läßt sich aufteilen in

$$a + b + 0{,}5 \cdot c = 352{,}9 + 94{,}6 + 0{,}5 \cdot 1114 = 1004{,}5 \text{ mm}^3$$

und in

$$0{,}5 \cdot c = 0{,}5 \cdot 1114 = 557 \text{ mm}^3.$$

Wählt man den Einstich der Scheibe 2 mm breit, so wird

$$x + y = \delta - 2 = 4{,}5 - 2 = 2{,}5 \text{ mm}, \quad y = 2{,}5 - x$$

und

$$\frac{x}{y} = \frac{1004{,}5}{557} = \frac{x}{2{,}5 - x}\,; \quad x = \frac{(2{,}5 - x) \cdot 1004{,}5}{557} = \frac{2511{,}25}{1561{,}5}$$

$$x = 1{,}6 \text{ mm} \quad \text{und} \quad y = 2{,}5 - 1{,}6 = 0{,}9 \text{ mm}.$$

Der Scheibendurchmesser ergibt sich aus:

$$\frac{D^2 \cdot \pi}{4} \cdot (x + y) + \frac{20^2 \cdot \pi}{4} \cdot 2 = a + b + c + \frac{19{,}4^2 \cdot \pi}{4} \cdot 4{,}5 = 1561{,}5 + 1330{,}2$$

$$\frac{D^2 \cdot \pi}{4} = \frac{1561{,}5 + 1330{,}2 - 314{,}16 \cdot 2}{2{,}5} = 905{,}3 \text{ mm}^2,$$

$$D = 33{,}95 \approx 34 \text{ mm}.$$

Bekannt sind nun:

Scheibendurchmesser	34 mm,
Tiefe des Scheibeneinstiches	7 ,, ,
Breite des ,,	2 ,, ,
Mantelscheibendicken	$x = 1{,}6$ mm, $y = 0{,}9$ mm.

Zur Weiterverarbeitung wird die eingestochene Scheibe im Einstich winklig auf 90° aufgerollt (s. Darstellung) und mit Hilfe zweiteiliger Ziehringe bis zum vorletzten Zug doppelseitig ausgezogen. Den Fertigdurchmesser erhält die Hülse in einem normalen Ziehring.

Nach der Zahlentafel für Streckzüge (Abb. 163) ist folgende Ziehregel zu beachten: Man geht vom Innendurchmesser der Hülse (19,4 mm) aus und nimmt einen Durchmesser für den ersten Ziehstempel (24,3 mm) an, teil darauf die Differenz durch die Anzahl der erforderlichen Ziehgänge minus eins $\left(\frac{24{,}3 - 19{,}4}{6 - 1} = 0{,}98 \text{ mm}\right)$, dann ist der Quotient der Wert, um den sich der Stempeldurchmesser bei jedem Ziehgang verkleinert (24,3—0,98 = 23,32 mm usw.). Hiernach kommen für die Hülse die in der Zahlentafel und Abb. 163, mit $\delta = 4{,}5$ mm von Stufe 3 ab, enthaltenen Abmessungen zustande.

Arbeitsgang	1	2	3	4	5	6	
Hülsenaußen-∅	27,5	25,64	23,9	22,46	21,14	20	d
Ziehstempel-∅	24,3	23,32	22,34	21,36	20,38	19,4	c
Mantelscheibe x	1,6	1,16	0,78	0,55	0,38	0,3	a
Mantelscheibe y	0,9	0,9	0,78	0,55	0,38	0,3	b

Die Werte sind in alphabetischer Reihenfolge festgelegt.

Die Hülsenhöhe für jede Ziehstufe ist

für x-Seite

$$D_m \cdot \pi \cdot \delta_1 \cdot h = a + b + 0{,}5\,c = 1004{,}5 \text{ mm}^3$$

$$\text{z. B.: } h = \frac{1004{,}5}{19{,}7 \cdot \pi \cdot 0{,}3} = 54{,}2 \text{ mm},$$

für y-Seite

$$D_m \cdot \pi \cdot \delta_1 \cdot h = 0{,}5\,c = 557 \text{ mm}^3$$

$$\text{z. B.: } h = \frac{557}{19{,}7 \cdot \pi \cdot 0{,}3} = 30 \text{ mm}.$$

Nach dem Ziehen werden die Mantelränder laufend abgedreht, dann wird der längere Hülsendurchmesser eingezogen durch Rückstoßzug (s. Abb. 49). Die Ziehregel für das Einziehen der Hülsenmäntel besagt: Ein Hülsendurchmesser kann ohne Rücksicht auf die Wanddicke um 20 vH verkleinert werden. Voraussetzung hierfür ist genügendes Formänderungsvermögen des Werkstoffes. Zum Rückstoßziehen sind hier drei Arbeitsgänge nötig, und zwar von 20 mm ∅ auf 16 mm ∅, dann 13 mm ∅ und zuletzt auf 12 mm ∅. Bei gut ziehfähigem Blech ist trotz des einen Millimeter Differenz auch mit zwei Arbeitsgängen auszukommen.

Zug mit geteiltem Ziehring.

Zum Ziehen von Hülsen nach Abb. 118 sind zweiteilige Ziehringe erforderlich, die in einer U-förmigen Einspannplatte (Frosch) eingebettet und gegen ein Verschieben durch Stellstifte gesichert sind. Beide Ziehringhälften sind mit einer Blattfeder verschraubt, die zum Auffedern der Teile und als Handgriff dient. Damit die Hülse durch den Ziehstempel nicht nach oben gezogen werden kann, ist im Oberwerkzeug ein Ausstoßer und im Unterwerkzeug ein Abstreifer vorgesehen. Als Vorbereitung zum Ziehen werden die Teile zwischen den Ziehringhälften eingelegt. Dann werden die Hälften zusammengedrückt und in den

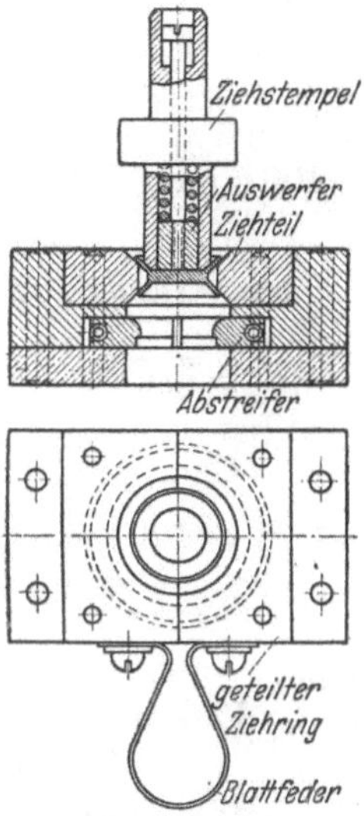

Abb. 119. Zug mit geteiltem Ziehring.

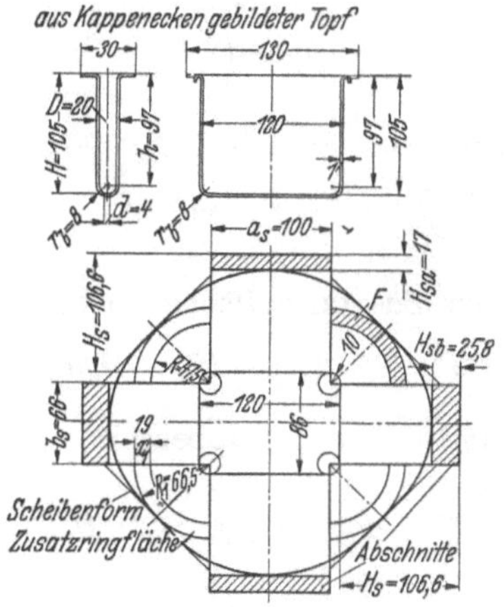

Abb. 120. Gezogene Kappe mit Flansch.

Frosch eingesetzt. Im ersten Ziehgang wird der aufgerollte Teilmantel zylindrisch auf beiden Seiten hochgezogen; der Auswerfer des Stempels stößt das Teil nach unten, und der Abstreifer im Unterwerkzeug begünstigt das Herausfallen des Teils aus dem Werkzeug. Alle Ziehgänge bis zum vorletzten Zug werden in dieser Weise vorgenommen. Im letzten Arbeitsgang wird die Hülse durch einen geschlossenen Ziehring gezogen.

Aufgabe 5: Gegeben ist eine gezogene Stahlkappe aus 1 mm Tiefziehblech nach Abb. 120. Wie sind die Abmessungen für die Formscheibe und in wieviel Arbeitsgängen ist die Kappe herzustellen?

Verlangt werden Angabe der Ziehstufen bei bester Ausnutzung des Bleches und weitere Aufklärungen, soweit nötig.

Lösung: Unter Berücksichtigung der auf S. 10 gegebenen Richtlinien für Formscheiben kommt im vorliegenden Fall die Gleichung in Frage: Ohne Flansch des Teils

$$2\,R_0 = \sqrt{4\,D\cdot h + 2\,r_b\cdot\pi\cdot d_1 + d^2} = \sqrt{4\cdot 20\cdot 97 + 2\cdot 8\cdot \pi\cdot 15{,}2 + 4^2} = \sqrt{8540}$$

„d" ergibt sich aus $d = D - 2\,r_b = 20 - 2\cdot 8 = 4$ mm,

„d_1" ergibt sich aus $d_1 = d + 0{,}7\cdot 2\cdot r_b = 4 + 0{,}7\cdot 2\cdot 8 = 15{,}2$ mm.

Fläche des Topfflansches:

$$F = 0{,}785 \cdot (30^2 - 20^2) \approx 393\ \text{mm}^2.$$

Scheiben-∅ einschließlich Topfflansch

$$2R = \sqrt{8540 + 393 \cdot 4150} = 95\ \text{mm}\ \varnothing; \qquad R = 47{,}5\ \text{mm}.$$

Gestreckte Länge der Kappenhöhe:

$$H_s = H - \left(2r_b - \frac{2r_b \cdot \pi}{4}\right) + \text{Flanschbreite}$$

$$= 105 - \left(2 \cdot 8 - \frac{2 \cdot 8 \cdot \pi}{4}\right) + 5 = 106{,}6\ \text{mm}.$$

Zusatzringbreite $x_0 = R_1 - R = 66{,}5 - 47{,}5 = 19$ mm. Dabei ergibt R_1 sich nach Abb. 162 aus $x_1 = \frac{R_1}{R} = 0{,}074\left(\frac{R}{D}\right)^2 + 0{,}982 = 1{,}4$.

Inhalt der Zusatzringfläche für den Sektor:

$$F = 0{,}785 \cdot (R_1^2 - R^2) = 0{,}785 \cdot (66{,}5^2 - 47{,}5^2) = 1701\ \text{mm}^2.$$

Abschnittshöhe der Kappenseite

bei der großen Seite $H_{sa} = \frac{F}{a_s} = \frac{1701}{100} = 17{,}0$ mm,

„ „ kleinen „ $H_{sb} = \frac{F}{b_s} = \frac{1701}{66} = 25{,}8$ mm.

Gesamtlänge der Formscheibe:

$$L_s = 120 + 2 \cdot 106{,}6 - 2 \cdot 25{,}8 = 281{,}6\ \text{mm}.$$

Gesamtbreite der Formscheibe:

$$L_{s1} = 86 + 2 \cdot 106{,}6 - 2 \cdot 17 = 265{,}2\ \text{mm}.$$

Es gibt zwei Verfahren zum Ziehen eckiger Hohlteile, die beide Vorteile haben. Bei dem einen wird eine gleichmäßige Beanspruchung beim Ziehen der Wände hervorgerufen, wodurch es möglich ist, sehr große Teilhöhen zu erreichen. Das Verfahren bringt eine Verteuerung des Werkzeuges mit sich. Diese Kosten sind aber auch bei einer kleinen Stückzahl zu rechtfertigen. Die Werkzeugverteuerung kommt daher, daß die Seitenflächen beim 1. Zug gewölbt ausgeführt werden und man gezwungen ist, den Niederhalter des 2. Zuges in der gleichen Form auszuführen. Der Sinn dieser Methode ist, beim Ziehvorgang auftretende Spannungen auf den ganzen Umfang des Teils zu verteilen, damit beim Flachziehen der Seitenwände eine kleinere Spannungsspitze auftritt. Die Größe des Werkzeuges ist von der Scheibengröße abhängig. Da diese Scheibe eine Länge von rd. 282 mm hat, kommt nach dem

AWF-Ziehringsatz der Ring Nr. 20 in Betracht mit einem Außendurchmesser von 300 mm und einer Ziehringhöhe von 37 mm, dagegen für den Fertigzug ein Ring Nr. 18.

Für das hohe Ziehteil ist das Ausgleichprinzip anzuwenden, wonach die Zusatzringfläche F gebildet werden muß; sie ergibt sich aus:

$$x_0 = R_1 - R = 66{,}5 - 47{,}5 = 19 \text{ mm}.$$

Dieser Flächenzuwachs bedingt eine Verkleinerung der gestreckten Seitenhöhe, um den Flächeninhalt des ganzen Hohlteils einzuhalten. Je länger eine Seitenwand ist, um so weniger wird bei ihr von der Teilhöhe abgeschnitten. Bei der Ermittlung des Halbmessers für die Ziehecke (s. S. 156) mit Hilfe des Diagramms Abb. 159 kommt für Tiefziehblech ein Eckenhalbmesser $0{,}32 \cdot R_1 = 0{,}32 \cdot 66{,}5 = 21$ mm in Frage. Der zuerst gezogene Halbmesser r ist 21 mm und liegt im Mittelpunkt der Hohlteilecke, die darauffolgenden haben die gleiche Größe $r = 21$ mm, den Abstand $0{,}6 \cdot r = 0{,}6 \cdot 21 = 12{,}6$ mm. Bei gut ziehfähigem Blech wurde der Nachzug erspart und an seiner Stelle der Fertigzug verwendet. Die Wölbung R_s der kleinen Teilseite des Vorzuges ergibt sich zu $1{,}25 \cdot b = 1{,}25 \cdot 86 = 107{,}5$ mm und für die große Seite $R_{as} = \frac{a_s}{b_s} \cdot R_s = \frac{100}{66} \cdot 107{,}5 = 163$ mm. Die Größen für Vor- und Fertigzug sind in Abb. 121 angegeben.

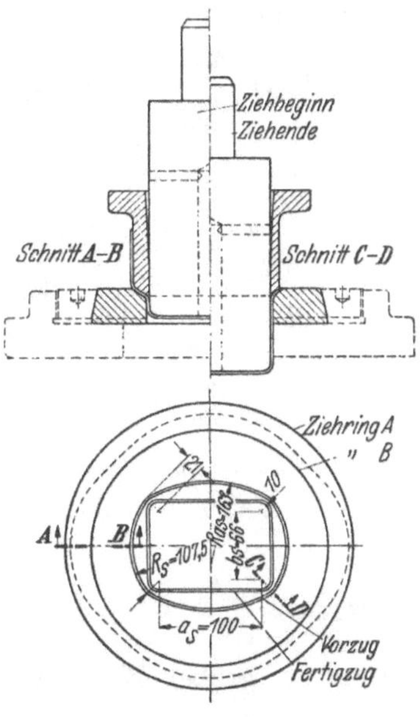

Abb. 121. Darstellung des Vor- und Fertigzuges.

Aufgabe 6: Für die Herstellung dreieckiger Kappen nach Abb. 122 sind folgende Fragen zu beantworten:

1. Wie groß ist der Werkstoffbedarf für 3000 Stück bei 1 mm dickem Tiefziehstahlblech ?

2. Wie muß das Ziehwerkzeug ausgeführt werden, wenn es mit einer doppelt wirkenden Presse arbeiten soll ?

3. Wie groß ist der Stahlverbrauch für das Werkzeug bei Verwendung eines vorhandenen Einspannfrosches und Niederhalterkopfes ?

4. Wieviel Arbeitsgänge sind beim Ziehen nötig ?

5. Welche Herstellungsdauer kommt für das Ziehwerkzeug in Frage, wenn die erforderlichen Werkzeugmaschinen vorhanden sind ?

6. In welcher Zeit sind 3000 Kappen zu ziehen ?

Lösung: Der Werkstoffverbrauch hängt von der Größe der Scheibe ab. Die Scheibenform ist zuerst zu ermitteln. Nach den Richtlinien für Formscheiben (s. S. 10) ist für die kleine Kappenecke $r = 14$ mm die Größe des Sektorhalbmessers

$$2R = \sqrt{4b \cdot (r + r_1) + (2r_1)^2 + 8r \cdot h}$$
$$= \sqrt{4 \cdot 21 \cdot (14 + 5) + 10^2 + 8 \cdot 14 \cdot 28} = 69{,}5\,\text{mm}; \quad R = 34{,}8\,\text{mm};$$

und für die große Kappenecke

$$2R = \sqrt{8r^2 + 4D \cdot h}$$
$$= \sqrt{8 \cdot 34^2 + 4 \cdot 68 \cdot 13}$$
$$= \sqrt{12784} = 113\text{ mm } \varnothing;$$
$$R = 56{,}5\text{ mm}.$$

Die gestreckte Kappenhöhe zwischen beiden kleinen Ecken $r = 14$ mm ist

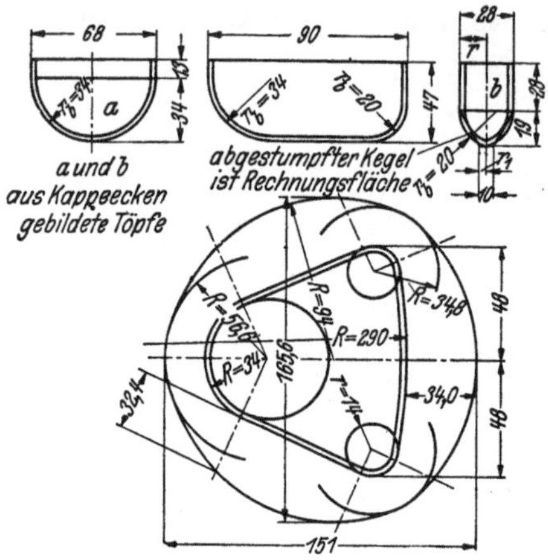

Abb. 122. Eisenkappe, die Prägezeichen am Boden erhält.

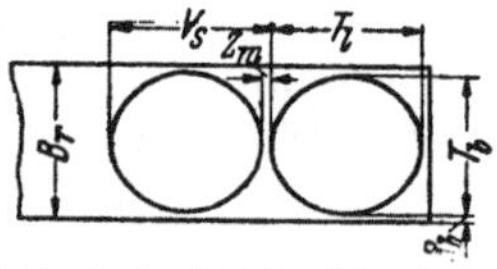

Abb. 122a. Streifengitter des Schnitteils.

$$H_s = H - \left(2\,r_b - \frac{2\,r_b \cdot \pi}{4}\right) = 47 - \left(2 \cdot 20 - \frac{2 \cdot 20 \cdot \pi}{4}\right) = 38{,}4\text{ mm},$$

und bei der großen Kappenecke

$$H_{s1} = H - \left(2\,r_b - \frac{2\,r_b \cdot \pi}{4}\right) = 47 - \left(2 \cdot 34 - \frac{2 \cdot 34 \cdot \pi}{4}\right) = 32{,}4\text{ mm}.$$

Die Abwicklung der Formscheibe ist über das Dreieck der Kappe gemessen 151 mm und in Richtung des Streifenvorschubes 165,6 mm lang

Die Streifenbreite zum Schneiden der Formscheibe ist

$$B_r = T_b + 2R_b = 151 + 2 \cdot 1 = 153\text{ mm},$$

B_r = Streifenbreite,

R_b = Randbreite des Streifengitters. (Diagrammwert)

Die Anzahl der Teile im Streifen ergibt sich zu

$$x = \frac{L}{T_l + Z_m} = \frac{1000}{165{,}6 + 1{,}1} = 6\text{ Teile},$$

die Anzahl der Streifen je Tafel

$$y = \frac{L_1}{B_r} = \frac{2000}{153} = 13\text{ Streifen},$$

und die Anzahl der Tafeln für 3000 Kappen, einschließlich 3 vH Arbeitsausschuß,

$$z = \frac{\Sigma T + 3\%}{x \cdot y} = (3000 + 90)/(6 \cdot 13) = 39{,}6 \text{ Tafeln.}$$

Das Gesamtgewicht des verbrauchten Werkstoffs beläuft sich auf

$$G_g = L_1 \cdot L \cdot \delta \cdot z \cdot \gamma = 200 \cdot 100 \cdot 0{,}1 \cdot 39{,}6 \cdot 7{,}8 = 617{,}8 \text{ kg.}$$

Zu 2. Wenn man den Ziehringsatz als Vergleichsmaßstab heranzieht, ist die Größe des Ziehringes 300 mm Ringdurchmesser und Nr. 20. Die größte Durchbruchbreite beträgt 124 mm und ergibt entsprechend den endgültigen Ringaußendurchmesser von

$$x = 124 \cdot \frac{300}{160} = 232 \approx 240 \text{ mm } \varnothing .$$

Zu 3. Der Stahlverbrauch für das Ziehwerkzeug ist:
Ziehstempel (zweiteilig)

Oberstück	130 × 130 × 270 mm aus S.M.-Stahl	=	35,8 kg,
Unterstück	130 × 130 × 50 „ „ Werkzeugstahl . .	=	6,7 „ ,
Niederhalter	240 mm ∅, 40 mm dick Grauguß	=	13,2 „ ,
Ziehring	240 mm ∅, 40 mm dick Werkzeugstahl . .	=	14,3 „ .

Die Abb. 123 zeigt das Ziehwerkzeug für eine doppelt wirkende Presse, wobei der Einspannfrosch und Niederhalterkopf als vorhanden gelten. Für das Schnittwerkzeug der Formscheibe ist ein Schnittring und ein Stempel als erforderlich vorzusehen.

Zu 4. Nach dem Ziehstufendiagramm (Abb. 155) ist vom Sektorhalbmesser $R = 56{,}5$ mm (für große Kappenecke) auf $r = 23{,}5$ mm (bedingt 34 mm) und für den kleinen $R = 34{,}8$ mm auf $r = 12$ mm (bedingt 14 mm) zu ziehen.

Die Praxis bestätigte hier, daß mit einem Arbeitsgang auszukommen ist, wenn ein Werkstoff von Durchschnittsgüte Verwendung findet.

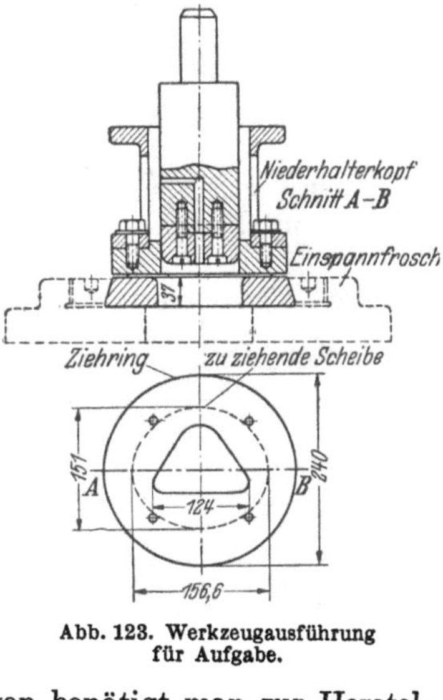

Abb. 123. Werkzeugausführung für Aufgabe.

Zu 5. Bei zurechtgeschnittenen Stücken benötigt man zur Herstellung des Ziehstempels an Zeit:

Für Herstellung des Einspannzapfens 40 mm ∅, 72 mm lang sind zwischen Spitzen zu drehen

$$n = \frac{L}{\delta} = \frac{72}{0{,}1} = 720 \text{ U,}$$

bei 15 Zustellungen des Supports $15 \cdot 720 = 10800$ U,

$$n = \frac{v \cdot 1000}{d \cdot \pi} = \frac{36\,000}{40 \cdot \pi} = 286 \text{ U/min},$$

$$t = \frac{10\,800}{286} = 38 \text{ min}.$$

Für die Herstellung des oberen Stempels sind

zum Drehen 35 mm großer Stirnfläche, 5 Supportzustellungen

$$n = \frac{35}{0,1} \cdot 5 = 1750 \text{ U},$$

$$n = \frac{36\,000}{70 \cdot \pi} = 164 \text{ U/min},$$

$$t_1 = \frac{1750}{164} = 11 \text{ min};$$

zum Bohren des 7 mm großen und 120 mm tiefen Luftloches

$$n = \frac{120}{0,07} = 1714 \text{ U},$$

$$n = \frac{6000}{7 \cdot \pi} = 270 \text{ U/min},$$

$$t_2 = \frac{1714}{270} = 6,4 \text{ min};$$

Einrichtezeit $t_r = 36$ min erforderlich.

Für unteren Stempel

1. Seite abflächen (drehen)

2 Einstellungen, Flächenbreite 70 mm

$$n = \frac{2 \cdot 70}{0,1} = 1400 \text{ U},$$

$$t_3 = \frac{1400}{164} = 8,5 \text{ min}.$$

2. Seite abflächen bei 65 mm ∅ und 10 mm Tiefe

mit 8 Supportzustellungen

$$n = \frac{70 \cdot 8}{0,1} = 5600 \text{ U},$$

$$t_4 = \frac{5600}{164} = 34 \text{ min},$$

zum Bohren des Luftloches, 7 mm ∅ und 30 mm tief

$$n = \frac{30}{0{,}07} = 430 \text{ U},$$

$$t_5 = \frac{430}{270} = 1{,}6 \text{ min},$$

Einrichtezeit $t_r = 32$ min;

für das Zusammensetzen des Stempels

3 Löcher 8 mm ∅, 30 mm tief bohren	5 min,
3 ,, 10,5 mm ∅, 30 mm tief bohren . . .	8 min,
3 ,, flach senken	4 min,
3mal 10 mm Gewinde schneiden	24 min,
	$t_6 = 41$ min.

Einrichtezeit $t_r = 18$ min;

für das Formhobeln des Stempels (Hobler arbeitet an 2 Maschinen)

$$t_7 = \begin{cases} 3 \text{ Seitenflächen hobeln} \; . \; . \; . & 195 \text{ min}, \\ 3 \text{ Rundungen hobeln} \; . \; . \; . \; . & 75 \text{ min}, \end{cases}$$

t_r = Einrichtezeit . . . . 36 min.

Für den Niederhalterflansch

1. Seite. Das Einpassen des Flanschringes im Niederhalterkopf bei 90 mm Flanschbreite mit 5 Supportzustellungen

$$n = \frac{90}{0{,}1} \cdot 5 = 4500 \text{ U},$$

$$n = \frac{v}{d_m \cdot \pi} = \frac{24000}{120 \cdot \pi} = 64 \text{ U/min},$$

$$t_8 = \frac{4500}{64} = 70{,}3 \text{ min}.$$

2. Seite. Überdreben des Flanschringes mit 2 Supportzustellungen

$$n = \frac{90}{0{,}1} \cdot 2 = 1800 \text{ U},$$

$$t_9 = \frac{1800}{64} = 28 \text{ min},$$

Einrichtezeit $t_r = 15$ min.

Für das Aussägen von Plattendurchbrüchen gilt:

$$L \cdot \delta \;\; 0{,}4 + x_s \cdot t_{gv} = T_s \text{ in min},$$

darin bedeuten:

T_s = Gesamtsägezeit ohne Einrichten der Maschine in min,
L = Umrißlänge des Durchbruches in cm,
δ = Plattendicke in cm,
0,4 min/cm² = Einheitswert für Grauguß,
0,8 min/cm² = Einheitswert für Stahl,

x_s = Anzahl der Aussägeecken bzw. Übergänge, bei denen die Säge Zeitverluste erleidet,

t_{gv} = Verlustzeit für Ecken und Übergänge, im Durchschnitt zu bewerten und in die Gleichung einzusetzen; je nach dem Schwierigkeitsgrad kann dafür gesetzt werden:
für vorstehende oder zurückliegende Ecken $t_{gv} = 1 \cdots 2$ min,
„ Übergänge $t_{gv} = 1{,}5 \cdots 2$ min;

Einrichtezeit der Bandsäge 5,5 min + Zuschlag,
„ „ Feil- und Sägemaschine 1 min + Zuschlag.

Für das Ausfeilen von Plattendurchbrüchen gilt:

$$L \cdot \delta \cdot 1 + y \cdot t_{gv} = T_F \text{ in min},$$

darin bedeuten:

T_F = Gesamtfeilzeit ohne Einrichten der Maschine in min,
L = Umrißlänge des Durchbruches in cm,
δ = Plattendicke in cm,
1 min/cm² = Einheitswert für Grauguß,
1,5 min/cm² = Einheitswert für Stahl,
y = Anzahl der Auswechslungen der Formfeilen je nach dem Durchbruch der Platte,
t_{gv} = Verlustzeit für Ecken und Übergänge, im Durchschnitt zu bewerten und in die Gleichung einzusetzen.

Die Zeit zum Aussägen des Niederhalterflansches (Grauguß) ergibt sich zu:

$$T_s = L \cdot \delta \cdot 0{,}4 + x_s \cdot t_{gv} = 37 \cdot 5 \cdot 0{,}4 + 3 \cdot 2 = 80 \text{ min} = t_{10},$$

Einrichtezeit: $t_r = 5{,}5 + 4{,}5 = 10$ min.

Die Zeit zum Ausfeilen des Niederhalterflansches ergibt sich zu:

$$T_F = L \cdot \delta \cdot 1 + y \cdot t_{gv} = 37 \cdot 5 \cdot 1 + 3 \cdot 1 = 188 \text{ min} = t_{11},$$

Einrichtezeit: $t_r = 1 + 5 = 6$ min.

Die Zeit zum Aussägen des Ziehringes (Stahl) ergibt sich zu:

$$T_s = L \cdot \delta \cdot 0{,}8 + x_s \cdot t_{gv} = 37 \cdot 4 \cdot 0{,}8 + 3 \cdot 2 = 125 \text{ min} = t_{12},$$

Einrichtezeit: $t_r = 5{,}5 + 4{,}5 = 10$ min.

Die Zeit zum Ausfeilen des Ziehringes ergibt sich zu:

$$T_F = L \cdot \delta \cdot 1{,}5 + y \cdot t_{gv} = 37 \cdot 4 \cdot 1{,}5 + 3 \cdot 1 = 225 \text{ min} = t_{13},$$

Einrichtezeit: $t_r = 1 + 5 = 6$ min.

Für *Anfertigung der Schablone zum Einpassen für den Durchbruch des Ziehringes* sind

$$t_{14} = 210 \text{ min},$$

Werkzeug bis zum Ausprobieren fertigstellen

$$t_{15} = 960 \text{ min},$$

Werkzeug ausprobieren . . . . 480 min,
„ härten und schleifen 120 min notwendig.
Gesamtzeit für die Herstellung des Werkzeuges

$$T = t_r + z \cdot t_{st} + t_v = 169 + 1 \cdot 2860 + 2860 \cdot 0{,}2$$
$$T = 169 + 2860 + 572$$
$$T_{\min} = 3601 \text{ oder rd. } 60\,\text{h}.$$

Herstellung der Fertigungsteile.

Streifen schneiden mittels Blechschere:

Hubzahl der Maschine $n = 40$ je min,
Anzahl der Streifen je Tafel $y = 13$ Stück,
„ „ Tafeln 39,6 Stück, Abmessung 1000 × 2000 mm.
Einrichtezeit $t_{rg} = 20$ min,
Einrichteverlustzeit $20 \cdot 0{,}2 = 4$ min.
Arbeitshubzeit $t_h = \frac{1}{40} = 0{,}025$ min.
Einrückzeit der Maschine 0,0332 min (beim letzten Streifen erfolgt nochmalige Einrückung der Maschine).
Tafel auf den Tisch legen $t_n = 0{,}05$ min.
Die Gesamtzeit für das Streifenschneiden ist:

$$T_z = t_{rg} + t_{rv} + z \cdot (t_h + \sum t_n + t_{gv}),$$

darin bedeuten

T_z = Gesamtzeit in min,
t_{rg} = Einrichtegrundzeit (Stoppzeit),
t_{rv} = Einrichteverlustzeit (in Abhängigkeit von t_{rg}), je nach den Betriebsverhältnissen 12···20 vH,
z = Anzahl der Tafeln,
t_h = Hauptzeit (Arbeitshubzeit),
t_n = Nebenzeit (Zeit der bedienenden Hand für t_h),
t_{gv} = Verlustzeit (12···20 vH von t_h),
$T_z = 20 + 4 + 39{,}6 \cdot (0{,}025 \cdot 13 + 2 \cdot 0{,}0332 + 0{,}05) \cdot 1{,}2 = 45$ min.

Scheiben aus den Streifen schneiden:

Hubzahl der Exzenterpresse $n = 60$ je min.
Anzahl der Streifen $39{,}6 \cdot 13 = 514{,}8$,
Teile im Streifen $x = 6$,
Vorschübe im Streifen $Z_{vs} = 6$,

Abmessungen der Streifen 1000 × 153 mm,
Einrichtezeit . . . . . . $t_r = 20$ min,
Einrichteverlust . . . . . $t_{rv} = 0{,}2 \cdot 20 = 4$ min

a) Einführen des Streifens in das Werkzeug $t_E = 5$ s,
b) Auslauf des Streifens aus dem Werkzeug $t_A = 3$ s,
c) Einrücken der Maschine . . . . $t_{Hd} = 2$ s,
d) Zeitverlauf für die Einrückung . . . . . $t_M = 1$ s.

Die Zeiten von a bis d sind in Sekunden einzusetzen und werden durch den Faktor 0,0167 in Minuten umgewandelt, demnach

$$T_z = t_{rg} + t_{rv} + Z_{vs} \cdot y \cdot \left(\frac{1}{n} + \frac{t_E + t_A + t_{Hd} + t_M}{x} \cdot 0{,}0167\right) \cdot 1{,}2$$

$$= 20 + 4 + 6 \cdot 514{,}8 \cdot \left(0{,}0166 + \frac{5+3+2+1}{6} \cdot 0{,}0167\right) \cdot 1{,}2$$

$$= 198{,}8 \text{ min.}$$

3000 Scheiben ziehen:

Einrichtezeit . . . . $t_r = 30$ min,
Einrichteverlustzeit . . . . $t_{rv} = 0{,}2 \cdot 30 = 6$ min,
Anzahl der Teile . . . . $z = 3000$,
Arbeitshubzeit . . . . $t_h = \frac{1}{u} = \frac{1}{80} = 0{,}0125$ min.

$t_F = 5$ s (Einfetten),
$t_E = 4$ s,
$t_{Hd} = 2$ s,
$t_M = 0{,}75$ s.

Zeit für das Ziehen der Teile:

$$T_z = t_{rg} + t_{rv} + z \cdot \left(t_h + \frac{t_F + t_E + t_{Hd} + t_M}{60}\right) \cdot 1{,}2$$

$$= 30 + 6 + 3000 \cdot \left(0{,}0125 + \frac{5 + 4 + 2 + 0{,}75}{60}\right) \cdot 1{,}2$$

$$= 788 \text{ min} = 13{,}12 \text{ h.}$$

Aufgabe 7: Ermittle die Größe des Rohlings für Teil Abb. 124 aus Warmpreßmessing und gib ein Preßwerkzeug an, das Veränderungen in der Teilform zuläßt. Ferner ist eine Presse für das Werkzeug anzugeben, mit der sich am wirtschaftlichsten arbeiten läßt.

Lösung: Die Größe der Sechskantseite a ergibt sich aus:

$h \cdot \text{tg}\,\alpha = 0{,}5 \cdot a$; $30 \cdot 0{,}57735 = 17{,}32$ mm; $a = 2 \cdot 17{,}32 = 34{,}64$ mm.

Der Rauminhalt des Sechskantes ist:

$$V = 3 \cdot 34{,}64 \cdot 30 \cdot 27 = 84\,200 \text{ mm}^3,$$

Teilansatz $52^2 \cdot \frac{\pi}{4} \cdot 13 \qquad = 27\,608 \text{ mm}^3$,

insgesamt $\qquad 111\,808 \text{ mm}^3$, abzüglich die beiden eingepreßten Kegel (s. Abb. 111):

$$V_1 = (r^2 + r_1^2 + r \cdot r_1) \cdot \frac{\pi \cdot h}{3} \cdot 2 = (12{,}5^2 + 16^2 + 12{,}5 \cdot 16) \cdot \frac{\pi \cdot 20}{3} \cdot 2$$

$$= 25\,645 \text{ mm}^3.$$

$$V_2 = 111\,808 - 25\,645 = 86\,163 \text{ mm}^3.$$

Der geeignete Rohlingdurchmesser ist rd. 10 vH kleiner als der Innendurchmesser der Preßform zu wählen: $60 \cdot 0{,}9 = 54 \approx 55\,\text{mm}\,\varnothing$. Demnach ist die Höhe des Rohlings

$$h = \frac{V_2 \cdot 4}{D^2 \cdot \pi} = \frac{86163 \cdot 4}{55^2 \cdot \pi} \approx 36{,}3\ \text{mm}.$$

Die Winkel des eingepreßten Kegels für das Loch des Preßteils sind so groß (nicht unter 17°) zu wählen, daß Selbsthemmung nicht auftritt.

Am besten eignet sich für das Teil ein Froschwerkzeug mit auswechselbaren Bestandteilen (s. Abb. 111). Alle Werkzeugbestandteile sind in diesem

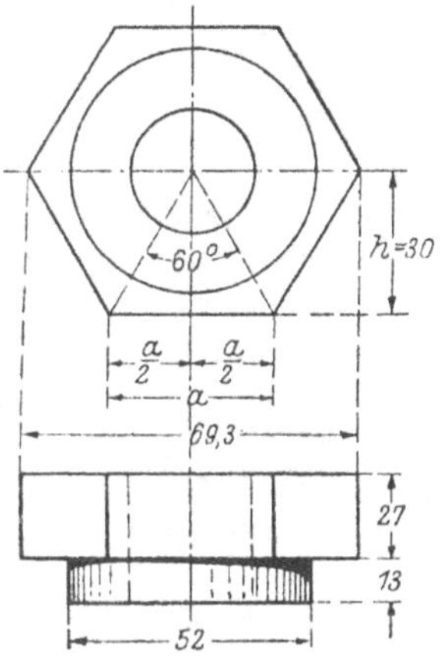

Abb. 124.

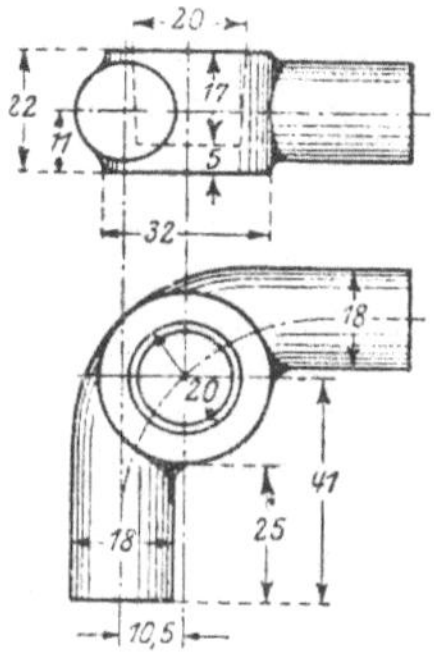

Abb. 125.

Werkzeug austauschbar und gestatten die erwünschten Änderungen der Preßform. Für die wirtschaftliche Teilfertigung sind Reibtrieb- bzw. Kniehebelpressen zu empfehlen; letzteren gibt man den Vorzug.

Aufgabe 8: Lege für das gegebene Aluminiumpreßteil Abb. 125 die Form des Rohlings und die Abmessungen fest und bestimme ein Gesenk, in dem sich das Teil pressen läßt. Für die Gesenkherstellung sind nähere Angaben zu machen.

Lösung: Der Rauminhalt des Rohlings ist

$$(V = D^2 - d_1^2) \cdot 0{,}785 \cdot h_2 + \left(\frac{d^2 \cdot \pi}{4} \cdot h + \frac{d^2 \cdot \pi \cdot h_1}{4 \cdot 3}\right) \cdot 2 = V$$

$$= 32^2 - 20^2) \cdot 0{,}785 \cdot 17 + \left(\frac{18^2 \cdot \pi}{4} \cdot 25 + \frac{18^2 \cdot \pi \cdot 16}{4 \cdot 3}\right) \cdot 2 = 23760\,\text{mm}^2.$$

Profil des Rohlings: Flachmaterial.

Die Dicke des Materials ist 20 vH kleiner zu wählen als der Stutzen mit 18 mm,

$$\text{demnach } 18 \cdot 0{,}8 = 14\ \text{mm}.$$

Vorgesehene Form des Rohlings: Winkel mit gerundeter Ecke (mittlerer Faden $r = 24$ mm) und anschließenden Schenkellängen 22 mm.

Länge des Rohlings:

$$\frac{24 \cdot \pi}{2} + 2 \cdot 22 = 37{,}7 + 44 = 81{,}7 \approx 82 \text{ mm},$$

Breite des Rohlings:

$$h = \frac{21\,730}{82 \cdot 14} = 19 \text{ mm}.$$

Flachaluminium für den Rohling 19×14 oder 82×14 ist erforderlich; bei weniger Zugabe für die Bearbeitung des Preßteils genügt auch 80×14 mm Flachaluminium.

Werkzeugart: Vollgesenk nach Abb. 112.

Herstellung des Gesenkes: Für die Herstellung des Vollgesenkes kommen zwei Gesenkstücke 150 mm ∅ mit etwa 50 mm Höhe aus Chromstahl in Betracht. Außerdem ist ein Preßmodell aus gehärtetem Chromstahl zu verwenden, das in beide auf etwa 800° erwärmte Gesenkstücke eingepreßt wird. Unter Luftabschluß sind die Gesenkstücke zu erwärmen und in Rüböl abzukühlen. Zum Zentrieren sind Führungsbolzen vorzusehen.

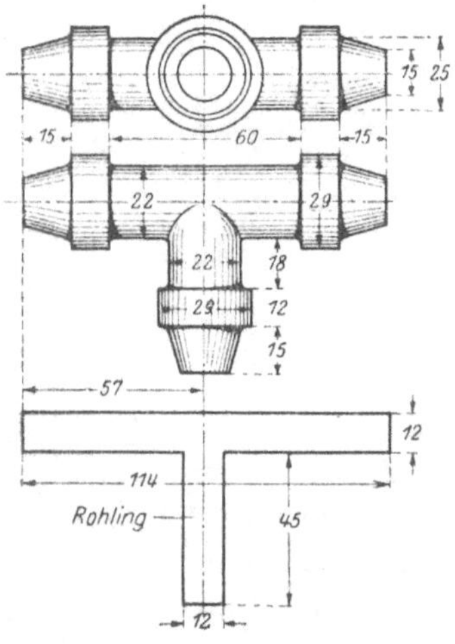

Abb. 126.

Aufgabe 9: Für eine Abzweigklemme nach Abb. 126, die aus Warmpreßmessing hergestellt werden soll, sind die Form des Rohlings mit Bemaßung, das Gewicht für 1000 Teile und die erforderliche Preßkraft anzugeben.

Lösung: Der Rohling entspricht am besten der Grundform des zu pressenden Teils; in diesem Fall ist die T-Form die geeignetste. Der Rauminhalt des Körpers ist zu unterteilen in

3 Kegelstumpfe

$$V = (r^2 + r_1^2 + r \cdot r_1) \cdot \frac{\pi \cdot h}{3} \cdot 3 = (7{,}5^2 + 12{,}5^2 + 7{,}5 \cdot 12{,}5) \cdot \pi \cdot 15$$
$$= 14\,432 \text{ mm}^3.$$

3 Gewindeansätze

$$V_1 = 0{,}785 \cdot D_1^2 \cdot h \cdot 3 = 0{,}785 \cdot 29^2 \cdot 12 \cdot 3 = 23\,780 \text{ mm}^3.$$

Zylindrischer T-Körper

$$V_2 = 0{,}785 \cdot D_2^2 \cdot (h_1 + h_2) = 0{,}785 \cdot 22^2 \cdot (60 + 19) = 30\,030 \text{ mm}^3.$$

Gesamtinhalt

$V_3 = 68240 \text{ mm}^3$.

Die T-Form des Rohlings setzt sich zusammen aus

der Längsseite $2 \cdot 15 + 2 \cdot 12 + 60 = 114$ mm,

„ Querseite $15 + 12 + 18 = 45$ mm.

Die Schenkeldicke des Profils ist 12 mm zu wählen mit Rücksicht auf den Kegelstumpf 15 mm ∅.

Die Höhe des Rohlings ist

$$h = \frac{68240}{12 \cdot 159} = 35{,}8 \text{ mm}.$$

Abmessungen des Rohlings:

Längsseite 114 mm, Querseite 45 mm, Höhe 35,8 mm.

Beim Warmpressen kann mit etwa 3 vH Arbeitsausschuß gerechnet werden. Demnach ergibt sich einschließlich 2 mm Sägeabschnitt für 1000 + 3 vH Teile ein Gesamtgewicht

$$G = 1{,}03 \cdot Z \cdot (V_3 + A_{bv}) \cdot \gamma = 1{,}03 \cdot 1000 \cdot (68240 + 159 \cdot 12 \cdot 2) \cdot 8{,}7/1000000$$
$$= 645{,}7 \text{ kg}.$$

Die Druckfestigkeit von Ms 60 nimmt mit steigender Temperatur ab, sie beträgt etwa

bei 500° C	600° C	700° C
rd. 30 kg/mm²	20···23 kg/mm²	10···12 kg/mm².

Da die Erwärmung des Messingrohlings in die Nähe von 700° am geeignetsten ist, wird die Preßkraft

$$P = p \cdot F = 10 \cdot 1550 = 15\,500 \text{ kg}.$$

Wirkt die Preßkraft nicht im Schwerpunkt der gepreßten Fläche, dann sind zum Auspressen der Teilform zwei oder mehr Schläge nötig, die durch Herabsinken der Temperatur einer dreifachen Kraft bedürfen. Das Warmpreßteil ist in einem Vollgesenk auszupressen und der Preßgrat mit einem Freischnitt zu beseitigen.

H. Höchstleistungen mit Stanzereimaschinen

Betriebliche Übersicht.

Soweit Stanzereimaschinen Streifen, Bänder oder Tafeln verarbeiten, erreichen sie Höchstleistungen mit maximalen Drehzahlen und geeigneten Zuführvorrichtungen. Bei der Teilverarbeitung ist man zuweilen von der bedienenden Hand abhängig und ersetzt sie in den Fällen, in denen höhere Leistungen mit ihr nicht erreicht werden können, durch selbsttätige Zuführvorrichtungen. Die Höchstleistung der Maschine wird damit noch keineswegs erreicht, sondern erst dann, wenn die Presse sich den Werkstoff selbsttätig zuführt und die Teile bis zum gebrauchsfertigen Zustand herstellt. Mit gesteigerter Arbeitsleistung nimmt aber auch die Unfallgefahr zu, die dadurch zu meistern ist, daß man die Tätigkeit der bedienenden Hand außerhalb des Werkzeugbereiches verlegt.

Anregungen für die Anwendung selbsttätiger Zuführvorrichtungen werden nachfolgend gegeben; sie sollen zeigen, wie nutzbringend Vorrichtungen sein können. Bei ihnen ist zu unterscheiden:

1. eine Verarbeitung von gleichgerichteten oder gestapelten Teilen, die zur Verarbeitungsstelle durch Transportschieber oder Heber befördert werden,

2. Magazinfüllungen für Voll- und Hohlteile, wobei die Gleichrichtung der Teile

a) sich innerhalb des Magazins vollzieht,

b) durch Fühlstifte im Zuführkanal erfolgt, die der Verarbeitungsstelle nur ein Teil freigeben.

Verarbeitung gestapelter Teile.

Hierzu sei erwähnt, daß unter einer Gleichrichtung oder Teilstapelung eine Anhäufung in gleicher Richtung aufeinander geschichteter Stücke in Zuführkanälen oder Haltevorrichtungen verstanden wird. Dabei wird ein Stück entweder aus einer feststehenden Teilaufnahme durch den Stempel selbst fortgenommen oder, sofern der Zuführkanal seitlich von Stempel mündet, wird das Stück vom Kanal aus mit einem Greifer zum Werkzeug transportiert. Durch die Anhäufung der Teile im Zuführkanal ist die bedienende Hand außerhalb des Werkzeugarbeitsbereiches tätig und die Unfallgefahr für die Hand ausgeschaltet. Die Anwendung eines Zuführkanals, von dem die Teile mit einem Greifer fortgenommen werden, ist bei einer liegenden Ziehpresse am leichtesten durchzuführen.

Bei stehenden Pressen können Saugheber angewendet werden, die die umzuformenden Scheiben vom Stapel nehmen, bis zur Verarbeitungsstelle bringen und sich dann von ihnen lösen. Die Tragfähigkeit eines Saughebers für maximales Teilgewicht entspricht dem Anpressungsdruck seiner Gummifläche von etwa $0{,}3 \cdots 0{,}6$ kg/cm^2.

Zuführvorrichtungen.

Die Aufgabe der Vorrichtungen besteht im Richtungsordnen, um von ihnen lagegerechte Teile zu erhalten, damit an der Verarbeitungsstelle weder eine Störung noch ein Arbeitsausschuß entsteht. Unter den Vorrichtungen gibt es verschiedene Systeme, um die Teile einzufangen, sei es durch Rotoren mit Bürsten, Gleitbahnen, Fangöffnungen mit Schaufeln, Schöpfschnecken oder Schaukeltöpfe. Das Prinzip des Einfangens nur gleichgerichteter Teile beruht meist auf Ausnutzung der Unsymmetrie des Körpers sowie seiner Schwerpunktslage oder auf Anwendung von Fühlstiften. Letztere werden sehr häufig zum Gleichrichten der Teile im Zuführkanal angewendet, z. B. bei Hülsen mit gelochten Böden. Setzt der Fühlstift, der exzentrisch zur Bodenlochung stehen muß, auf den Hülsenboden auf, dann wird das Teil aus dem Zuführkanal herausgestoßen. Im anderen Fall geht der Fühlstift in das Hohlteil hinein und läßt es im Zuführkanal unbeeinflußt verweilen.

Bei Sechskantmuttern aus Schnitten mit Vorlochern werden die bei denen nicht Löcher auf Mitte stehen, mit einem Fühlstift, der etwa 0,1 mm kleiner ist als das Loch der Mutter, ausgestoßen, während der Stift sich bei Muttern mit zentrischem Loch ungehindert hindurchbewegt.

Eine einheitliche Gleichrichtung, für jedes Teil anwendbar, gibt es nicht. Deshalb ist in jedem Fall die Unsymmetrie oder die Schwerpunktlage eines Teiles auszunutzen.

Zuführvorrichtung mit Bürstenrotor (Abb. 127).

Geeignet: Für profilierte Teile in Form und Größe von Druckknöpfen.

Zu beachten: Vor der Herstellung einer Zuführvorrichtung muß man sich darüber im klaren sein, welche Fanglage beim Teil am vorteil-

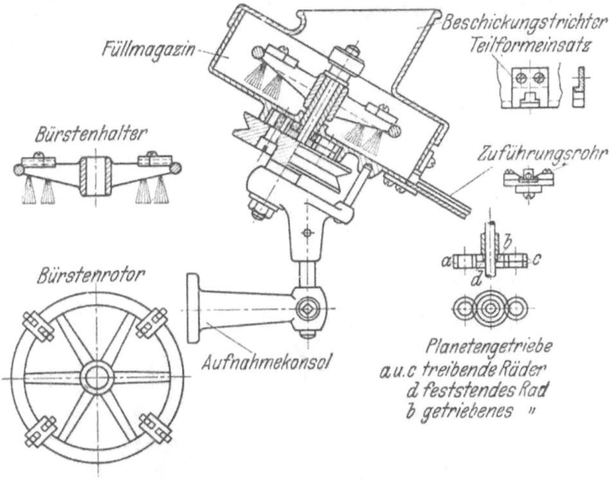

Abb. 127. Zuführvorrichtung mit Bürstenrotor für Druckknöpfe.

haftesten ist und welche Förderstückzahl nach der Gleichrichtung erwartet werden kann. Einen Aufschluß hierüber gibt folgender Versuch: Die in einen Becher hineingezählten Stücke werden geschüttelt und dann auf eine etwa 30° schräg gehaltene Platte (kein Holzbrett) ausgeschüttet. Dabei werden sich einige Teile in gleicher Richtung einstellen und einen Überblick über den Prozentsatz der gleichgerichteten Teile geben. Bei mehrmaliger Wiederholung dieses Versuches wird man die geeignetste Fanglage für die Teile festlegen können und einen Eindruck bekommen, wie groß voraussichtlich die Fördermenge sein wird. Diese ist dann als ausreichend anzusehen, wenn die Maschine etwa 20 vH weniger leistet, als sie bei ununterbrochener Höchsthubzahl leisten könnte. Die Zuführvorrichtung ist so einzurichten, daß der Bürstenrotor imstande ist, die Teile im Füllmagazin in Bewegung zu halten, um sie oft zu drehen. Dabei spielt die Drehzahl des Rotors eine Rolle, sie soll nach der Gleitgeschwindigkeit der Teile abgestimmt werden. Ist z. B. die mechanische Rührbewegung im Füllmagazin größer als die Gleitgeschwindigkeit der Teile, so wird die Fördermenge gering sein. Daraus ergibt sich die Tatsache, daß nur eine kleine Drehzahl für den Rotor in Frage kommt und zwar für Bürstenrotoren etwa 20···25 U/min. Die Größe des Füllmagazins für die hier vorgesehenen Knopfteile ist etwa 200 mm ⌀ und 150 mm Höhe.

Die Förderleistung beim Zubringen der Teile zum Werkzeug kann bei minimaler Fangstückzahl für jede Bürstenbewegung vor der Ausfallöffnung des Zuführkanals mit 1···1,5 Teile angenommen werden, woraus sich eine stündliche Fördermenge bei $n = 20$ U/min von etwa $4 \cdot 20 \cdot 60 = 4800$ bzw. $4 \cdot 20 \cdot 60 \cdot 1{,}5 = 7200$ Stück/h ergibt.

Zuführvorrichtungen mit Gleitbahnaufnahmen (Abb. 128).

Geeignet: Für T-förmige Teile, deren Seitenlängen 20 mm nicht übersteigen sollen.

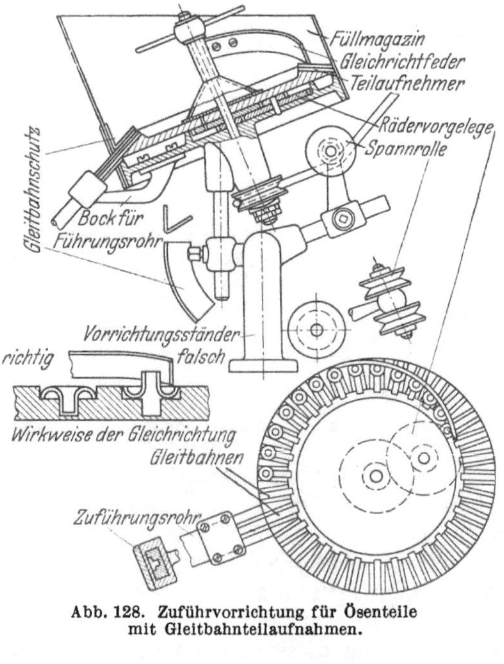

Abb. 128. Zuführvorrichtung für Ösenteile mit Gleitbahnteilaufnahmen.

Zu beachten: Diese Zuführvorrichtung hat den Vorzug, Teile innerhalb des Füllmagazins gleichzurichten. Der Rotor mit eingefrästen Gleitbahnen ist so gehalten, daß die Kanäle in der obersten Stellung horizontal verlaufen, damit die falsch gelagerten Teile durch eine Gleichrichtfeder (s. Wirkweise der Gleichrichtung) abgestreift werden können. Alle abgestreiften Teile fallen in das Magazin zurück, und das Spiel der Gleichrichtung wiederholt sich von neuem. Es ist zu beachten, daß das Magazin stets nur bis unter Rotormitte gefüllt wird. Unter dem Rotor befindet sich ein doppeltes Rädervorgelege, das dem Rotor eine niedrige Drehzahl gibt, ohne daß die Schnurscheibe für den Antrieb zu klein wird.

Die Leistung der Vorrichtung ist bei 60 Nuten im Rotor mit etwa 1,5 U/min und zwei Teilen je Nut einschließlich Sicherheit

$$2 \cdot 1{,}5 \cdot 60 \cdot 60 \cdot 0{,}8 \approx 8600 \text{ Stück/h}.$$

Um das Einfallen der Teile in den Zuführkanal störungsfrei zu gestalten, ist ihm eine Vorweite von etwa 1,5 mm zu geben.

Zuführvorrichtung mit Gleichrichtung im Zuführkanal (Abb. 129).

Geeignet: Für lange und kurze Hülsen bis etwa 35 mm ∅.

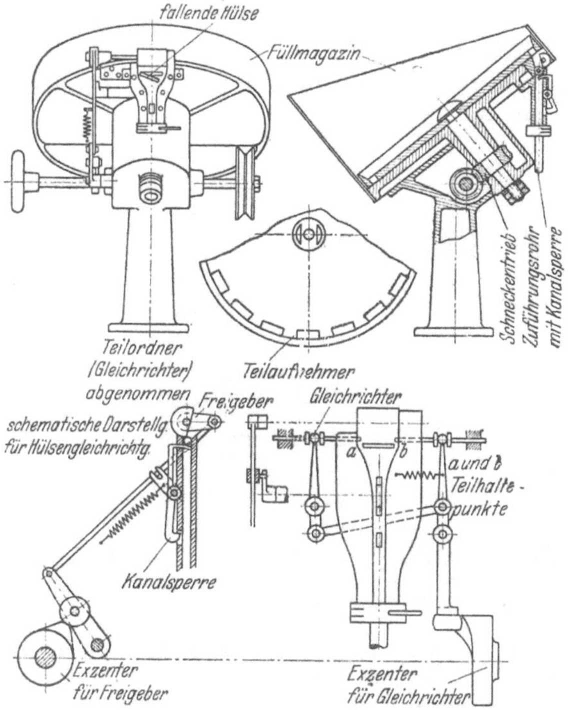

Abb. 129. Zuführvorrichtung für Stöpselhülsen mit Gleichrichtung im Zuführungsrohr.

Zu beachten: Hülsen, deren Mantellängen viel größer als ihre Durchmesser sind, können nur liegend im Rotor eingefangen werden. Gleichgerichtet wird am Eingang des Zuführkanals mit Ausnutzung der Schwerpunktlage. Die Hülsen fangen sich zunächst in den Durchbrüchen des Rotors ein und werden bis zu ihrer Höchstlage transportiert. Von hier aus gelangen sie über den Freigeber auf die Hebelzunge zwischen die Doppelfühlstifte, die sich horizontal gegeneinander bewegen und die Hülsen gleichrichten. Kommt z. B. eine Hülse mit ihrem Boden links (a) zwischen die Doppelstifte zu liegen, dann wird sie beim Zusammengehen der Stifte auf den rechten Stift geschoben, bleibt dort hängen, bis die Stifte auseinander gehen und die Hebelzunge ausweicht, und fällt dann durch ihr Gewicht „Boden voraus“ in den Zuführkanal. Dasselbe Spiel wiederholt sich auf der entgegengesetzten Seite, wenn der Hülsenboden rechts (b) zwischen die Stifte zu liegen kommt. Ist das Zuführrohr gefüllt, dann wirkt die Kanalsperre und verhindert die Teilzufuhr zur Verarbeitungsstelle. Wie aus der Darstellung ersichtlich, werden Freigeber und Kanalsperre von der Antriebswelle mittels Exzenters gesteuert.

Niedrige Hülsen werden im Rotor in axialer Richtung eingefangen, mit dem Boden entweder unten oder oben liegend. Auch hier wird das Übergewicht des Bodens genutzt, es bewirkt Kippmomente, die bei oben liegendem Boden das Herausfallen der Hülsen aus dem Rotor oder bei unten liegendem Boden das Verharren der Hülsen bewirken, bis die Hülsen in den Zuführkanal gelangen.

Die Leistung der Vorrichtung ergibt sich bei 52teiligem Rotor mit 40 Sekunden Umdrehungsdauer und 400 mm ∅ wie folgt:

$$\frac{52 \cdot 60 \cdot 60}{40} = 4680 \text{ Stück/h},$$

bei einem Wirkungsgrad von 80%

$$4680 \cdot 0{,}8 = 3744 \text{ Teile/h bzw. } \frac{3744}{3600} \approx 1 \text{ Stück/sek.}$$

Dabei ist die Schneckentriebübersetzung 1:52 und die Hubzahl der Presse $n = 60$ je min.

Hersteller dieser Vorrichtung ist die Firma Fritz Werner, AG., Berlin-Marienfelde.

Zuführvorrichtung mit Schöpfschnecke (Abb. 130).

Geeignet: Für Flach- und niedrige Hohlteile.

Zu beachten: Die Vorrichtung wurde zuerst für die Zubringung von Sechskantmuttern aus Schnitten mit Vorlochern angewendet. Die Flanken des Windungsganges sind ballig, um die Adhäsion der Teile bei nasser Oberfläche zu vermindern; für leichte Hohlteile ist dies besonders wertvoll. Die Einmündung des Zuführkanals liegt an der tiefsten Stelle des Schneckengehäuses, um eine scharfe Umlenkung der Teile zu vermeiden. Gleichgerichtet werden die Teile im Zuführkanal in der Weise, daß der Ausstoßstift sich exzentrisch zur Teilmitte hinbewegt und diejenigen Hülsen, deren Böden auf seiner Seite liegen, aus dem Kanal ausstößt. Liegen die Hülsen umgekehrt, so werden sie nicht ausgestoßen, weil sich der Ausstoßstift in den Hülsenraum bewegt und kein Hindernis

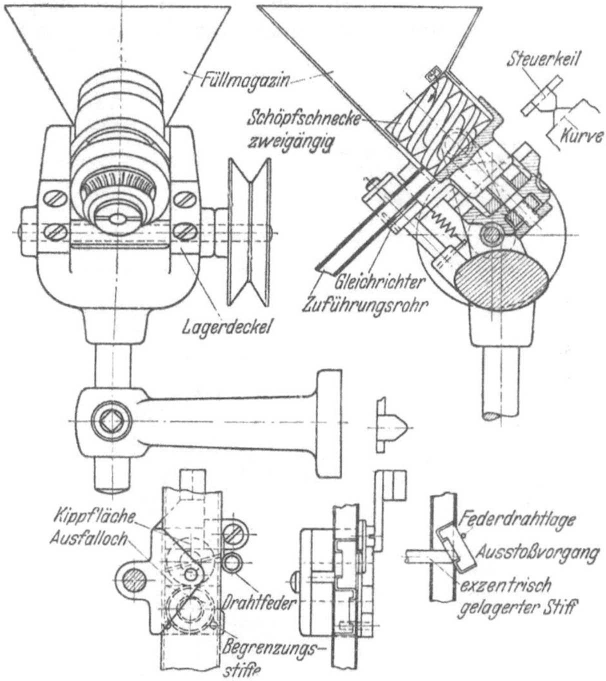

Abb. 130. Zuführvorrichtung mit Schöpfschnecke.

vorfindet. Unterhalb des Ausstoßloches befinden sich zwei Stifte für den Anschlag der Hülse, welche die gleiche Bewegung wie der Ausstoßstift, aber in entgegengesetzter Richtung, ausführen.

Leistungsbestimmung.

Teildurchmesser 4 mm.

Anzahl der Teile je Schneckengang $\frac{18 \cdot \pi}{4} \approx 14$ Stück.

Drehzahl der Schnecke $n = 12$ U/min.
Wirkungsgrad der Vorrichtung $\eta = 0{,}8$.
Leistung je Schneckengang $0{,}8 \cdot 14 = 11{,}2$ Teile.
„ „ Stunde $11{,}2 \cdot 12 \cdot 60 \approx 8000$ Stück.

Zuführvorrichtung: Schaukeltopf (Abb. 131).

Geeignet: Für Schrauben, Voll-, Hohlniete und ähnlich geformte Teile.

Zu beachten: Für die Zubringung der genannten Teile ist die Vorrichtung außerordentlich leistungsfähig. Zuerst wurde sie zum Schlitzen von

Schrauben, dann für die Zubringung von Voll- und Hohlnieten in der Montage angewandt. Damit sich die Teile im Schaukeltopf leicht ordnen lassen, sind Fallschrägen eingebaut, die bis zur Bodenmitte gehen. Der Topf pendelt 60mal je min. Da der Behälter in der Bodenmitte einen Schlitz hat, der verstellt werden kann, sind die Teile infolge ihres Schaftgewichtes einheitlich und auch schnell einzufangen. Die Schwenkkante

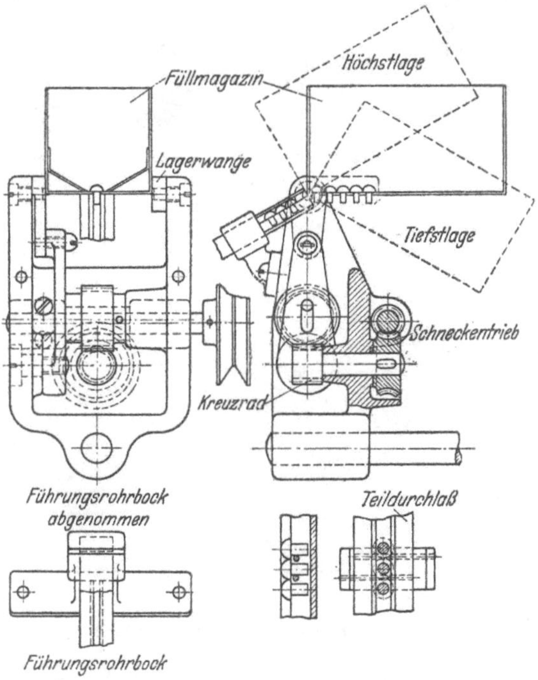

Abb. 131. Zuführvorrichtung, Schaukeltopf.

des Schaukeltopfes befindet sich im Drehpunkt der Achse. Hier schließt sich die Kippseite an, die eine anschraubbare Blende mit dem Durchgangsloch in der Form des Förderteils erhält. Dadurch ist die Möglichkeit gegeben, den Schaukeltopf für viele ähnliche Teile zu verwenden.

Leistung der Vorrichtung.

Der Schaukeltopf in der Größe $120 \times 80 \times 80$ mm macht in der Minute 60 Pendelbewegungen und kann je nach den Bedürfnissen auch größer gemacht werden. Durchschnittlich haben sich bei jeder Hubbewegung fünf Schrauben mit M3-Gewinde einfangen lassen, so daß man eine Zufuhr von $5 \cdot 60 \cdot 60 = 18000$ Stück/h erhielt. Bei einem Wirkungsgrad des Schaukeltopfes von $\eta = 0{,}85$ ist praktisch mit $18000 \cdot 0{,}85 \approx 15000$ Stück/h zu rechnen.

J. Anwendung von Zuführmitteln und Vorrichtungen.

Der Gebrauch von Zuführkanälen.

Ein Vorbote der Automatisierung ist der Zuführkanal, der für liegend arbeitende Pressen anzubringen ist. Stahlhülsen von 24 mm ∅ und 75 mm Länge wurden von dem Kanal dem Werkzeug zuerst einzeln zugeführt und ziehend ausgestreckt. Die Drehzahl der Maschine wurde mit $n = 98$ Hüben/min festgesetzt. Damit erreichte man zu Beginn der Arbeitszeit bei einem Handwirkungsgrad von 85% eine Stückleistung von $98 \cdot 60 \cdot 0{,}85 = 5000$ Stück/h, die gegen Arbeitsschluß auf rd. 4100 Stück/h zurückging. Die Maschine sowie das Werkzeug wurden gut ausgenutzt. Das wirkte sich so aus, daß die gezogenen Hülsen wegen ihrer Temperatur nicht angefaßt werden konnten. Dieses Beispiel zeigt, daß bei einer Herstellung von 3000 Teilen je Stunde am Anfang eine Leistungssteigerung um 1100 Stück/h eintrat.

Abb. 132. Vollautomat für Schnitt- und Ziehteile.

Zuführvorrichtung an Revolverpressen (Abb. 132).

Die stufenweise Leistungssteigerung mit wirtschaftlichem Einschlag endet häufig bei der automatischen Herstellung. Um in diesem Fall eine befriedigende Stückzahl beim Hülsenziehen zu erreichen, mußte die bedienende Hand ausgeschaltet und einem Automaten der Vorzug gegeben werden, nachdem die Kalkulation die Wirtschaftlichkeit erwiesen hatte. Hier wurde auf Platzbeschränkung großer Wert gelegt, und man bekam auch eine günstige Lösung, die an der geschickten Anordnung der Zuführvorrichtung zu erkennen ist. Der Platzbedarf wurde auf das äußerste beschränkt.

Umwandlung eines Halb- in einen Vollautomaten (Abb. 133).

Leistungssteigerungen wie im vorangegangenen Fall sind auch sonst bei Maschinen möglich. Zum Lochen der Teile genügte hier anfänglich der Zuführkanal; er mußte aber einer Verbesserung weichen, weil die Fertigungsstückzahl der des Automaten nach Abb. 132 angepaßt werden mußte. Eine günstige Lösung wurde durch Anbau einer selbsttätigen Zuführvorrichtung mit Ständer gefunden, die im gleichen Prinzip von mehreren Maschinen verwendet wurde.

Abb. 133. Umwandlung eines Halb- in einen Vollautomaten.

Zuführvorrichtung an der Abstechmaschine (Abb. 134).

Fertiggezogene Hülsen, die auf genaue Längen zu bringen sind, müssen entweder abgestochen oder rollend beschnitten werden; das ist halb- oder vollautomatisch zu bewältigen. Die Abb. 134 zeigt einen Abstechautomaten, bei dem die Hülsen mittels Greifer und Stößer der Spannpatrone zugeführt werden. Nachdem die Hülse in die Patrone gestoßen ist, wird sie abgestochen. Die nun neu zugebrachte Hülse verdrängt die erste in der Patrone um ihre Einstoßlänge und wird ebenfalls abgestochen. Alle Hülsen, von den folgenden immer fortgeschoben, wandern durch Spindelkasten und Leitrohr (s. Abb. 135) in den Sammelkasten.

Für Hülsen gleichen Durchmessers mit oder ohne Boden, die auf genaue Höhe zu bearbeiten sind, bedient man sich des Doppelabstichprinzips. Wenn die Kalkulation die Kosten rechtfertigt, werden auch Automaten mit zwei Schlitten zur Aufnahme von mehreren Arbeitsstählen verwendet. Dünnwandige Hülsen, die bei ihren Einspannungen

Abb. 134. Hülsenabstechautomat.

Abb. 135. Automatische Abstechmaschine.

sehr empfindlich sind, werden zwischen zwei Dornen (Abstechdorn und Bodenmitnehmer) fest zusammengehalten und in kurzen Zeitabständen hintereinander abgestochen oder abgerollt. Letzterem ist der Vorzug zu geben, weil keine Späne entstehen.

Zuführvorrichtung für Beschneidemaschine (Abb. 136).

In den Fällen, wo beim Abstechen der Hülse viel Späne erzeugt würden, nimmt man statt des spanabhebenden Absticheś ein rollendes Beschneiden der Hülsenmäntel vor. Der Hülsenmantel wird durch ein

Abb. 136. Hülsenbeschneideautomat.

rotierendes Scheibenmesser beschnitten, wie man es bei Kreisscheren vorfindet. Der gehärtete, rotierende Aufnahmedorn ist deshalb mit einem schrägen und scharfen messerartigen Einstich versehen. Dies Beschneideverfahren bevorzugt man, um das Belegen der Schlittenanschläge mit Spänen zu verhindern, die Störungen an der Maschine verursachen. Vorteilhaft ist, daß die Maschine sich leicht reinigen läßt.

Halb- und Vollautomat für Hülsenvernietung (Abb. 137/138).

Die Nippel in Lampensockeln wurden anfänglich halbautomatisch eingenietet. Man leitete zuerst die Nippel mittels Zuführvorrichtung, die Lampensockel dagegen von Hand über den Zuführkanal dem Nietstempel zu. Hier trat ein ansehnlicher Fortschritt in der Fertigung gegenüber der Handeinlegearbeit ein. Da der Bedarf an diesen Teilen

Abb. 137. Hülsenvernietmaschine, halbautomatisch wirkend.

Abb. 138. Automatische Hülsenvernietmaschine.

weiterhin zunahm, wurde durch Anbau einer zweiten Zuführvorrichtung eine weitere Leistungssteigerung ermöglicht; vergleiche Abb. 137 mit Abb. 138. Die Fertigung mit der Maschine weiterhin zu verbessern war nur durch Erhöhung des Arbeitstaktes möglich, den man soweit steigerte, bis ein größerer Arbeitsausschuß auftrat. Daraufhin mußte der Arbeitstakt verlangsamt werden. Beide Teile wurden durch Sternnietung verbunden, um sie gegen Drehung zu schützen. Die Höchstleistung in der Vernietung beider Teile belief sich auf rd. 2500 Stück in der Stunde, was einer täglichen Fertigungsstückzahl von rd. 20000 Teilen entsprach.

Abb. 139. Gewindedrückautomat für Hülsen.

Gewindedrückautomat für Kreisbogengewinde (Abb. 139).

Das Gewindedrücken gleicht einem Sickvorgang, der sich halb- oder vollautomatisch vornehmen läßt. Um eine größere Anzahl von Gewinden rollen zu können, verwendet man selbsttätige Zuführvorrichtungen, die es gestatten, durch Auswechseln des Rotors verschiedene Hülsengrößen der Maschine zuzuführen. Das Gewinde wird zwangsläufig gerollt mit einer Räderübersetzung 1:3, wobei die Gegenrolle dreimal größer ist als der Drückdorn und dreigängiges Gewinde besitzt. Zum Gewindedrücken gibt man dem Dorn für die Hülse eine Linksdrehung, damit sich die Hülse abschrauben läßt, ohne daß man die Maschine stillsetzt. Der dargestellte

Gewindedrückautomat ist eine Eigenkonstruktion von Kaczmarek; die selbsttätige Zuführvorrichtung stammt von der Firma Fritz Werner. In allen Fällen, in denen Zuführvorrichtungen angewendet wurden, haben sich diese als leistungsfähig erwiesen. Dabei war die bedienende Hand außer Gefahr und konnte mehrere Maschinen betreuen.

Pressenfolge für Serienfertigung (Abb. 140).

Außer den Zuführvorrichtungen mit Füllmagazinen sind noch Transportvorrichtungen aus Riemen, Gurten oder Ketten zu erwähnen. Diese Hilfsmittel werden besonders in der Fließfertigung angewandt. Sie

Abb. 140. Presse für Serienfertigung.

können mehrere Maschinen versorgen. In der bildlichen Darstellung ist ein Idealzustand der Mengenfertigung für Fassungshülsen gezeigt, der die von den Maschinen verrichteten Arbeitsgänge erkennen läßt. Durch die Abstimmung des Arbeitstaktes der Maschinen konnte in einem ganz beschränkten Werkraum eine außerordentlich große Teilfertigung ermöglicht werden. Demgegenüber muß aber als Nachteil festgestellt werden, daß bei geringerer Stückzahlfertigung zu hohe Unkosten auftreten.

Zickzackautomat für Tafelverarbeitung (Abb. 141b und c).

Das Nebeneinanderschneiden von häufig vorkommenden Scheiben kann auch bei Maßtafeln angewandt werden. Man benutzt das Prinzip zum Ziehen von Hülsen oder Dosen, die in großen Mengen verlangt werden und preiswert herzustellen sind. Für die Fertigung eignen sich Zickzackpressen, die die Maßtafeln völlig verarbeiten. Der bedienenden Hand sind zwei Maschinen zur Betreuung zu geben. Durch Wechselräder für Längs- und Querbewegung des Schlittens ist jeder erwünschte Vorschub genau einzustellen. Daraus erwächst der Vorteil, daß man kleine Stegbreiten im Tafelgitter erreicht. Die Maschine besitzt zu beiden Seiten des eingespannten Werkzeuges Abfallzerschneider, die das Tafelgitter restlos zerkleinern. Erleichtert wird das Einrichten der Maschine durch die Zahlentafel Abb. 141a, die zum Austausch der Wechselräder bestimmt ist; in Millimetersprüngen sind die Scheibendurchmesser von 45 mm ⌀ bis 75 mm ⌀ und die erforderlichen Zahnräder abzulesen.

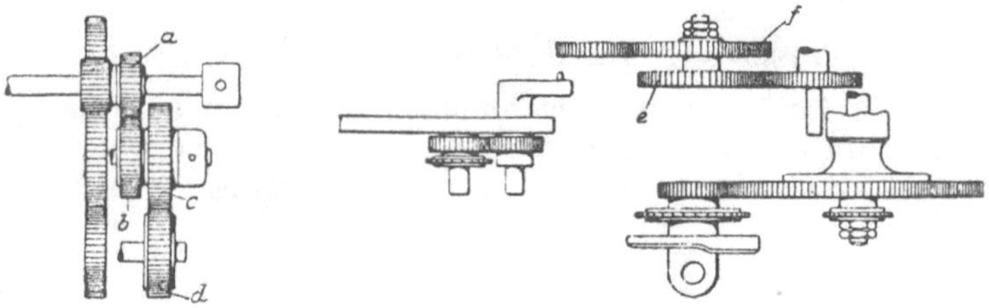

Abb. 141a.

Scheib. ⌀	a	b	c	d	e	f	Maßtafel	Stck. p. Tafel
45	60	40	60	56	45	92	533 · 573	11 · 14
46	63	43	60	56	44	89	545 · 586	11 · 14
47	66	46	60	56	49	95	556 · 598	11 · 14
48	65	46	60	56	47	90	568 · 606	11 · 14
49	66	48	60	56	50	94	579 · 622	11 · 14
50	55	41	60	56	46	85	591 · 634	11 · 14
51	58	41	56	56	48	87	602 · 556	11 · 12
52	69	56	63	56	46	82	614 · 567	11 · 12
53	63	53	64	56	47	82	625 · 578	11 · 12
54	60	51	64	56	46	79	637 · 588	11 · 12
55	63	53	62	56	51	86	648 · 598	11 · 12
56	62	53	62	56	52	86	660 · 609	11 · 12
57	61	53	62	56	53	86	671 · 619	11 · 12
58	55	49	62	56	57	91	683 · 630	11 · 12
59	58	52	62	56	56	88	694 · 640	11 · 12
60	57	52	62	56	55	85	706 · 651	11 · 12
61	56	52	62	56	54	82	717 · 554	10 · 11
62	55	52	62	56	61	91	729 · 563	10 · 11
63	48	46	62	56	53	78	740 · 572	10 · 11
64	41	40	62	56	60	87	746 · 580	10 · 11
65	65	57	55	56	54	77	763 · 589	10 · 11
66	65	58	55	56	59	83	775 · 598	10 · 11
67	48	45	57	56	52	72	786 · 607	10 · 11
68	61	56	55	56	58	79	798 · 616	10 · 11
69	57	53	55	56	58	78	809 · 624	10 · 11
70	53	50	55	56	61	81	821 · 633	10 · 11
71	69	66	55	56	65	85	832 · 517	8 · 11
72	63	61	55	56	58	75	844 · 524	8 · 11
73	62	61	55	56	59	75	855 · 531	8 · 11
74	44	43	54	56	60	75	867 · 538	8 · 11
75	45	47	57	56	67	83	878 · 576	8 · 11

Die Handhabung der Maschine ist einfach. Die Tafel wird am Schlitten eingespannt und dann die Maschine eingerückt. Ist die Tafel restlos verarbeitet, dann bewegt sich der Schlitten bis zu seiner Anfangsstellung, und die Maschine wird selbsttätig stillgesetzt.

Abb. 141b.

Abb. 141c. Zickzackautomat mit Wechselrädersätzen.

Blankglühofen mit fahrbarer Beschickung (Abb. 142).

Nicht immer besteht bei Ziehteilen die Möglichkeit, ohne Wärmebehandlung auszukommen. Deshalb wendet man alles mögliche an, um nicht ohne Schutzgas zu glühen, weil sonst sich Zunder auf Metall- und Stahlteilen bildet und durch Beizen beseitigt werden muß. Beizen der Teile ist aber teuer und verlangsamt die Fertigung insofern, daß die an Teilen haftenden Säurerückstände durch Kalkwasserspülung zu beseitigen und die Teile zu trocknen sind. Das Trocknen mit Buchenspänen hat den Nachteil, daß die im Hohlteil zurückgebliebenen Späne durch Ausblasen entfernt werden müssen. Aus diesen und vielen anderen

Abb. 142. Blankglühofen mit fahrbarem Herd.

Gründen ist es empfehlenswert, einen Ofen zum Blankglühen in Betrieb zu haben, den man nach Wunsch für bescheidenen wie für größeren Bedarf im Handel erhält.

Das Verhalten eines Schutzgases z. B. gegenüber Eisen zeigt Abb. 142a. Aus den Kurven des Diagramms ist zu entnehmen, daß die Gleichgewichtsbeziehungen zwischen Wasserdampf und Wasserstoff bzw. Kohlenoxyd und Kohlensäure, d. h. ihr Anteil im Schutzgas, maßgebend für die oxydierende bzw. reduzierende Wirkung des Gases sind. Beim Arbeiten der Schutzgasanlage erhält man gewöhnlich eine Zusammensetzung, die auch nur bei Trocknung des Schutzgases durch Rückkühlung mit Kühlwasser reduzierend wirkt. Man kann also in einem solchen Schutzgas ohne weiteres Eisen und in ähnlicher Weise Metalle blank glühen.

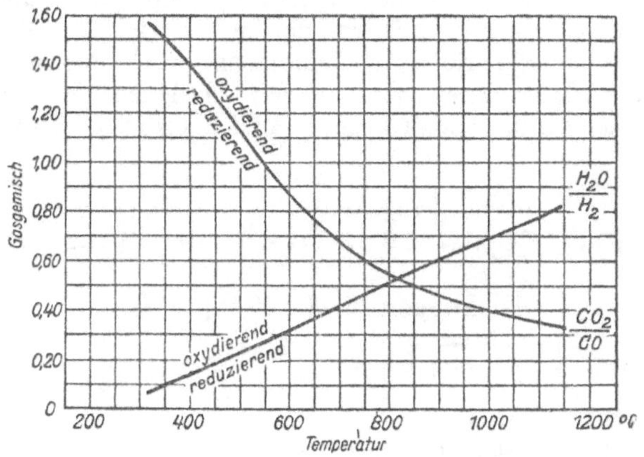

Gleichgewichtsbeziehungen zwischen $\frac{H_2O}{H_2}$ und $\frac{CO_2}{CO}$ mit Eisen.

Abb. 142a. Diagramm für obigen Ofen.

Hülsenbeizautomat (Abb. 143).

Beizerei und Brennerei werden ebenso in Anspruch genommen wie die Glüherei und Stanzerei. Aus Gründen der Wirtschaftlichkeit ist man

Abb. 143. Hülsenbeizautomat.

gezwungen, auch in der Brennerei mechanische Hilfsmittel anzuwenden. So werden z. B. zum schnelleren Beizen automatische Beiztrommeln aus perforiertem Aluminiumblech verwendet, wie sie in Abb. 143 veranschaulicht sind. In den Trommeln befinden sich eingenietete Spiralgänge aus Blech, die die beschickten Teile von einer Trommel zur anderen befördern. Unter diesen Trommeln befinden sich Säure- und Wasserbehälter, letztere zum Neutralisieren der Beizflüssigkeit. Die Abwässer fließen, bevor sie die Kalkgrube erreichen, nach der KÖPFERschen Methode über Eisenplatten oder -späne, an denen sich ein Kupferniederschlag bildet, der später entfernt und ausgenutzt wird.

K. Technischer Nachschlageteil.

Gleichungen für die Ziehpraxis.

Für Schnittkraft: $\boxed{P = F \cdot \tau_a}$ in kg.

F = Scherfläche in mm²,
τ_a = Scherfestigkeit in kg/mm².

Für Schnittarbeit: $\boxed{A = P \cdot \delta \cdot x}$ in mkg,

P = Schnittkraft in kg,
δ = Werkstoffdicke in m,
x = 0,63 (Berichtigungsbeiwert).

Für Ziehkraft: $\boxed{P_z = d \cdot \pi \cdot \delta \cdot n \cdot \sigma_B}$ in kg.

d = Ziehstempel-∅ in mm,
δ = Werkstoffdicke in mm,
σ_B = Zugfestigkeit des Werkstoffes in kg/mm²,
n = Berichtigungsbeiwert abhängig vom Ziehverhältnis $m = \frac{d}{D}$.
(D = Scheiben-∅.)

$m =$	0,55	0,575	0,6	0,625	0,65	0,675	0,7	0,725	0,75	0,775	0,8
$n =$	1	0,93	0,86	0,79	0,72	0,66	0,6	0,55	0,5	0,45	0,4

Für Zieharbeit: $\boxed{A = P_z \cdot h \cdot x}$ in mkg.

P_z = Ziehkraft in kg,
h = Hohlteilhöhe in m,
x = Berichtigungsbeiwert für Leistungsermittlung abhängig vom Ziehverhältnis $m = \frac{d}{D}$.

$m =$	0,55	0,6	0,65	0,7	0,75	0,8
$x =$	0,8	0,77	0,74	0,7	0,67	0,64

Niederhalterkraft bei Druckluftanpressung:

$$\boxed{P_n = \frac{\pi}{4} \cdot (D^2 - d^2) \cdot p} \text{ in kg.}$$

$D =$ Scheiben-∅ in mm,
$d =$ Topf-∅ in mm,
$p =$ Flächenpressung in kg/cm².

Zieharbeit einschließlich Niederhalterkraft:

$$\boxed{A = (P_z \cdot x + P_n) \cdot h} \text{ in mkg.}$$

$P_z =$ Ziehkraft in kg,
$x =$ Berichtigungsbeiwert,
$P_n =$ Niederhalterkraft in kg,
$h =$ Hohlteilhöhe in m.

Gleichungen zur Radienbestimmung (runde Teile).

Für Ziehring 1. Zug (Normalausführung) $\boxed{r = 0{,}8 \cdot \sqrt{(D_a - D_i) \cdot \delta}}$

$D_a =$ Scheiben-∅ in mm,
$D_i =$ Topf-∅ in mm,
$r =$ Ziehkantenhalbmesser für 1. Ziehring in mm,
$\delta =$ Blechdicke in mm;
oder nach Ziehkantendiagramm Abb. 158 $(D_a - D_i) \cdot 2 = f(r)$.

Für Stufenzüge $\boxed{r = \frac{D - d}{2}}$ in mm.

$D =$ großer Topf-∅ in mm,
$d =$ kleiner Topf-∅ in mm (s. Abb. 145).

Ziehkantenhalbmesser für hohe Blechbeanspruchung.

$$r = 0{,}8 \cdot \sqrt{(D_a - D_i) \cdot \delta}$$

oder

$$(D_a - D_i) \cdot 2 = f(r) \text{ nach Abb. 158.}$$

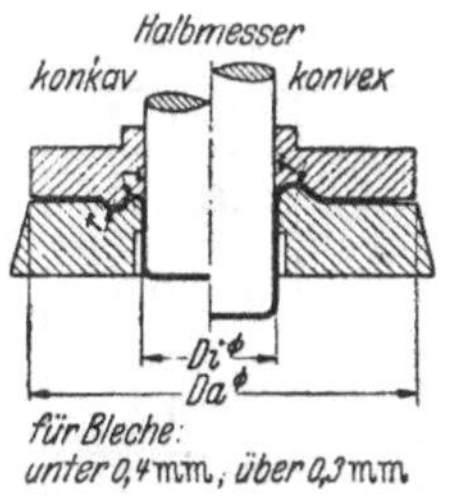

Abb. 144.

Halbmesser für Stufenzüge.

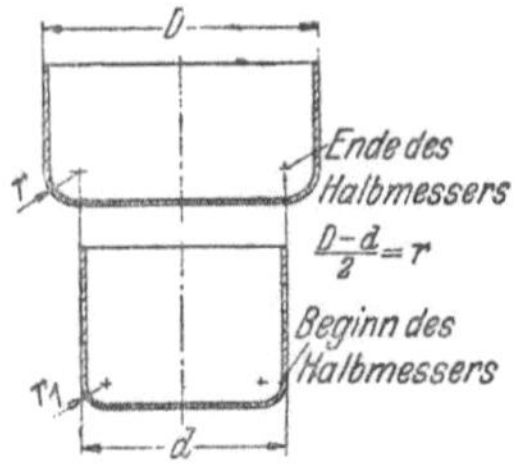

Abb. 145.

Einspannplatten nach AWF.

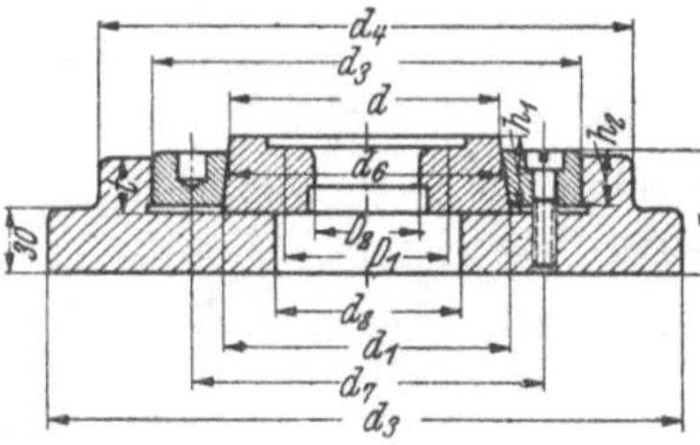

Abb. 146.

Nr.	Bereich von		Ziehring			Einspannplatte					Spannring					Befestigung durch
	D_2	D_1	d	d_1	h_1	d_2	d_3	d_4	h	t	d_5	G_{gz}	d_6	h_2	d_7	
	—	39	75	80	18	45	210	180	45	15	123	12	75,7	15	100	Gewindering
1	—	39	75	80	18	45	195	165	45	15	125	12	75,7	15	100	4 Schrb. M 8
2	40	54	100	107	23	60	235	205	50	20	145	12	100,7	20	125	Gewindering
	40	54	100	107	23	60	220	190	50	20	150	12	100,7	20	125	4 Schrb. M8
3	55	69	125	132	23	75	265	235	55	20	175	12	125,7	20	150	Gewindering
	55	69	125	132	23	75	245	215	55	20	175	—	125,7	20	150	4 Schrb. M8
4	70	84	150	158	28	90	300	240	65	25	200	—	150,7	25	175	4 ,, M8
5	85	104	175	183	28	115	325	265	65	25	225	—	175,7	25	200	6 ,, M8
6	105	129	200	210	32	145	350	290	65	25	250	—	201,7	27	225	6 ,, M10
7	130	154	225	234	32	165	395	335	65	25	285	—	226	27	255	6 ,, M10
8	155	179	250	260	32	190	420	360	65	25	310	—	251	27	280	6 ,, M10
9	180	204	275	285	37	215	445	385	70	25	335	—	276	27	305	6 ,, M10
10	205	230	300	310	37	240	470	410	75	30	360	—	301	32	330	6 ,, M10

Zu beachten: Einspannplatten sollen für Schnitt- und Ziehringe verwendet werden. Leistungsfähige Ziehringe sind aus legiertem Stahl herzustellen oder mit Widia (Hartmetall) zu belegen.

Ziehringsatz nach AWF (Abb. 147).

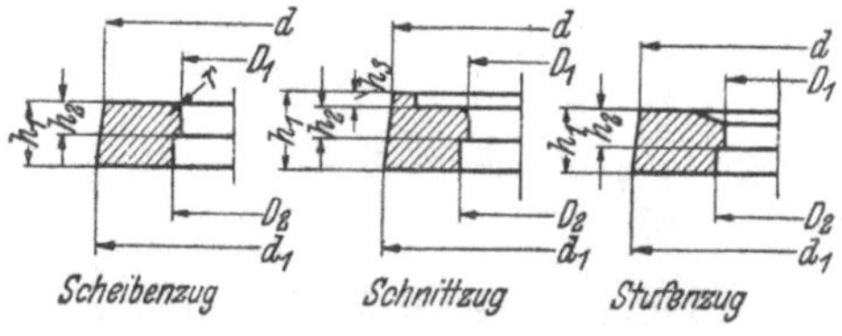

Abb. 147.

Nr.	1	2	3	4		6	7	8	9	10	11	12
Schb ∅	3,6	4,5	5,5	7	9	11	14,5	18,5	22	29	36	45,5
D_1	2	2,5	3,15	4	5	6,3	8	10	12,5	16	20	25
D_2	4	5	5	6	7	9	11	13	16	20	24	29
d				19					50			75
d_1				25					55			82
h_1				12					18			18
h_2				5					8			8,5
h_3				2					2			2

Fortsetzung der Tabelle S. 138.

Nr.	13	14	15	16	17	18	19	20	21	22	23	24
Schb ⌀	58	73	90	116	145	180	225	290	360	455	580	725
D_1	31,5	40	50	63	80	100	125	160	200	250	315	400
D_2	38	46	56	70	88	108	132	168	208	258	328	408
d		100	125	150	175	225	275	300	380	480	610	800
d_1		107	132	160	185	235	287	312	395	497	628	820
h_1		23	23	23	28	32	37	37	42	47	52	57
h_2		8,5	8,5	11	11	15	10	19	24	28	32	36
h_3		2	2	2	2	2,5	2,5	2,5	4	5	6	7

Beispiel: Gegeben Topf ⌀ = 16 mm, Höhe $h = 80$ mm,
Bodenkante des Topfes scharf.

Scheiben ⌀ $x = \sqrt{D^2 + 4 \cdot D \cdot h} = \sqrt{16^2 + 4 \cdot 16 \cdot 80} = 73{,}3$ mm ⌀

Zu verwendende Ringe Nr. 14, 13, 12, 11, 10.

Ziehringe aus Hartmetall.

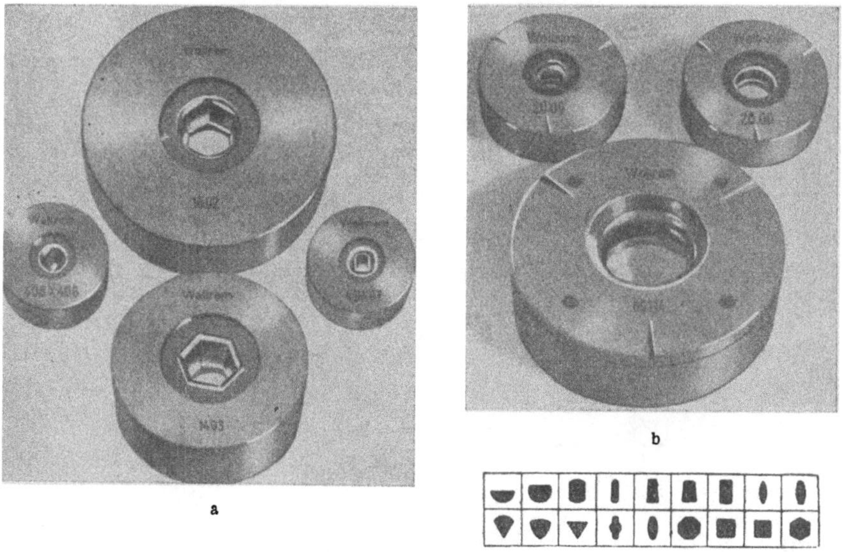

a b c

Abb. 148. Profile für Ziehringe.

Sie eignen sich besonders zum Ziehen von Draht, Röhren und Stangen aus Eisen, Stahl, Chromnickel, Wolfram, Molybdän sowie von harten und weichen Metallen, ferner zum Ziehen und Streckziehen von Hohlteilen auf Pressen.

Vorteile: Lange Kaliberhaltigkeit und Ausschußverminderung, genaueste Abmessung der gezogenen Form bei außergewöhnlich glatter Oberfläche.

Verstellbare Zieheisen (Abb. 149).

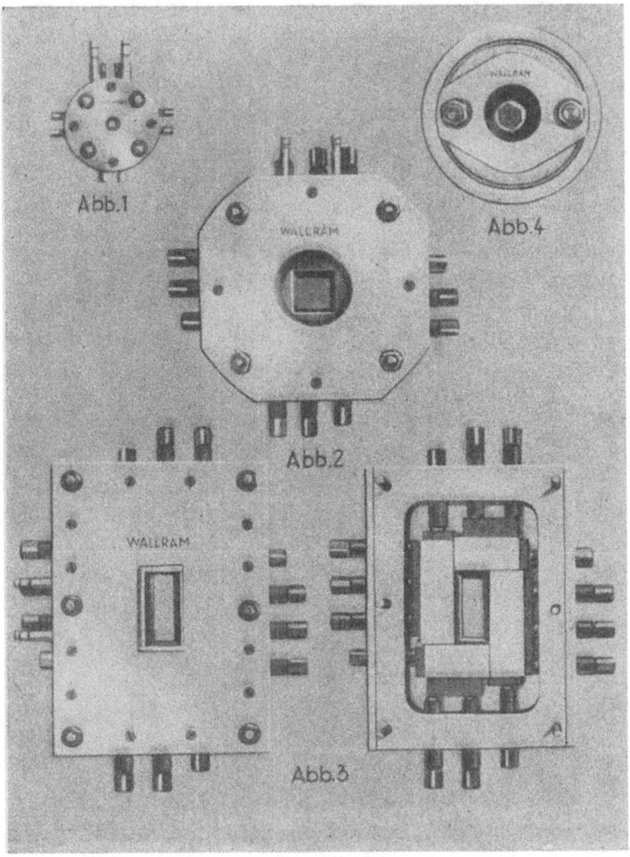

Abb. 149.

Diese lassen sich auf jedes gewünschte Maß innerhalb ihres Ziehbereiches genau einstellen.

Vorteile: Drallfrei zu ziehender Werkstoff mit nicht zu übertreffender glatter Oberfläche; große Lebensdauer der Werkzeuge.

Abstreifer für Züge (Abb. 150).

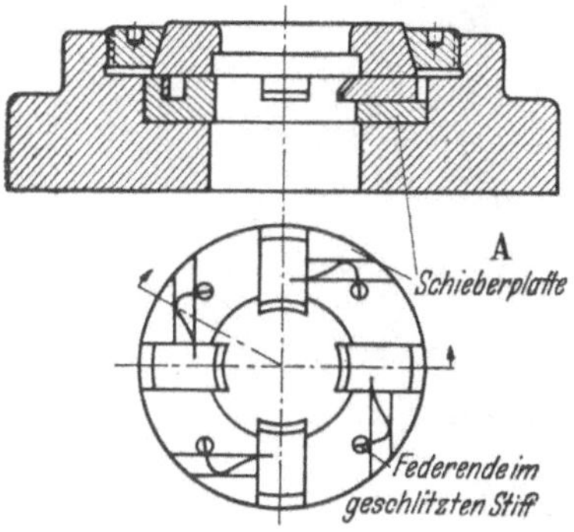

Die zweckmäßige Anwendung der AWF-Abstreifer erstreckt sich für

Ausführung A

auf Hohlteile, die sich nicht sicher vom Ziehring abstreifen lassen, aber zum Abstreifen vom Ziehstempel keiner großen Kraft bedürfen;

Ausführung B

auf Hohlteile, die zum Abstreifen vom Ziehstempel eine größere Kraft als unter „A" aufgeführt gebrauchen, insbesondere dünnwandige Kupferhülsen;

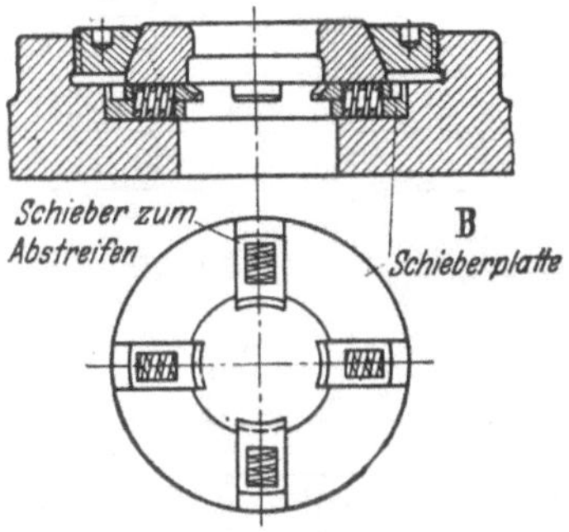

Ausführung C

auf Hohlteile, wie unter „A" aufgeführt. Beide Konstruktionen unterscheiden sich nur in ihrer Ausführungsform.

Ausführung D

auf Hohlteile, die einer großen Kraft zum Abstreifen vom Ziehstempel bedürfen.

Wie aus der Darstellung ersichtlich, ist die Abstreifung starr und ein Versagen, wie es bei Federabstreifern vorkommen kann, nicht möglich.

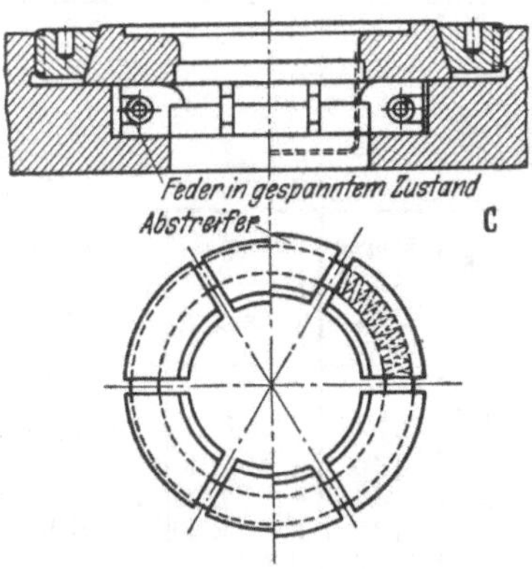

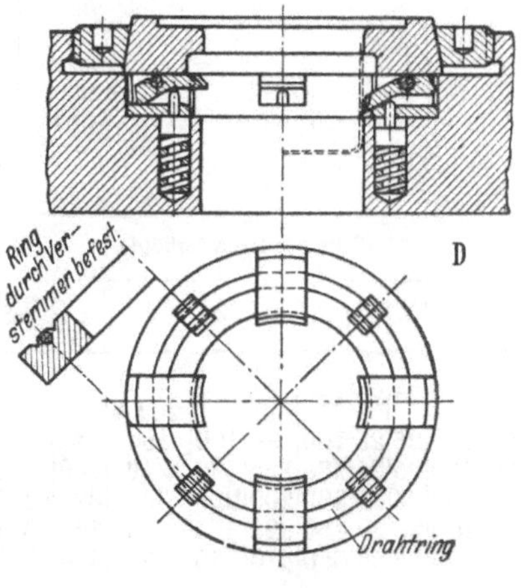

Niederhalteköpfe und -ringe für ersten Zug (Abb. 151).

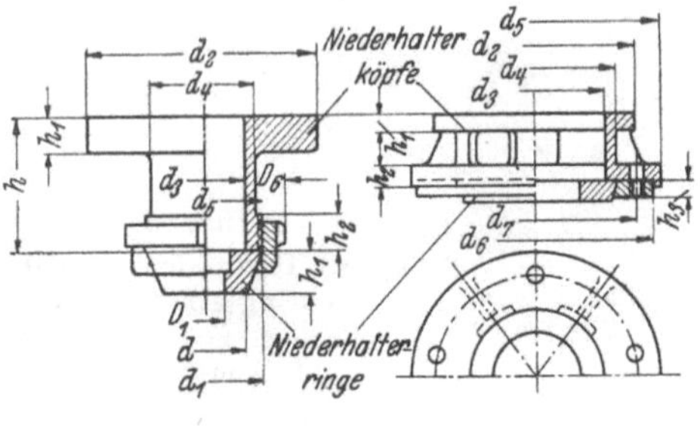

Größe I Größe II···IV

Niederhalterringe (151a).

Nr.	1	2	3	4	5	6
D_1	10···40	40···63	63···80	80···100	100···125	125···160
d	73	116	145	180	225	290
d_1	80	123	154	189	234	299
h_2	23		28			
Nieder-halter-kopf	I	II	III		IV	

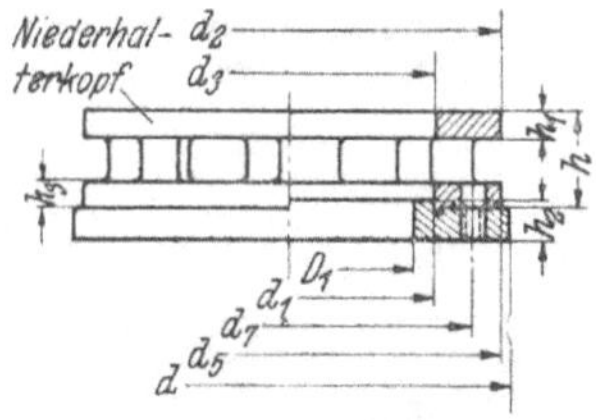

Größe 5···6

Nr.	7	8	9	10
D_1	160···200	200···250	250···315	315···400
d	370	455	580	725
d_1	325		410	
h_1	40			
Nieder-halter-kopf	V		VI	

Für Niederhalterköpfe										Spann-ring		Rippen		Fenster		Bemerkung
Nr.	h	h_1	h_2	d_2	d_3	d_4	d_5	d_7	Schrb.	h_3	d_6	Stck.	s	Stck.	$B \times H$	Befestigung durch
I	100	25	25	160	55	75	M90 ×1,5	—	—	32	120	—	—	—	—	Überwurf-mutter
II	100	25	25	160	80	100	180	144	M12	14	170	4	10	4	40×50	Spannring u. Schrb.
III	100	25	25	220	125	150	240	208	M12	18	230	4	12,5	4	65×50	Spannring u. Schrb.
IV	100	25	25	300	200	225	360	320	M14	18	350	5	12,5	5	85×50	Spannring u. Schrb.
V	100	25	20	450	325	355	450	345	M14	—	—	6	15	6	85×50	Spannring u. Schrb.
VI	100	25	20	650	410	450	650	488	M16	—	—	8	20	8	85×50	nur Schrb.

Niederhalteköpfe und -einsätze für Stufenzüge (Abb. 152).

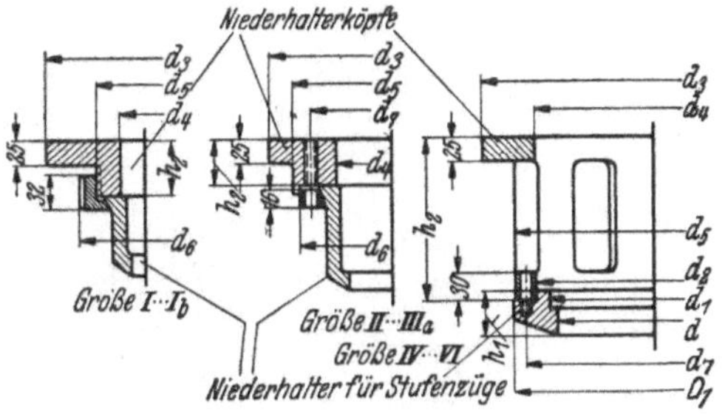

Für Niederhalterköpfe.

Nr.	d_3	d_4	d_5	d_6	h_2	d_7	Schrb.	Befestigung durch
I	160	32	M 90×1,5	110	50	—	—	Überwurf-mutter
Ia	160	44	M 90×1,5	110	50	—	—	
Ib	160	67	M 90×1,5	110	50	—	—	
II	240	84	185	150	50	125	M 12	Spannring u. Schrb.
IIa	240	104	185	175	50	150	M 12	
III	310	130	260	210	50	185	M 12	
IIIa	310	164	260	250	50	225	M 12	
IV	310	210	248	—	130	225	M 12	nur Schrb.
V	370	260	305	—	180	284	M 14	
VI	450	325	390	—	215	358	M 16	

Niederhalter für Stufenzüge.

Bezeichnung	1	2	3	4	5	6	7	8	9	10
D_1	40	63	80	100	125	160	200	250	350	400
d	16	35	56	70	87	112	140	175	220	280
d_1	20	40	63	80	100	125	160	195	240	300
d_2	45	68	85	105	130	165	205	210	260	325
h_1	64	64	64	84	84	114	114	50	50	50
Verlängerung von h_1 bei 3. Zug	11	17	19	25	32	46	51	64	94	112
,, 4. ,,	13	19	25	32	37	48	66	75	97	125
,, 5. ,,	14	25	35	37	47	58	71	99	115	144
,, 6. ,,	18	29	41	43	56	75	86	111	156	174
Niederhalterkopf	I	Ia	Ib	II	IIa	III	IIIa	IV	V	VI

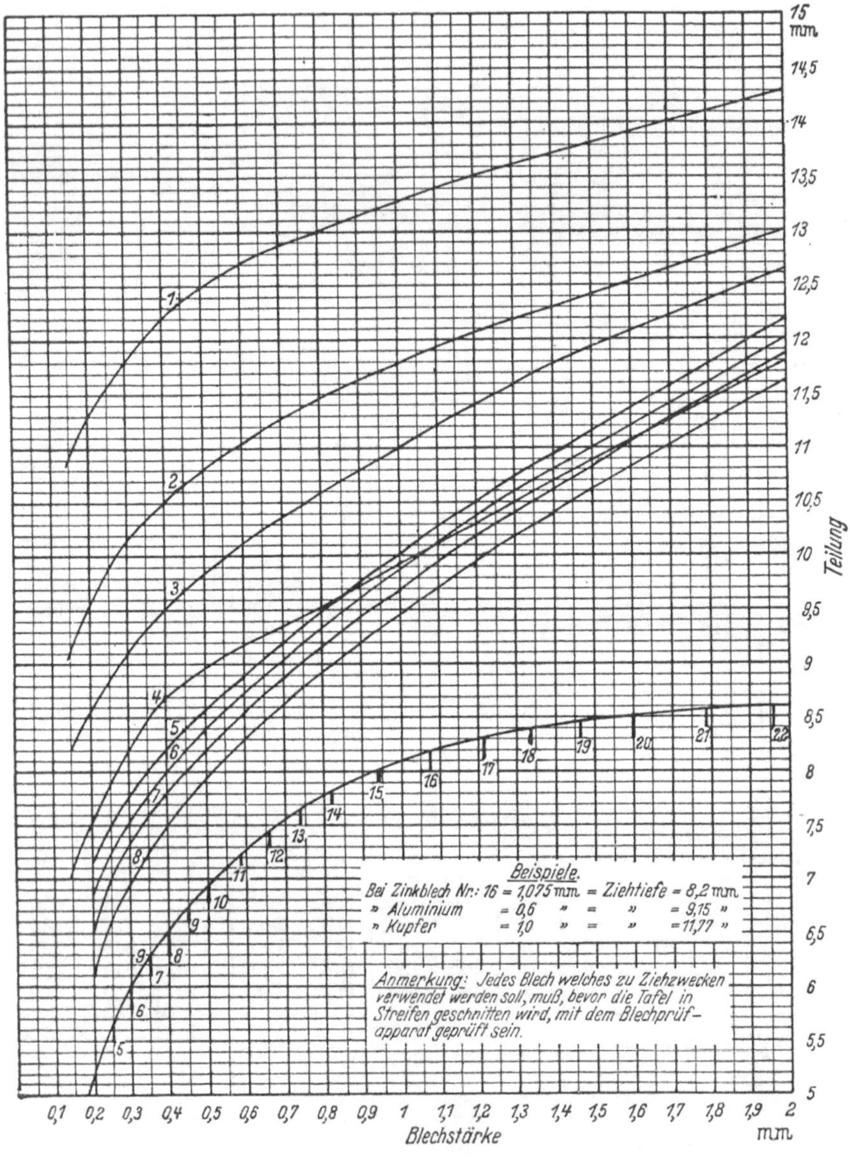

Abb. 153a. Diagramm für Blechprüfapparat.

Richtwerte für Durchzüge (Abb. 154).

Um den größten Durchzug zu erreichen, muß man die Werkstoffdehnung voll ausnutzen. Es ist jedoch zwecklos, darüber hinauszugehen, weil bei größerer Beanspruchung der Werkstoff reißt. Genügt die Halshöhe, die aus dem durchzogenen Lochrand bei völliger Ausnutzung der Werkstoffdehnung entstanden ist, nicht, dann kann man einen höheren

Abb. 153b. Blechprüfapparat nach Erichsen.

Hals dadurch erreichen, daß man das Teil zu einem Topf vorzieht, locht und erst dann durchzieht. Grundsätzlich ist nach jeder völlig ausgenutzten Werkstoffdehnung für eine weitergehende Verformung eine vorschriftsmäßige Wärmebehandlung des Teils erforderlich.

Beispiel für Durchzüge.

Gegeben: Durchzug $D_z = 80$ mm ∅. Werkstoff: Stahlblech 1 mm.
Werkstoffdehnung: 30%.

Anzugeben sind:

a) Halshöhe des Durchzuges.
b) Dicke des durchgezogenen Halsrandes.

Lösung: $D_l = \frac{80}{1{,}3} = 61{,}5$ mm ∅.,

zu a) $h = \frac{0{,}785 \cdot (80^2 - 61{,}5^2)}{80 \cdot \pi} \approx 8{,}2$ mm;

„h" kann auch vom Diagramm Abb. 154 abgelesen werden;

zu b) $\delta_1 = \frac{d \cdot \delta}{D_z} = \frac{61{,}5 \cdot 1}{80} \approx 0{,}77$ mm.

Ermittlung für Durchzüge (Abb. 154).

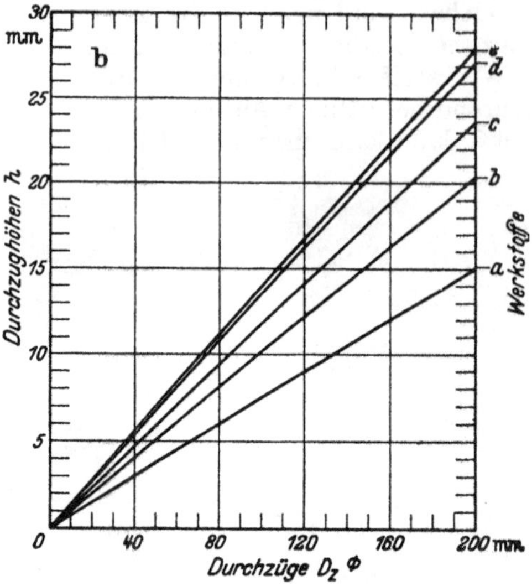

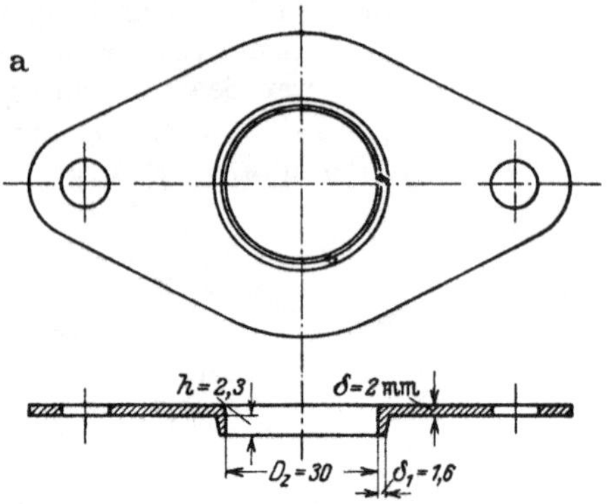

Werkstoff: Al. Dehnung: 20 vH.

$$D_z = 30\ \text{mm}\ \varnothing .\ D_l = \frac{D_z}{1{,}2} = 25\ \text{mm}\ \varnothing$$

$h = 2{,}3$ mm nach Diagramm oder

$$h = \frac{0{,}785 \cdot (D_z^2 - D_l^2)}{D_z \cdot \pi}$$

$$= \frac{0{,}785 \cdot (30^2 - 25^2)}{30 \cdot \pi} = 2{,}3\ \text{mm}$$

$$\delta_1 = \frac{d \cdot \delta}{D_z} = \frac{25 \cdot 2}{30} = 1{,}67\ \text{mm}.$$

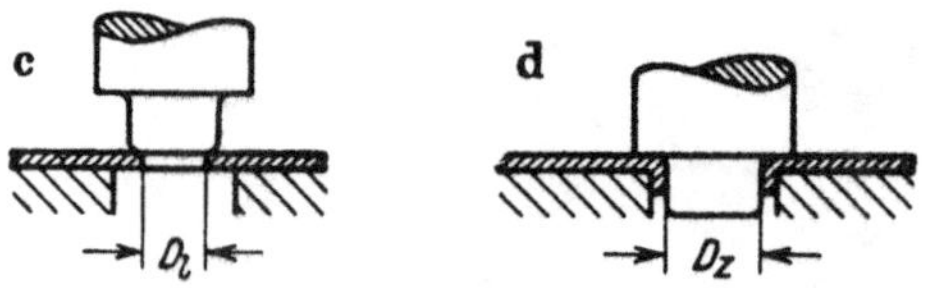

Abb. 154.

	a	*b*	*c*	*d*	*e*
Werkstoff	Aluminium Weißblech	Stahltiefziehblech Messingblech	Kupfer-Neusilber	Messing *Ms* 63 weich	X 12 CrNi 18 8 Gelbtombak Ms 72
Dehnung	20%	30%	38%	45%	50%
Loch-∅ D_l	$\frac{D_z}{1{,}2}$	$\frac{D_z}{1{,}3}$	$\frac{D_z}{1{,}38}$	$\frac{D_z}{1{,}45}$	$\frac{D_z}{1{,}5}$

Für Niederhalter des 1. Zuges.

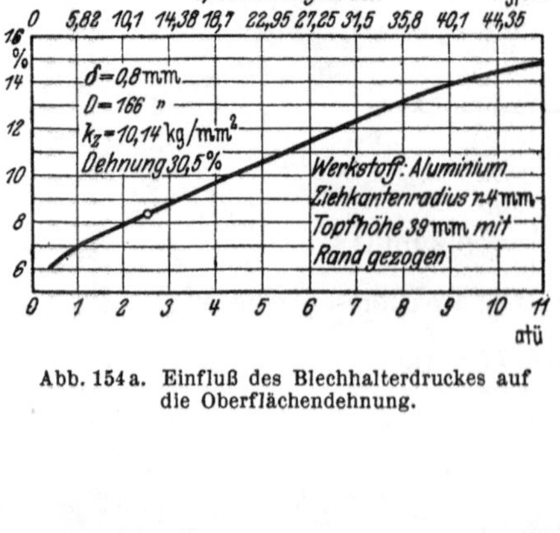

Abb. 154a. Einfluß des Blechhalterdruckes auf die Oberflächendehnung.

Zu beachten:

Für metallische Werkstoffe von Durchschnittsgüte, außer Weiß-, Zink- und Kupferblech: $m = 0{,}6$; bei AlCuMg ist $m = 0{,}8$ zu setzen, m_1-Wert ungewiß.

Für nichtmetallische Werkstoffe (Alberit, Albolit, Leukorit, Pantolit, Pliorit, Trolon) bei Erwärmung auf etwa 120°, nach der Verformung abkühlen.

Für Hartgummi, Zellon, Papier, Pappe und Tuchfilz liegen keine m_1-Werte vor.

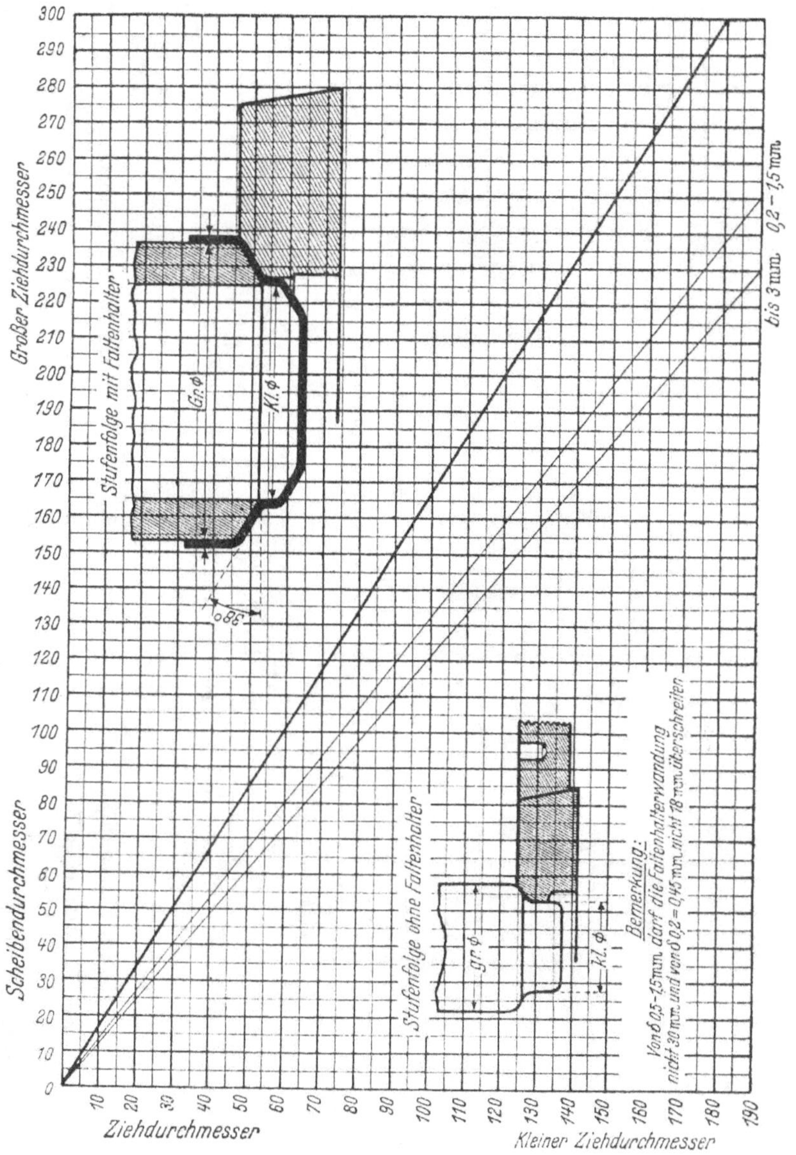

Abb. 155. Ziehstufendiagramm. $m = \frac{d}{D} = 0{,}6;\ m_1 = \frac{d_1}{d} = 0{,}75$.

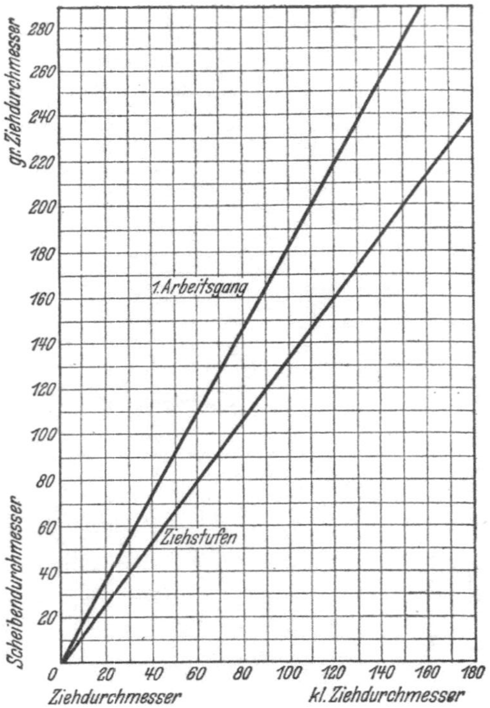

Abb. 156. Ziehstufendiagramm.

$m = \frac{d}{D} = 0{,}55; \quad m_1 = \frac{d_1}{d} = 0{,}75.$

Zu beachten:

Für Bleche: Wippla-Metall (V 2-AStahl), Tiefziehblech, Karosserieblech, Messing weich und Aluminium weich.

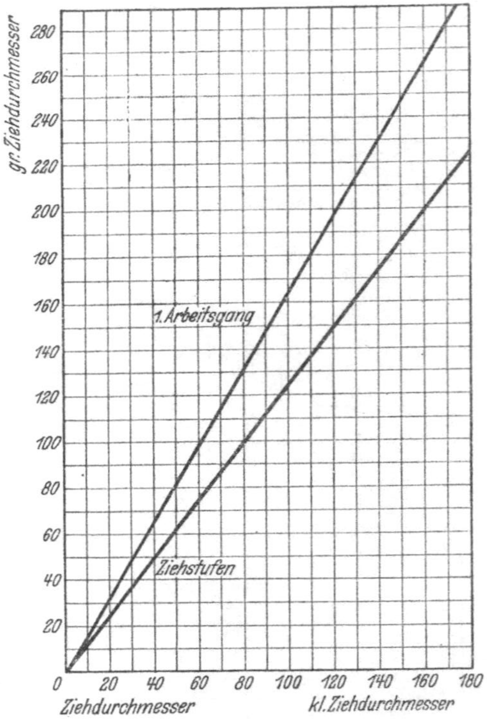

Abb. 157. Ziehstufendiagramm.

$m = \frac{d}{D} = 0{,}6; \quad m_1 = \frac{d_1}{d} = 0{,}8.$

Zu beachten:

Für Bleche: Ziehblech, Kupferblech, Zinkblech (feinkörniges Gefüge), verzinntes Eisenblech u. a. m.

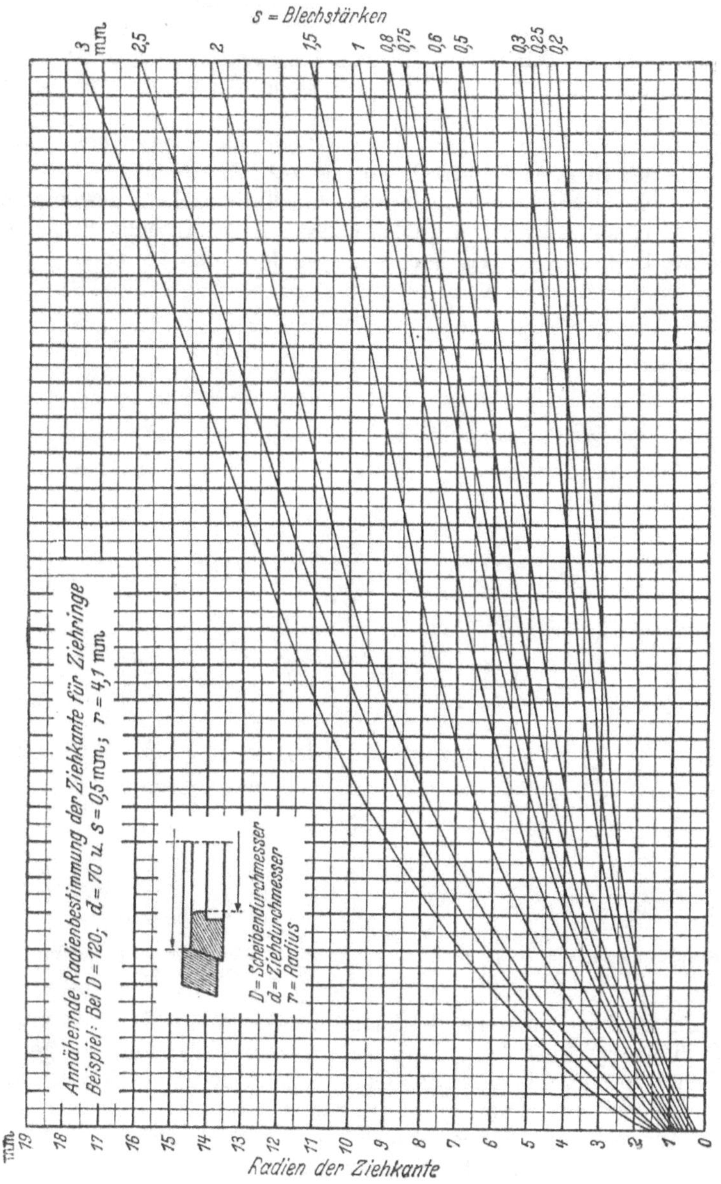

Abb. 158. Ziehkantendiagramm. $(D - d) \cdot 2 = f(r)$ oder $r = 0{,}8 \cdot \sqrt{(D_a - D_z) \cdot \delta}$.

Zu beachten: Für Eisen und Metall gelten die Ablesewerte, bei Leichtmetallen liegen sie etwa 10 vH höher.

Ziehstufendiagramm für eckige Hohlteile (Abb. 159).

Die Beanspruchung der Bleche ist bei diesem Ziehstufendiagramm geringer als bei dem Maxima-Diagramm (Abb. 160), weil bei der Herstellung von eckigen Teilen mit handelsüblichem Durchschnittsblech gerechnet werden muß, das mit nur geringem Ausschuß verarbeitet werden soll.

Von diesem Diagramm sind sowohl die Eckenhalbmesser des ersten Zuges wie die der Stufenzüge abzulesen, die zum Ziehen

für den 1. Niederhalter mit gleich breiten Teilstrecken, desgleichen

für den 2. Niederhalter mit ungleich breiten Teilstrecken mit oder ohne gewölbte Seitenwände des Teils verwendet werden können.

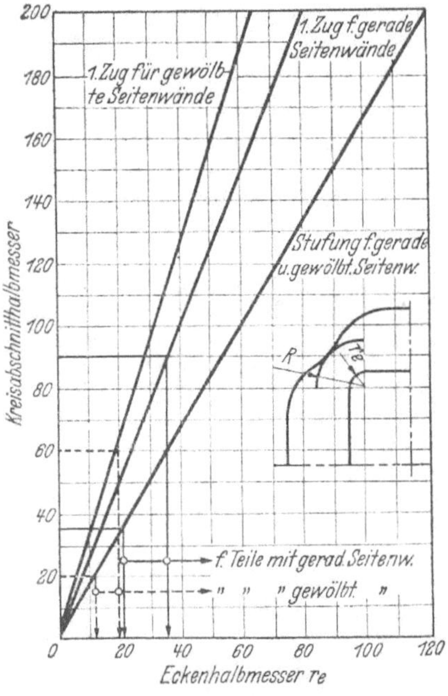

Abb. 159. Ziehstufendiagramm für eckige Hohlteile.

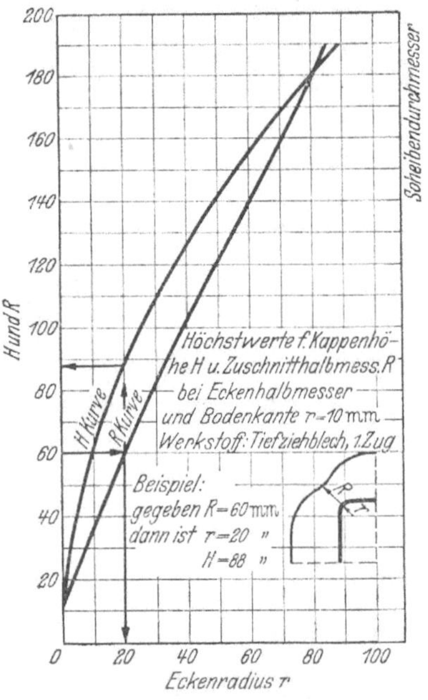

Abb. 160. Maxima-Ziehdiagramm für eckig gezogene Kappen.

Zu 1. Der vorher ermittelte Sektorhalbmesser *R* für die Teilecke ist auf der Ordinate aufzusuchen, dann ist von hier waagerecht zu gehen bis zum Schnittpunkt mit einer der Geraden (der steilsten Geraden für den ersten Zug bei gewölbten Seitenwänden. der mittleren Geraden für den ersten Zug bei geraden Seitenwänden, der flachsten Geraden für Stufenzug). Das Lot vom Schnittpunkt gibt auf der Abszisse den zu ziehenden Halbmesser.

Die Stufungshalbmesser sind hiernach verschieden groß, sie haben den gleichen Mittelpunkt.

Zu 2. Nach der zweiten Ziehmethode ist die Ablesung der Werte vom Diagramm die gleiche wie unter 1.

Der Unterschied besteht darin, daß der erste zu ziehende Halbmesser für die Teilecke auch für alle weiteren Stufenzüge bestehen bleibt und die abgelesenen Stufungswerte nur die Abstände für die Mittelpunkte der gleich groß bleibenden Halbmesser sind.

Die Stufenhalbmesser sind hiernach gleich, sie liegen exzentrisch zueinander.

Maxima-Ziehdiagramm für eckig gezogene Hohlteile (Abb. 160).

Das Diagramm gilt für Höchstbeanspruchung beim Ziehen rechteckiger Hohlteile, deren Bodenkante mit 10 mm abgerundet ist, mit einem veränderlichen Ziehverhältnis $m = \frac{r}{R}$ für Tiefziehblech.

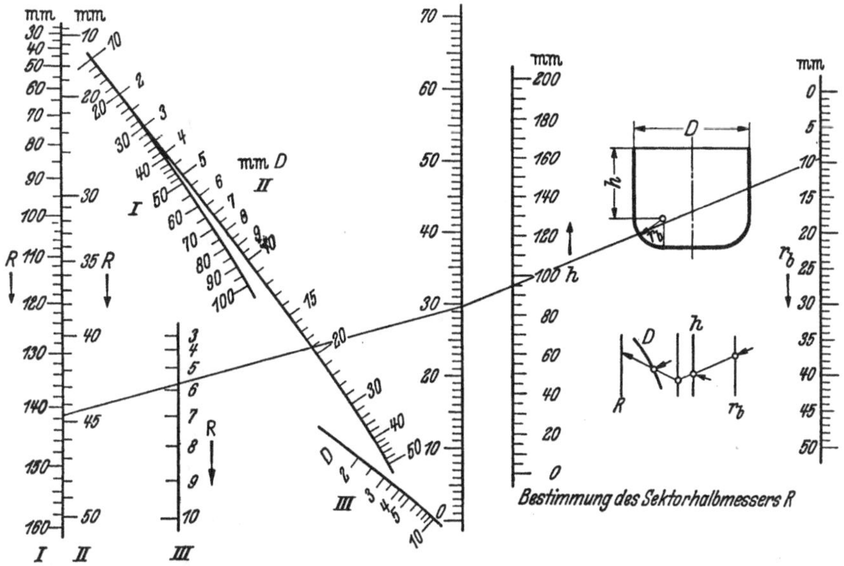

Abb. 161. Nomogramm I. $R = \sqrt{0{,}253 \cdot D^2 + D\,(h + 0{,}506 r_b)}$ für Hohlkörper 108 × 80 × 100 mm.

Zu beachten: Die aus dem Ziehverhältnis $m = \frac{r}{R}$ sich ergebende Topfhöhe H steigt mit größer werdender Einziehfläche nicht proportional sondern weniger an. Aus dem Schaubild kann für den Zuschnitthalbmesser R der Eckenhalbmesser r und die Ziehhöhe des Teils H abgelesen werden. Für die Teilherstellung ist das Diagramm nur ein Maßstab, der zeigen soll, wo die Grenze beim Ziehen liegt. Nur in Sonderfällen wähle man beim Ziehen 85 bis 90 Prozent der abgelesenen Höhen; bei größeren Werten muß mit Reißen des Bleches gerechnet werden.

Nomogramme für Formscheiben eckiger Hohlteile (Abb. 161 ··· 162a).

Die sonst umfangreichen Berechnungen für Scheibenschnitte eckiger Hohlteile werden durch die Zülke-Nomogramme vereinfacht. Hierbei ist genaues Ablesen der Werte für *R*, *D*, *h* sowie genaues Zeichnen der Linienzüge auf den Nomogrammen unerläßlich.

Nomogramm Abb. 161 dient zur Ermittlung des Sektorhalbmessers „*R*",

Nomogramm Abb. 162 zur Bestimmung des Zusatzhalbmessers „R_1" und nebenbei der Seitenabschnitte H_{sa} und H_{sb},

Nomogramm Abb. 162a zur Ermittlung der gestreckten Länge H_s der Seitenwände des Hohlteils.

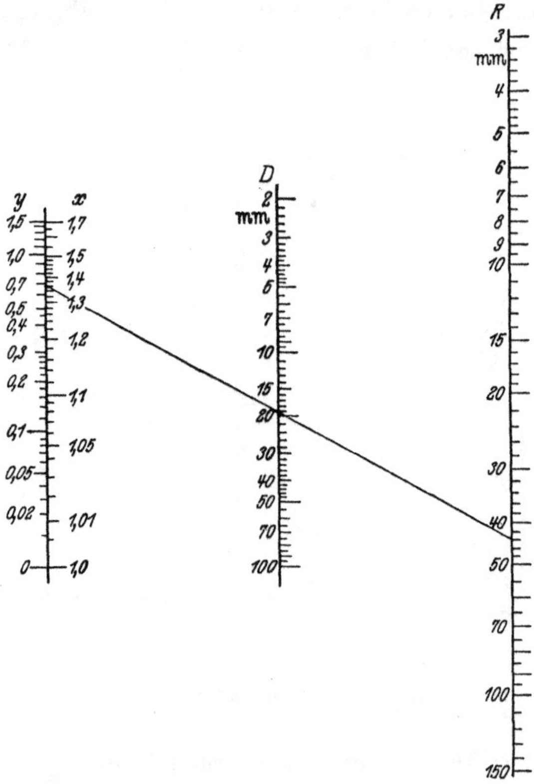

Abb. 162. Bestimmung des Zusatzhalbmessers „R_1".

$$x = \frac{R_1}{R} = 0{,}074 \cdot \left(\frac{R}{d}\right)^2 + 0{,}982; \quad y = \frac{\pi}{4} \cdot (x^2 - 1).$$

In diesen Nomogrammen ist das Ausgleichprinzip für die Scheibenform bevorzugt, um mit kleinsten Formscheiben und bei quadratischen Teilen mit runden Scheiben auszukommen; dadurch werden die Werkzeuge so klein wie möglich.

Irrig ist die Annahme, es dürfe sich für ein bestimmtes eckiges Hohlteil nur *eine* passende Formscheibe finden lassen; das ist aber nicht der

Fall, weil das Ziehen eines Teils nach dem Klapp- und Ausgleichprinzip trotz verschiedener Scheiben zum gleichen Ergebnis führt.

Anwendung der Nomogramme.

Gegeben $r_b = 20$ mm; $h = 180$ mm; $D = 40$ mm.

Nach Nomogramm Abb. 161 (Abb. 16)

$R = 89{,}5$ mm.

Nomogramm Abb. 162

$x = 1{,}352; \quad y = 0{,}65$

$R_1 = x \cdot R = 1{,}352 \cdot 89{,}5 \approx 121$ mm.

$$H_{sa} = y \cdot \frac{R^2}{a} = 0{,}65 \cdot \frac{89{,}5^2}{210} = 24{,}8 \text{ mm},$$

$$H_{sb} = y \cdot \frac{R^2}{b} = 0{,}65 \cdot \frac{89{,}5^2}{160} = 32{,}5 \text{ mm}.$$

Nomogramm Abb. 162a für $d = 0$:

$H_s \approx 191$ mm.

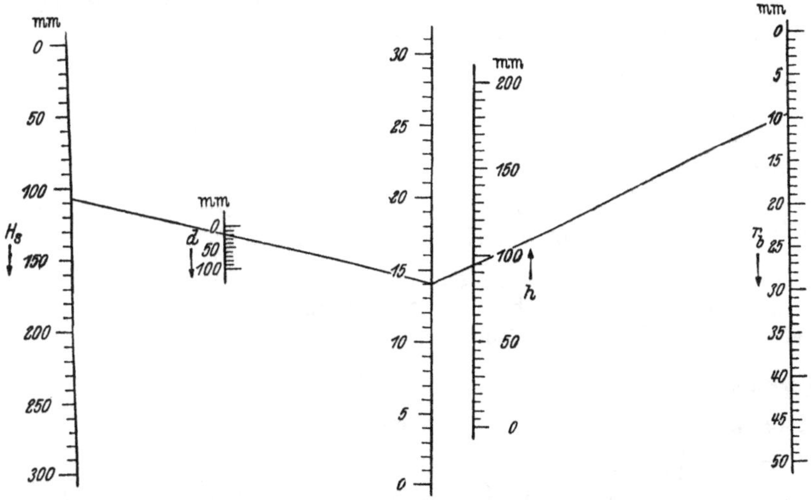

Abb. 162a. Nomogramm II. Bestimmung der gestreckten Seitenwände.
$Hs = 0{,}57 \cdot r_b + h + 0{,}5 \cdot d$. Für Hohlkörper 108 × 80 × 100 mm.

Zu beachten: Die Unterschiede zwischen den nach den Nomogrammen ermittelten Werten und den genauen Werten kann man als geringfügig ansehen, da die Blechtoleranzen das Ziehen der Scheibe beeinflussen.

Handhabung der Nomogramme.

Abb. 161. Bestimmung des Eckenhalbmessers „R". Der Punkt $r_b = 20$ ist mit $h = 180$ zu verbinden und die Linie bis zur Hilfsleiter zu verlängern, von deren Schnittpunkt ist eine zweite Gerade über $D=40$ bis zur R-Leiter zu ziehen, auf der der Wert 89,5 mm abzulesen ist. Im ungünstigsten Fall kann auch die D-Leiter II genommen werden, dann gelten aber die Werte für R-Leiter II.

Abb. 162. Bestimmung des Zusatzhalbmessers „R_1". Die Gerade durch $R=89{,}5$ und $D=40$ ist bis zur xy-Leiter zu verlängern, und dort ist $x=1{,}352$ und $y=0{,}65$ abzulesen. Wie oben unter Anwendung der Nomogramme gezeigt, ergibt sich der Wert für $R_1=x\cdot R\approx 121$ mm.

Abb. 162a. Bestimmung der gestreckten Seitenwände H_s. Die Verbindung von $r_b=20$ mit $h=180$ ist bis zur Hilfsleiter zu verlängern, von diesem Schnittpunkt die Gerade über $d=0$ trifft die H_s-Leiter bei $H_s\approx 191$ mm.

Zum Ziehen nichtmetallischer Werkstoffe.

Werkstoff: Leder. Erster Zug $m=\frac{d}{D}=0{,}4$.

Stufenzüge unbekannt.

Zu beachten: In heißem Leinöl ~200° erwärmen und darauf mit Niederhalter ziehen; Hohlteilböden nach innen etwa 5 vH des Durchmessers wölben. Ziehgeschwindigkeit $v\approx 1{,}5$ m/min.

Werkstoff:	Papier	Pappe	Preßspan
Erster Zug $m=\frac{d}{D}$	0,6	0,4	0,4.

Stufenzüge unbekannt.

Zu beachten: Die drei Werkstoffe sind im blankpolierten und erwärmten Werkzeug bei etwa 120° mit Niederhalter zu ziehen.

Ziehmittel für Papier: Aufgelöster Schellack.
Ziehmittel für Pappe: Siehe unter Schmiermittel.
Ziehmittel für Preßspan: Talkum.

Werkstoff:	*Zellon*	*Zelluloid*
Erster Zug $m=\frac{d}{D}$	0,4	0,4.

Stufenzüge unbekannt.

Zu beachten: Für beide Werkstoffe ist ein rissefrei poliertes, auf etwa 120° erwärmtes Werkzeug zu benutzen. Die Scheibe ist besonders rein zu halten, in warmem Öl ~ 200° zu erwärmen, mit nach innen gewölbtem Boden zu ziehen und in Wasser abzukühlen. Das Aussehen des Teils ist gut, die vorhandenen Spannungen sind deutlich an dem Spektrum zu erkennen.

Beim Ziehen erprobte Schmiermittel.

Allgemeines. Man wendet Schmiermittel zum Ziehen von Teilen an, um die Reibung bei der Scheibe so weit wie möglich herabzusetzen. Für schwer ziehbare oder hochbeanspruchte Werkstoffe eignen sich Schmiermittel, die leichtes Gleiten besonders begünstigen wie Öle, die nicht sauer reagieren. Für gut ziehbare oder wenig beanspruchte Werkstoffe nehme man sämiges Seifenwasser, das eine gute Adhäsion hat. Man verwendet auch Öl mit Seifenwasserzusatz und Seifenwasser mit Ölzusatz.

In der Praxis sind folgende Schmiermittel erprobt:

Werkstoff:	*Schmiermittelzusammensetzung:*	
Aluminium	Petroleum mit Zusatz von Pudergraphit	
Stahlblech	2 Teile Rüböl, 1 Teil Rizinusöl, 1 Teil Talkum	
Kupfer	wie bei Aluminium	
Messing	Essenia mit Wasser, Mischungsverhältnis 1:5	
Zink	Rüböl mit Zusatz von Pudergraphit	
Pappe	1 Teil Venezianische Seife 3 Teile Pflanzenwachs 3 Teile Glyzerinöl 1 Teil Talkum 3 Teile Weizenstärke	Alle Teile müssen gut verrührt und gekocht werden.

Formmasse Lasema.

Geeignet: Zur Herstellung von Formhohlstempeln für Leichtmetallteile mit Blechdicken bis etwa 0,5 mm, ferner zur Herstellung von Formklötzen im Flugzeugbau.

Wichte (spez. Gewicht): etwa 1,7.

Druckfestigkeit: 32 kg/mm².

Heißverformung: bis auf 500° erhitzbar.

Widerstandsfest: beim Hämmern und Drücken.

Unempfindlich gegen Öl und Lauge.

Bei Bruch wieder fest zu kitten.

Formeltafel für eckige Hohlteile (Abb. 162b).

Ermittlung von Zuschnittgrößen.

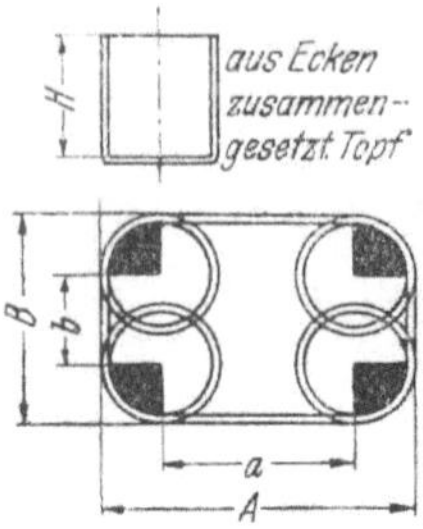

Für die Ermittlung von Zuschnitten eckiger Hohlteile sind die abgerundeten Ecken zu einem runden Topf zusammenzusetzen, aus dem der Scheibendurchmesser zu errechnen ist.

Hierbei unterscheidet man:

1. Hohlteile mit scharfer Bodenkante . . . . . . Bild 1
2. Hohlteile mit abgerundeter Bodenkante . . . „ 2
3. Hohlteile mit abgerundeter Bodenkante und flachem Boden . . . . „ 3
4. Hohlteile mit abgeschrägter Bodenkante . . . „ 4

Für die Ermittlung des Scheibenhalbmessers R und der Höhe H_s des Teils gelten folgende Gleichungen oder die Nomogramme Abb. 161 ··· 162a.

Nr.	Aus Ecken gebildeter Topf	Topfgleichung	Gestreckte Teilhöhe	Radius für Zusatzringfläche
1	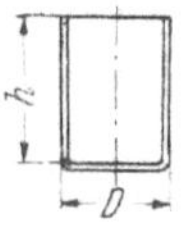	$2R = \sqrt{D^2 + 4D \cdot h}$	$H_s = H = h$	bei $b < H$ $R_1 = f \cdot 1{,}417 \cdot \sqrt{r \cdot h + r^2}$ bei $b > H$ $R_1 = R$
2	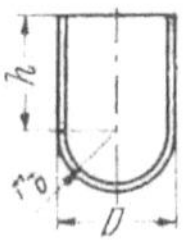	$2R = \sqrt{8r_b^2 + 4D \cdot h}$	$H_s = H - 0{,}43 \cdot r_b$ $H = h + r_b$	bei $b < H$ $R_1 = f \cdot 1{,}417 \cdot \sqrt{r \cdot h + r^2}$ bei $b > H$ $R_1 = R + x_1$
3	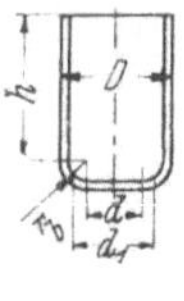	$2R = \sqrt{4D \cdot h + 2r_b \cdot \pi \cdot d_1 + d^2}$ $d_1 = d + 2 \cdot 0{,}636 \cdot r_b$	$H_s = H - 0{,}43 \cdot r_b$	bei $b < H$ $R_1 = f \cdot 1{,}417 \cdot \sqrt{r \cdot h + r^2}$ bei $b > H$ $R_1 = R + x_1$
4	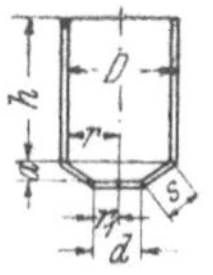	$2\,R = \sqrt{2\,s \cdot (D + d) + d^2 + 8r \cdot h}$	$H_s = H + s + r_1 - r$	bei $b < H$ $R_1 = f \cdot 1{,}417 \cdot \sqrt{r \cdot h + r^2}$ bei $b > H$ $R_1 = R + x_1$

Gestufte Manteldicken für Streckzüge.

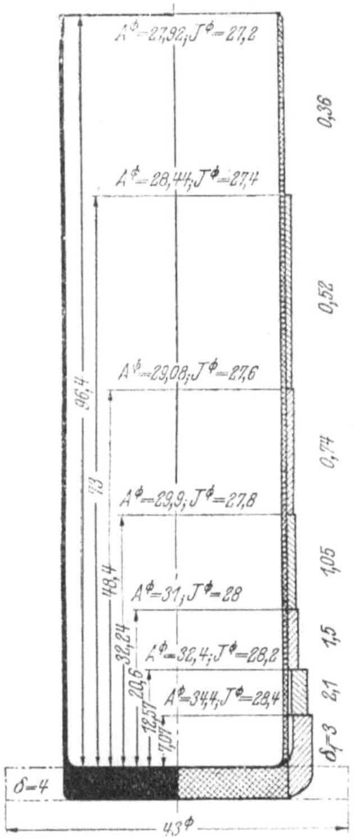

Abb. 163.

Blechdicke in mm

δ =	0,5	1	1,5	2	2,5	3	3,5	4	4,5	5	Zug
25 vH	0,37	0,75	1,12	1,5	1,87	2,25	2,62	3	3,37	3,75	1
30 vH	0,26	0,52	0,78	1,05	1,31	1,58	1,83	2,1	2,36	2,62	2
ausgestreckte Manteldicke in mm	0,18	0,36	0,55	0,74	0,92	1,11	1,28	1,5	1,65	1,83	3
	0,13	0,25	0,38	0,52	0,64	0,78	0,9	1,05	1,16	1,31	4
		0,17	0,27	0,36	0,45	0,55	0,63	0,74	0,78	0,92	5
			0,19	0,25	0,31	0,38	0,44	0,52	0,55	0,64	6
				0,17	0,22	0,26	0,31	0,36	0,38	0,45	7
					0,14	0,18	0,22	0,25	0,27	0,31	8
						0,13	0,15	0,17	0,19	0,22	9
							0,11	0,12	0,13	0,14	10

Zu beachten:

Anwendung für gut ziehfähige Metalle, z. B. weiches Messing, Tiefziehstahlblech, Aluminiumblech.

Scheibendurchmesser:

$$2R = \sqrt{\frac{D^2 \cdot \delta + 4\,D_1 \cdot \delta_1 \cdot h^*}{\delta}}\,;$$

$$h = \frac{4\,R^2 \cdot \delta - D^2 \cdot \delta}{4\,D_1 \cdot \delta_1}$$

Anwendung:

Bei der Hülse ist die Anzahl der Streckzüge so festzulegen, daß beim ersten Zug δ um 25 vH und bei den folgenden Zügen δ_1 um 30 vH ausgestreckt wird. (Vorteilhafter ist es, nach obiger Tabelle zu verfahren. Man geht vom Stempeldurchmesser aus und gibt für jeden Ziehgang 0,2 mm Spiel. In dem Beispiel Abb. 47 sind Anfangs- und Fertig-⌀ bekannt (26,52 und 24,72 mm). Ihre Differenz, durch die Anzahl der Ziehgänge minus eins dividiert, ergibt als Quotient den Wert, um den sich der Hülseninnendurchmesser je Arbeitsgang verkleinert, z. B. $\frac{26{,}52 - 24{,}72}{10 - 1} = 0{,}2$ mm, d. h. $26{,}52 - 0{,}2 = 26{,}32$ mm und $26{,}32 - 0{,}2 = 26{,}12$ mm usf.

Die Außendurchmesser der Hülse ergeben sich aus Innendurchmesser plus doppelter Manteldicke, z. B. $26{,}12 + 2 \cdot 1{,}83 = 29{,}78$ mm usf.

* Siehe S. 101.

Gleichungen und Umformungen für Hohlteile.

Scheiben-Ø $x = 2R$	Ist gegeben	Lösung	Resultat in mm
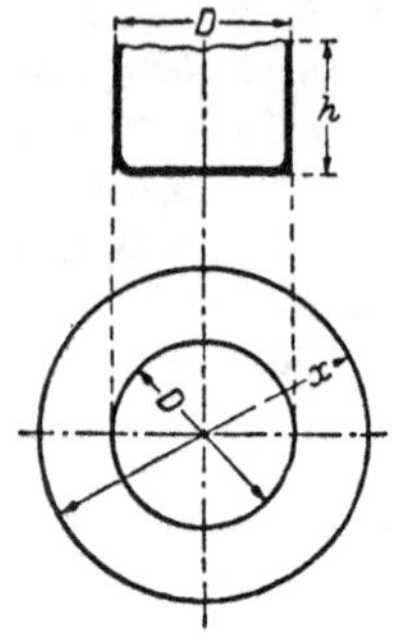	$D = 50$ mm $h = 19{,}5$ mm	$x = \sqrt{50^2 + 4\cdot 50\cdot 19{,}5}$ $x = \sqrt{6400}$ =	80
	$x = 80$ mm $D = 50$ mm	$\sqrt{D^2 + 4D\cdot h} = 80$ $2500 + 200\cdot h = 6400$ $h = \frac{6400 - 2500}{200}$ =	19,5
$x = \sqrt{D^2 + 4Dh}$ Abb. 164.	$x = 80$ mm $h = 19{,}5$ mm	$\sqrt{D^2 + 4\cdot D\cdot h} = 80$ $D^2 + 4\cdot D\cdot 19{,}5 = 80^2$ $D^2 + 78\cdot D + 39^2 = 6400 + 39^2$ $(D + 39)^2 = 7921$ $D = \sqrt{7921} - 39$ =	50
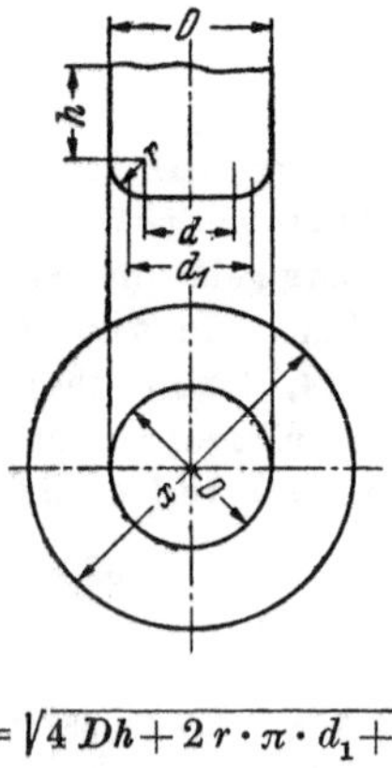	$D = 74$ mm $h = 65$ mm $r = 16$ mm $d_1 = 64{,}4$ mm $d = 42$ mm	$x = \sqrt{4D\cdot h + 2\cdot r\cdot \pi\cdot d_1 + d^2}$ $= \sqrt{4\cdot 74\cdot 65 + 2\cdot 16\cdot \pi\cdot 64{,}4 + 42^2}$ $= \sqrt{19\,240 + 6474 + 1764}$ $= \sqrt{27\,478}$ =	165,8
$x = \sqrt{4Dh + 2r\cdot\pi\cdot d_1 + d^2}$ Abb. 165.	$x = 165{,}8$ mm $D = 74$ mm $d = 42$ mm $d_1 = 64{,}4$ mm $r = 16$ mm	$x = \sqrt{4D\cdot h + 2r\cdot\pi\cdot d_1 + d^2}$ $165{,}8^2 = 4\cdot 74\cdot h + 2\cdot 16\cdot\pi\cdot 64{,}4 - 42^2$ $h = \frac{165{,}8^2 - 2\cdot 16\cdot\pi\cdot 64{,}4 - 42^2}{4\cdot 74}$ $= \frac{27\,489{,}64 - 6474{,}2 - 1764}{296}$ =	65

Gleichungen und Umformungen für Hohlteile.

Scheiben-∅ $x = 2R$	Ist gegeben	Lösung	Resultat in mm
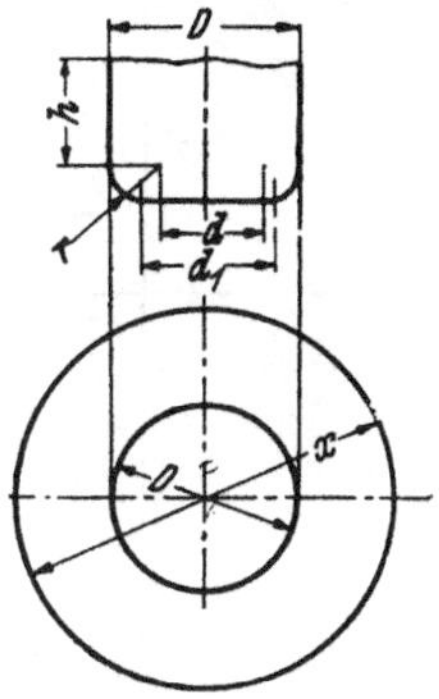 $x = \sqrt{4 \cdot D \cdot h + 2 \cdot r\pi \cdot d_1 + d^2}$ Abb. 166a.	$x = 165{,}8$ mm $h = 65$ mm $r = 16$ mm $d_1 = 64{,}4$ mm $d = 42$ mm	$x = \sqrt{4Dh + 2r \cdot \pi \cdot d_1 + d^2}$ $x^2 = 4D \cdot 65 + 2 \cdot 16 \cdot \pi \cdot 64{,}4 + 42^2$ $260 \cdot D = 27490 - 6474 - 1764$ $D = \frac{19252}{260} =$	74
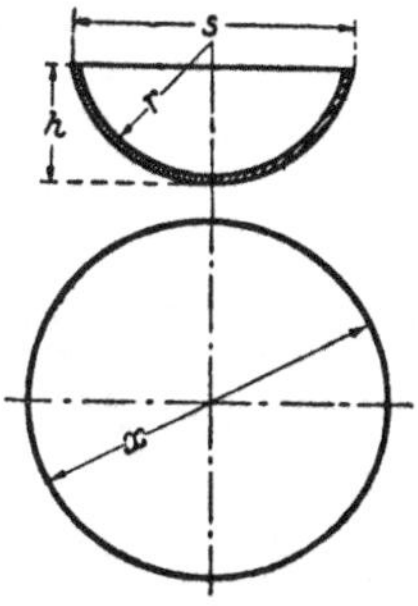 $x = \sqrt{8r \cdot h}$ $= \sqrt{s^2 + 4h^2}$ Abb. 166b.	$r = 50$ mm $h = 65$ mm	$x = \sqrt{8 \cdot 50 \cdot 65}$ $x = \sqrt{26000} =$	161,25
	$x = 161{,}25$ mm $h = 65$ mm	$x^2 = 8r \cdot h$ $161{,}25^2 = 8r \cdot 65$ $r = \frac{26000}{8 \cdot 65} =$	50
	$x = 161{,}25$ mm $r = 50$ mm	$x^2 = 8r \cdot h$ $161{,}25^2 = 8 \cdot 50 \cdot h$ $h = \frac{26000}{8 \cdot 50} =$	65
	$s = 14$ mm $h = 6{,}5$ mm	$x = \sqrt{14^2 + 4 \cdot 6{,}5^2}$ $= \sqrt{365} =$	19,1
	$x = 19{,}1$ mm $s = 14$ mm	$x^2 = s^2 + 4 \cdot h^2$ $19{,}1^2 - 14^2 = 4h^2$ $h = \sqrt{\frac{365 - 196}{4}} =$	6,5
	$r = 7$ mm $h = 6{,}5$ mm	$8r \cdot h = s^2 + 4h^2$ $s^2 = 8r \cdot h - 4h^2$ $s = \sqrt{8 \cdot 7 \cdot 6{,}5 - 4 \cdot 6{,}5^2} =$	14

Gleichungen und Umformungen für Hohlteile.

Scheiben-Ø $x = 2R$	Ist gegeben	Lösung		Resultat in mm
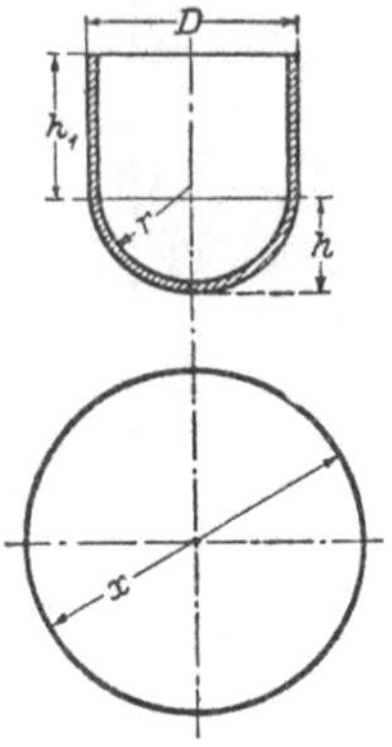	$r = 40$ mm $h = 33$ mm $D = 79$ mm $h_1 = 48$ mm	$x = \sqrt{8r \cdot h + 4D \cdot h_1}$ $x = \sqrt{8 \cdot 40 \cdot 33 + 4 \cdot 79 \cdot 48}$	=	160,4
	$x = 160{,}4$ mm $r = 40$ mm $h = 33$ mm $D = 79$ mm	$x^2 = 8r \cdot h + 4D \cdot h_1$ $h_1 = \frac{x^2 - 8r \cdot h}{4D}$ $h_1 = \frac{160{,}4^2 - 8 \cdot 40 \cdot 33}{4 \cdot 79}$	=	48
$x = \sqrt{8r \cdot h + 4D \cdot h_1}$ Abb. 167.	$x = 160{,}4$ mm $r = 40$ mm $D = 79$ mm $h_1 = 48$ mm	$x^2 = 8r \cdot h + 4D \cdot h_1$ $h = \frac{x^2 - 4D \cdot h_1}{8r}$ $h = \frac{25728 - 15168}{320}$	=	33
Für $r = \frac{D}{2} = h$ wird $x = \sqrt{2D^2 + 4D \cdot h_1}$	$D = 79$ mm $h_1 = 48$ mm	$x = \sqrt{2D^2 + 4D \cdot h_1}$ $= \sqrt{12482 + 15168}$	=	166,3
	$r = 70$ mm $h = 45$ mm $d = 106$ mm	$x = \sqrt{8 \cdot 70 \cdot 45 + 106^2}$ $x = \sqrt{25200 + 11236}$	=	190,9
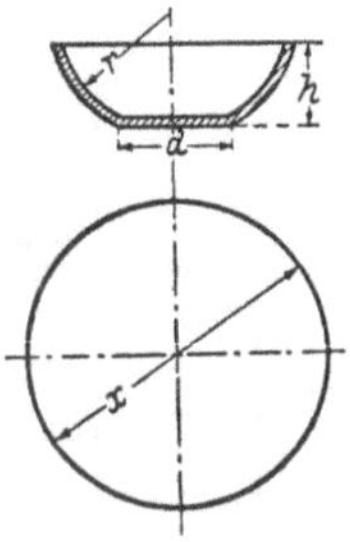	$x = 190{,}9$ mm $h = 45$ mm $d = 106$ mm	$x^2 - d^2 = 8r \cdot h$ $r = \frac{x^2 - d^2}{8h}$ $r = \frac{36436 - 11236}{360}$	=	70
$x = \sqrt{8r \cdot h + d^2}$ Abb. 168.	$x = 190{,}9$ mm $r = 70$ mm $h = 45$ mm	$x^2 - 8r \cdot h = d^2$ $d = \sqrt{x^2 - 8r \cdot h}$ $= \sqrt{36436 - 25200}$	=	106

Gleichungen und Umformungen für Hohlteile.

Scheiben-Ø $x=2R$	Ist gegeben	Lösung	Resultat in mm
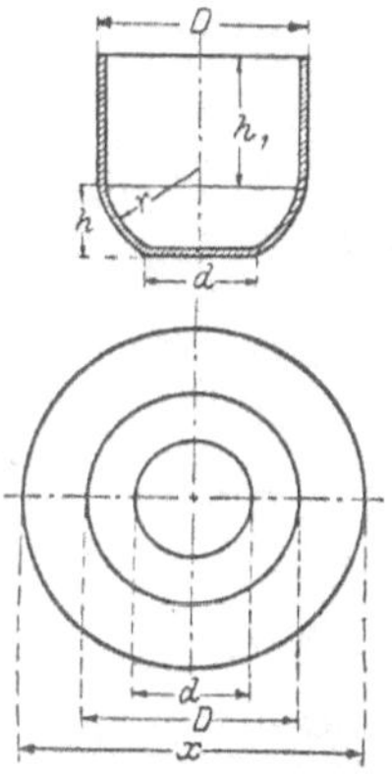 $x=\sqrt{8r\cdot h+d^2+4D\cdot h_1}$ **Abb. 169.**	$r=18$ mm $D=36$ mm $d=25$ mm $h_1=20$ mm	$h=\sqrt{r^2-0{,}25\cdot d^2}=13\left(\text{für } r=\frac{D}{2}\right)$ $x=\sqrt{8r\cdot h+d^2+4D\cdot h_1}$ $x=\sqrt{8\cdot 18\cdot 13+625+4\cdot 36\cdot 20}$ $x=\sqrt{5377}$ =	<u>73,3</u>
	$r=18$ mm $D=36$ mm $h=13$ mm	Für $r=\frac{D}{2}$ wird $\left(\frac{d}{2}\right)^2=r^2-h^2=324-169$ $d=2\cdot\sqrt{155}$ =	<u>25</u>
	$x=73{,}3$ mm $r=18$ mm $d=25$ mm $D=36$ mm $h=13$ mm	$h_1=\frac{x^2-8r\cdot h-d^2}{4D}$ $=\frac{5377-1872-625}{144}$ =	<u>20</u>
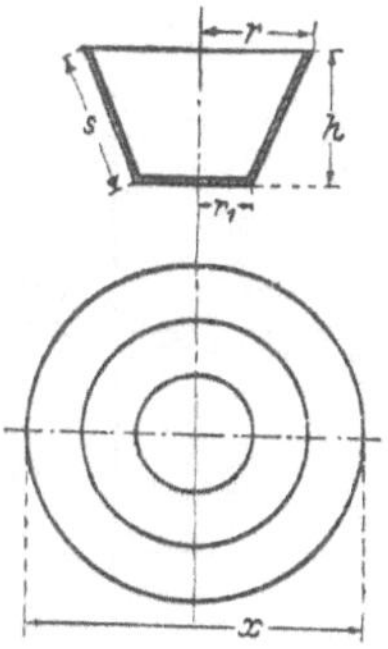 $x=\sqrt{4s(r+r_1)+(2r_1)^2}$ **Abb. 170.**	$s=20{,}9$ mm $r_1=18$ mm $r_1=12$ mm $h=20$ mm	$x=\sqrt{4s(r+r_1)+(2r_1)^2}$ $=\sqrt{4\cdot 20{,}9\cdot 30+576}$ $=\sqrt{3084}$ =	<u>55,5</u>
	$x=55{,}5$ mm $r=18$ mm $r_1=12$ mm $h=20$ mm	$s=\sqrt{(r-r_1)^2+h^2}$ $=\sqrt{(18-12)^2+20^2}$ $=\sqrt{436}$ =	<u>20,9</u>
	$x=55{,}5$ mm $r_1=12$ mm $h=20$ mm $s=20{,}9$mm	$r-r_1=\sqrt{s^2-h^2}$ $r=\sqrt{20{,}9^2-20^2}+r_1$ $=\sqrt{436-400}+12$ =	<u>18</u>

Gleichungen und Umformungen für Hohlteile.

Scheiben-Ø $x = 2R$	Ist gegeben	Lösung	Resultat in mm
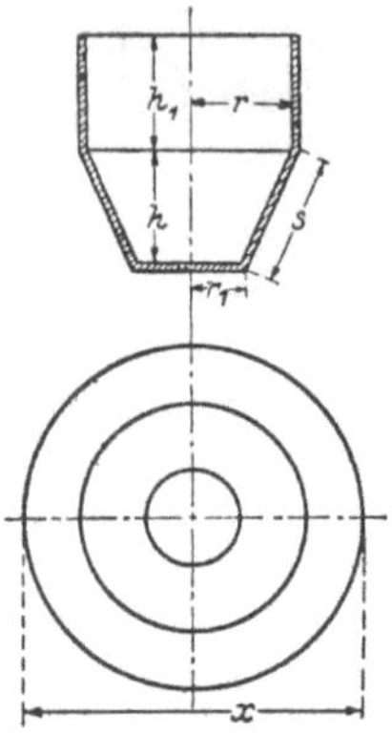	$s = 26{,}25$ mm $r = 24$ mm $r_1 = 16$ mm $h_1 = 25$ mm	$x = \sqrt{4s\cdot(r+r_1)+(2r_1)^2+8r\cdot h_1}$ $= \sqrt{4\cdot 26{,}25\cdot 40+32^2+8\cdot 24\cdot 25}$ $= \sqrt{10024}$ =	100,1
	$x = 100{,}1$ mm $r = 24$ mm $r_1 = 16$ mm $h_1 = 25$ mm	$x^2 = 4s\cdot(r+r_1)+(2r_1)^2+8r\cdot h_1$ $s = \frac{x^2-(2r_1)^2-8r\cdot h_1}{4\cdot(r+r_1)}$ $= \frac{10024-1024-4800}{160}$ =	26,25
	$x = 100{,}1$ mm $s = 26{,}25$ mm $r_1 = 16$ mm $h_1 = 25$ mm	$4s\cdot(r+r_1)+8r\cdot h_1 = x^2-(2r_1)^2$ $105\cdot(r+16)+200r = 10024-1024$ $r = \frac{10024-1024-1680}{305}$ =	24
$x = \sqrt{4s(r+r_1)+(2r_1)^2+8r\cdot h_1}$ Abb. 171.	$x = 100{,}1$ mm $s = 26{,}25$ mm $r = 24$ mm $h_1 = 25$ mm	$x^2-4sr-8r\cdot h_1 = 4r_1^2+4s\cdot r_1$ $\left(r_1+\frac{s}{2}\right)^2 = \frac{x^2}{4}-sr-2rh_1+\frac{s^2}{4}$ $r_1 = \sqrt{2506-630-1200+172}$ $-13{,}12$ =	16
$x = \sqrt{4r\cdot s}$	$r = 50$ mm $s = 94{,}5$ mm	$x = \sqrt{4r\cdot s} = \sqrt{4\cdot 50\cdot 94{,}5}$ $= \sqrt{18900}$ =	137,5
$s = \sqrt{r^2+h^2}$	$r = 50$ mm $h = 80$ mm	$x = \sqrt{4r\cdot\sqrt{r^2+h^2}}$ $= \sqrt{4\cdot 50\cdot\sqrt{50^2+80^2}}$ $= \sqrt{200\cdot 94{,}4}$ =	137,1
$x = \sqrt{4r\cdot\sqrt{r^2+h^2}}$	$x = 137{,}5$ mm $r = 50$ mm	$x^2 = 4r\cdot s$ $s = \frac{x^2}{4r} = \frac{18900}{4\cdot 50}$ =	94,5
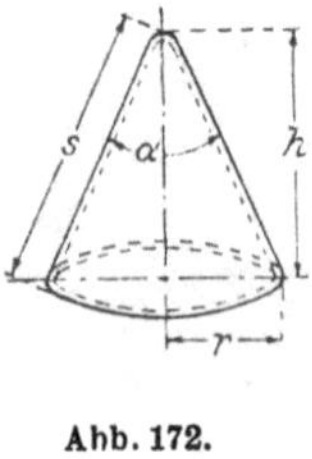	$s = 94{,}5$ mm $\sphericalangle\alpha = 64°$	$r = s\cdot\sin\frac{\alpha}{2}$ $r = 94{,}5\cdot 0{,}53$ =	50
Abb. 172.	$h = 80$ mm $\sphericalangle\alpha = 64°$	$r = h\cdot\operatorname{tg}\frac{\alpha}{2}$ $= 80\cdot 0{,}6249$ =	50

Gleichungen und Umformungen für Hohlteile.

Scheiben-∅ $x = 2R$	**Ist gegeben**	**Lösung**	**Resultat in mm**
	$r = 30$ mm $s = 50$ mm $h_1 = 50$ mm	$x = \sqrt{4r \cdot s + 8r \cdot h_1}$ $= \sqrt{4 \cdot 30 \cdot 50 + 8 \cdot 30 \cdot 50}$ $= \sqrt{18000}$ =	134,2
	$h = 40$ mm $r = 30$ mm	$s = \sqrt{h^2 + r^2}$ $= \sqrt{1600 + 900}$ =	50
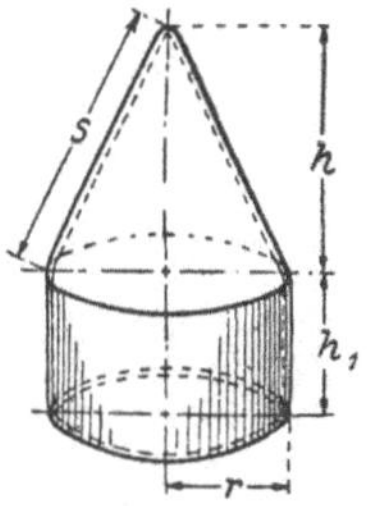	$h_1 = 50$ mm $s = 50$ mm $h = 40$ mm	$r = \sqrt{s^2 - h^2} = \sqrt{900}$ = $x = \sqrt{4r \cdot s + 8r \cdot h_1}$ $= \sqrt{4 \cdot 30 \cdot 50 + 8 \cdot 30 \cdot 50}$ =	30 134,2
$x = \sqrt{4r \cdot s + 8r \cdot h_1}$ **Abb. 173.**	$h = 40$ mm $\sphericalangle\alpha = 74°$	$r = h \cdot \operatorname{tg} \frac{\alpha}{2} = 40 \cdot 0{,}7536$ = $s = \sqrt{h^2 + r^2} = \sqrt{40^2 + 30^2}$ =	30 50
	$s = 50$ mm $\sphericalangle\alpha = 74°$	$r = s \cdot \sin \frac{\alpha}{2}$ $= 50 \cdot 0{,}602$ =	30
 $x = 2D$ **Abb. 174.**	$D = 35$ mm	$x = 2D = 2 \cdot 35$ =	70

Gleichungen und Umformungen für Hohlteile.

Scheiben-Ø $x = 2R$	Ist gegeben	Lösung	Resultat in mm
	$D = 21$ mm $D_1 = 20$ mm $\delta = 4$ mm $\delta_1 = 1$ mm $h = 26$ mm	$x = \sqrt{\frac{D^2\cdot\delta + 4\cdot D_1\cdot\delta_1\cdot h}{\delta}}$ $= \sqrt{\frac{21^2\cdot 4 + 4\cdot 20\cdot 1\cdot 26}{4}}$ $= \sqrt{961} =$	31
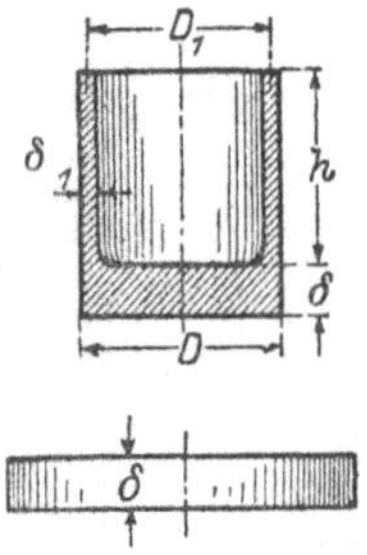	$x = 31$ mm $D = 21$ mm $D_1 = 20$ mm $\delta = 4$ mm $\delta_1 = 1$ mm	$x^2 = \frac{D^2\cdot\delta + 4D_1\cdot\delta_1\cdot h}{\delta}$ $h = \frac{x^2\cdot\delta - D^2\cdot\delta}{4D_1\cdot\delta_1}$ $= \frac{31^2\cdot 4 - 21^2\cdot 4}{4\cdot 20\cdot 1}$ $= \frac{3844 - 1764}{80} =$	26
$x = \sqrt{\frac{D^2\cdot\delta + 4D_1\cdot\delta_1\cdot h}{\delta}}$ **Abb. 175.**	$x = 31$ mm $D = 21$ mm $D_1 = 20$ mm $\delta = 4$ mm $h = 26$ mm	$\delta_1 = \frac{x^2\cdot\delta - D^2\cdot\delta}{4D_1\cdot h}$ $= \frac{31^2\cdot 4 - 21^2\cdot 4}{4\cdot 20\cdot 26}$ $= \frac{3844 - 1764}{2080} =$	1
	$x = 31$ mm $D = 21$ mm $D_1 = 20$ mm $\delta_1 = 1$ mm $h = 26$ mm	$x^2\cdot\delta - D^2\cdot\delta = 4D_1\cdot\delta_1\cdot h$ $\delta = \frac{4D_1\cdot\delta_1\cdot h}{x^2 - D^2}$ $= \frac{4\cdot 20\cdot 1\cdot 26}{31^2 - 21^2} =$	4

721/48/53 — 57 275 4022